工程施工与质量简明手册丛书

市政工程

王云江　王建华 ◎ 主编

中国建材工业出版社

图书在版编目（CIP）数据

市政工程 / 王云江，王建华主编. －－北京：中国建材工业出版社，2018.10

（工程施工与质量简明手册丛书/王云江主编）
ISBN 978-7-5160-2421-8

Ⅰ.①市… Ⅱ.①王…②王… Ⅲ.①市政工程-建筑施工-技术手册 Ⅳ.①TU99-62

中国版本图书馆 CIP 数据核字（2018）第 211805 号

市政工程

王云江　王建华　主编

出版发行：	中国建材工业出版社
地　址：	北京市海淀区三里河路1号
邮　编：	100044
经　销：	全国各地新华书店
印　刷：	北京雁林吉兆印刷有限公司
开　本：	787mm×1092mm　1/32
印　张：	11.625
字　数：	260千字
版　次：	2018年10月第1版
印　次：	2018年10月第1次
定　价：	**42.00元**

本社网址：www.jccbs.com，微信公众号：zgjcgycbs
请选用正版图书，采购、销售盗版图书属违法行为
版权专有，盗版必究。 本社法律顾问：北京天驰君泰律师事务所，张杰律师
举报信箱：zhangjie@tiantailaw.com　　举报电话：（010）68343948
本书如有印装质量问题，由我社市场营销部负责调换，联系电话：（010）88386906

内 容 简 介

本书依据现行国家标准、行业标准和规范编写，全书结构体系完整，内容简明，重点突出，充分体现科学性、实用性和可操作性，具有较强的指导作用和实用价值。本书包括道路工程、城市桥梁工程、管道工程，共 3 部分。

本书可作为市政工程施工人员的学习参考用书，也可供高等院校土建类专业师生阅读。

《工程施工与质量简明手册丛书》编写委员会

主　　任：王云江
副 主 任：吴光洪　韩毅敏　何静姿　史文杰
　　　　　毛建光　姚建顺　楼忠良　陈维华
编　　委：于航波　马晓华　王剑锋　王黎明
　　　　　王建华　汤　伟　李娟娟　李新航
　　　　　张文宏　张炎良　张海东　陈　雷
　　　　　林延松　卓　军　周静增　郑少午
　　　　　郑林祥　赵海耀　侯　赟　顾　靖
　　　　　翁大庆　黄志林　童朝宝　谢　坤
　　　　　　　　（编委按姓氏笔画排序）

《工程施工与质量简明手册丛书——市政工程》编委会

主　　编：王云江　王建华
副 主 编：程思齐　周静增　冯旭峰　景鑫炎
参　　编：丁红峰　马巧明　叶凤英　叶良顺
　　　　　叶青会　李丹丹　何疑涛　汪建方
　　　　　张国成　张　豪　陈　超　陈　熙
　　　　　范俊靓　俞海林　俞福根　骆淑珍
　　　　　黄志林　黄　锴　谢　佳　蔡永攀
　　　　　缪　琪　戴志平
　　　　　　　　（参编按姓氏笔画排序）

主编单位： 杭州市建设工程质量安全监督总站
参编单位： 中国建筑第八工程局有限公司
　　　　　　温岭市建筑工程安全管理站
　　　　　　杭州市路桥集团股份有限公司
　　　　　　杭州市市政工程集团有限公司
　　　　　　浙江省大成建设集团有限公司
　　　　　　宏润建设集团股份有限公司
　　　　　　浙江城建工程监理有限责任公司
　　　　　　浙江恒得市政园林工程有限公司
　　　　　　杭州希润市政工程有限公司
　　　　　　杭州市园林绿化股份有限公司
　　　　　　杭州禹航建设工程有限公司

前　　言

为及时有效地解决建筑施工现场的实际技术问题，我社策划出版"工程施工与质量简明手册丛书"。本丛书为系列口袋书，内容简明、实用，"身形"小巧，便于携带，随时查阅，使用方便。

本系列丛书各分册分别为《建筑工程》《安装工程》《装饰工程》《市政工程》《园林工程》《公路工程》《基坑工程》《楼宇智能》《城市轨道交通》《建筑加固》《绿色建筑》《城市轨道交通供电工程》《城市轨道交通弱电工程》《城市管廊》《海绵城市》《管道非开挖（CIPP）工程》。

本丛书中的《市政工程》是依据现行国家和行业的施工与质量验收标准、规范，并结合市政工程施工与质量实践编写而成的，基本覆盖了市政工程施工的主要领域。本书旨在为市政工程施工人员提供一本简明实用、方便携带的小型工具书，便于他们在施工现场随时参考、快速解决实际问题，保证工程质量。本书包括道路工程、城市桥梁工程、管道工程，共3部分。

对于本书中的疏漏和不当之处，敬请广大读者不吝指正。

编　者
2018.07.01

目　录

1　道路工程 … 1
1.1　路基 … 1
- 1.1.1　土方路基 … 1
- 1.1.2　石方路基 … 6
- 1.1.3　构筑物处理 … 9
- 1.1.4　特殊土路基 … 11

1.2　基层 … 17
- 1.2.1　石灰稳定土类基层 … 17
- 1.2.2　石灰、粉煤灰稳定砂砾基层 … 22
- 1.2.3　水泥稳定土类基层（水泥稳定碎石基层）… 25
- 1.2.4　级配碎石及级配碎砾石基层 … 29

1.3　面层 … 33
- 1.3.1　热拌沥青混合料面层 … 33
- 1.3.2　透层、粘层、封层 … 44
- 1.3.3　水泥混凝土面层 … 48
- 1.3.4　铺砌式面层 … 59
- 1.3.5　人行道铺筑 … 62

1.4　人行地道结构 … 66
- 1.4.1　施工要点 … 66
- 1.4.2　质量要点 … 67
- 1.4.3　质量验收 … 68
- 1.4.4　安全要点 … 70

1.5 挡土墙 ………………………………………………… 71
1.5.1 施工要点 …………………………………………… 71
1.5.2 质量要点 …………………………………………… 71
1.5.3 质量验收 …………………………………………… 71
1.5.4 安全要点 …………………………………………… 76
1.6 附属构筑物 ……………………………………………… 76
1.6.1 路缘石 ……………………………………………… 76
1.6.2 雨水支管与雨水口 ………………………………… 80
1.6.3 隔离墩 ……………………………………………… 82
1.7 冬雨期施工 ……………………………………………… 84
1.7.1 雨期施工 …………………………………………… 84
1.7.2 冬期施工 …………………………………………… 90

2 城市桥梁工程 ……………………………………………… 99
2.1 模板、支架和拱架 ……………………………………… 99
2.1.1 施工要点 …………………………………………… 99
2.1.2 质量要点 …………………………………………… 100
2.1.3 质量验收 …………………………………………… 101
2.1.4 安全要点 …………………………………………… 105
2.2 钢筋 ……………………………………………………… 106
2.2.1 施工要点 …………………………………………… 106
2.2.2 质量要点 …………………………………………… 107
2.2.3 质量验收 …………………………………………… 118
2.2.4 安全要点 …………………………………………… 121
2.3 混凝土 …………………………………………………… 122
2.3.1 施工要点 …………………………………………… 122
2.3.2 质量要点 …………………………………………… 123

2.3.3	质量验收	130
2.3.4	安全要点	133

2.4 预应力混凝土 134
 2.4.1 施工要点 134
 2.4.2 质量要点 135
 2.4.3 质量验收 142
 2.4.4 安全要点 145

2.5 砌体 146
 2.5.1 施工要点 146
 2.5.2 质量要点 146
 2.5.3 质量验收 149
 2.5.4 安全要点 151

2.6 基础 151
 2.6.1 扩大基础 151
 2.6.2 灌注桩 156
 2.6.3 沉井 163
 2.6.4 承台 171

2.7 墩台 173
 2.7.1 现浇混凝土墩台、盖梁 173
 2.7.2 重力式砌体墩台 179
 2.7.3 台背填土 181

2.8 支座 183
 2.8.1 施工要点 183
 2.8.2 质量要点 183
 2.8.3 质量验收 185
 2.8.4 安全要点 186

2.9 混凝土梁（板） 187

- 2.9.1 支架上浇筑 ········· 187
- 2.9.2 悬臂浇筑 ········· 189
- 2.9.3 装配式梁（板）施工 ········· 193
2.10 钢梁 ········· 199
- 2.10.1 施工要点 ········· 199
- 2.10.2 质量要点 ········· 200
- 2.10.3 质量验收 ········· 205
- 2.10.4 安全要点 ········· 211
2.11 拱部与拱上结构 ········· 212
- 2.11.1 石料及混凝土预制块砌筑拱圈 ········· 212
- 2.11.2 拱架上浇筑混凝土拱圈 ········· 216
- 2.11.3 劲性骨架浇筑混凝土拱圈 ········· 218
- 2.11.4 钢管混凝土拱 ········· 221
- 2.11.5 中下承式吊杆、系杆拱 ········· 225
- 2.11.6 拱上结构施工 ········· 226
2.12 顶进箱涵 ········· 228
- 2.12.1 工作坑和滑板 ········· 228
- 2.12.2 箱涵预制与顶进 ········· 230
2.13 桥面系 ········· 235
- 2.13.1 排水设施 ········· 235
- 2.13.2 桥面防水层 ········· 236
- 2.13.3 桥面铺装层 ········· 240
- 2.13.4 桥梁伸缩装置 ········· 245
- 2.13.5 防护设施 ········· 249
- 2.13.6 人行道 ········· 253
2.14 附属结构 ········· 254
- 2.14.1 桥头搭板 ········· 254

3 管道工程 ... 256

3.1 土石方与地基处理 ... 256
3.1.1 沟槽开挖与支护 ... 256
3.1.2 地基处理 ... 265
3.1.3 沟槽回填 ... 266

3.2 开槽施工管道主体结构 ... 276
3.2.1 管道基础 ... 276
3.2.2 钢管安装 ... 281
3.2.3 球墨铸铁管安装 ... 292
3.2.4 钢筋混凝土管及预（自）应力混凝土管安装 ... 295
3.2.5 预应力钢筒混凝土管安装 ... 299
3.2.6 玻璃钢管安装 ... 303
3.2.7 硬聚氯乙烯管、聚乙烯管及其复合管安装 ... 306

3.3 不开槽施工管道主体结构 ... 310
3.3.1 工作井 ... 310
3.3.2 顶管 ... 317

3.4 管道附属构筑物 ... 336
3.4.1 井室 ... 336
3.4.2 支墩 ... 341
3.4.3 雨水口 ... 342

3.5 管道功能性试验 ... 345
3.5.1 一般规定 ... 345
3.5.2 压力管道水压试验 ... 347
3.5.3 无压管道的闭水试验 ... 354
3.5.4 无压管道的闭气试验 ... 356

1 道路工程

1.1 路　　基

1.1.1 土方路基

1.1.1.1 施工要点

（1）施工前，应对道路中线控制桩、边线桩及高程控制桩等进行复核，确认无误后方可施工。

（2）施工前应将现状地面上的积水排除、疏干，将树根坑、井穴、坟坑等进行技术处理，并将地面整平。

（3）路基填、挖接近完成时，应恢复道路中线、路基边线，进行整形，并碾压成活，压实度应符合表1-1的有关规定。

表1-1　路基压实度标准

填挖类型	路床顶面以下深度（cm）	道路类别	压实度（%）（重型击实）	检验频率		检验方法
				范围	点数	
挖方	0～30	城市快速路、主干路	≥95	1000m²	每层3点	环刀法、灌水法或灌砂法
		次干路	≥93			
		支路及其他小路	≥90			
填方	0～80	城市快速路、主干路	≥95			
		次干路	≥93			
		支路及其他小路	≥90			

续表

填挖类型	路床顶面以下深度（cm）	道路类别	压实度（%）（重型击实）	检验频率		检验方法
				范围	点数	
填方	>80～150	城市快速路、主干路	≥93	1000m²	每层3点	环刀法、灌水法或灌砂法
		次干路	≥90			
		支路及其他小路	≥90			
	>150	城市快速路、主干路	≥90			
		次干路	≥90			
		支路及其他小路	≥87			

（4）当遇有翻浆时，必须采取处理措施。当采用石灰土处理翻浆时，土壤宜就地取材。

（5）挖方施工时，挖土应自上向下分层开挖，严禁掏洞开挖。作业中断或作业后，开挖面应做成稳定边坡。

（6）填方前应将地面积水、积雪（冰）和冻土层、生活垃圾等清除干净；不同性质的土应分类、分层填筑，不得混填，填土中大于10cm的土块应打碎或剔除。

（7）在路基宽度内，每层虚铺厚度应视压实机具的功能确定，人工夯实虚铺厚度应小于20cm。

（8）路基填土中断时，应对已填路基表面土层压实并进行维护。

（9）原地面横向坡度在1∶10～1∶5时，应先翻松表土再进行填土；原地面横向坡度陡于1∶5时应做成台阶形，每级台阶宽度不得小于1m，台阶顶面应向内倾斜；在沙土地段可不作台阶，但应翻松表层土。

1.1.1.2 质量要点

(1) 路基范围内遇有软土地层或土质不良,边坡易被雨水冲塌的地段,当设计未做处理规定时,应办理变更设计,并据以制订专项施工方案。

(2) 弃土、暂存土均不得妨碍各类地下管线等构筑物的正常使用与维护,且应避开建筑物、围墙、架空线等。严禁占压、损坏、掩埋各种检查井、消火栓等设施。

(3) 填方材料的强度(CBR)值应符合设计要求,其最小强度值应符合表1-2规定。不应使用淤泥、沼泽土、泥炭土、冻土、有机土以及含有生活垃圾的土做路基填料。对液限大于50%、塑性指数大于26、可溶盐含量大于5%、700℃有机质烧失量大于8%的土,未经技术处理不得用作路基填料。

表1-2 路基填料强度(CBR)的最小值

填方类型	路床顶面以下深度(cm)	最小强度(%)	
		城市快速路、主干路	其他等级道路
路床	0~30	8.0	6.0
路基	30~80	5.0	4.0
路基	80~150	4.0	3.0
路基	>150	3.0	2.0

(4) 填土应分层进行。下层填土验收合格后,方可进行土层填筑。路基填土宽度每侧应比设计规定宽50cm;路基填筑中宜做成双向横坡,一般土质填筑宜为2%~3%,透水性小的土类填筑横坡宜为4%。

(5) 受潮湿及冻融影响较小的土壤应填在路基的上部。

(6) 压实应符合下列要求:

① 路基压实应符合表1-1的规定。

② 压实应先轻后重、先慢后快、均匀一致、压路机最快速度不宜超过4km/h。

③ 填土的压实遍数，应按压实度要求，经现场试验确定。

④ 压实过程中应采取措施保护地下管线、构筑物安全。

⑤ 碾压应自路基边缘向中央进行，压路机轮外缘距路基边应保持安全距离，压实度应达到要求，且表面应无显著轮迹、翻浆、起皮、波浪等现象。

⑥ 压实应在土壤含水量接近最佳含水量值时进行。其含水量偏差幅度经试验确定。

⑦ 当管道位于路基范围内时，其沟槽的回填土压实度应符合现行国家标准《给水排水管道工程施工及验收规范》(GB 50268—2008) 的有关规定，且管顶以上50cm范围内不得用压路机压实。当管道结构顶面至路床的覆土厚度不大于50cm时，应对管道结构进行加固。当管道结构顶面至路床的覆土厚度为50～80cm时，路基压实过程中应对管道结构采取保护或加固措施。

1.1.1.3 质量验收

1. 主控项目

（1）路基压实度应符合表1-1的规定。

检查数量：每1000m^2、每压实层抽检3点。

检验方法：环刀法、灌砂法或灌水法。

（2）弯沉值，不应大于设计规定。

检查数量：每车道、每20m测1点。

检验方法：弯沉仪检测。

2. 一般项目

（1）土路基允许偏差应符合表 1-3 的规定。

表 1-3　土路基允许偏差

项目	允许偏差	检查频率 范围(m)	检查频率 点数		检验方法
路床纵断高程 (mm)	−20 +10	20	1		用水准仪测量
路床中线偏位 (mm)	≤30	100	2		用经纬仪，钢尺量取最大值
路床平整度 (mm)	≤15	20	路宽(m)	<9: 1; 9~15: 2; >15: 3	用 3m 直尺和塞尺连续量两尺，取较大值
路床宽度 (mm)	不小于设计值+B	40	1		用钢尺量
路床横坡	±0.3% 且不反坡	20	路宽(m)	<9: 2; 9~15: 4; >15: 6	用水准仪测量
边坡	不陡于设计值	20	2		用坡度尺量，每侧 1 点

注：B 为施工时必要的附加宽度。

（2）路床应平整、坚实，无显著轮迹、翻浆、波浪、起皮等现象，路堤边坡应密实、稳定、平顺等。

检查数量：全数检查。

检验方法：观察。

1.1.1.4　安全要点

（1）施工前，应根据工程规模、环境条件，修筑临时施工道路。临时施工道路应满足施工机械调运和行车安全要求,且不得妨碍施工。

(2) 城镇道路施工范围内的新建地下管线、人行地道等地下构筑物宜先行施工。对埋深较浅的既有地下管线,作业中可能受损时,应向建设单位、设计单位提出加固或挪移措施方案,并办理手续后实施。

(3) 施工排水与降水应保证路基土壤天然结构不受扰动,保证附近建筑物和构筑物的安全。

(4) 在细砂、粉砂土中降水时,应采取防止流砂的措施。

(5) 人机配合土方作业,必须设专人指挥。机械作业时,配合作业人员严禁处在机械作业和走行范围内。配合人员在机械走行范围内作业时,机械必须停止作业。

(6) 机械开挖作业时,必须避开构筑物、管线,在距管道边1m范围内应采用人工开挖;在距直埋缆线2m范围内必须采用人工开挖;严禁挖掘机等机械在电力架空线路下作业。需在其一侧作业时,垂直及水平安全距离应符合表1-4的规定。

表1-4 挖掘机、起重机(含吊物、载物)等机械与电力架空线路的最小安全距离

电压(kV)		<1	10	35	110	220	330	500
安全距离(m)	沿垂直方向	1.5	3.0	4.0	5.0	6.0	7.0	8.5
	沿水平方向	1.5	2.0	3.5	4.0	6.0	7.0	8.5

1.1.2 石方路基

1.1.2.1 施工要点

(1) 施工前应根据地质条件、工程作业环境,选定施工机具设备。

（2）修筑填石路堤应进行地表清理，先码砌边部，然后逐层水平填筑石料，确保边坡稳定。

1.1.2.2 质量要点

（1）施工前应先修筑试验段，以确定能达到最大压实干密度的松铺厚度与压实机械组合，及相应的压实遍数、沉降差等施工参数。

（2）填石路堤宜选用12t以上的振动压路机、25t以上的轮胎压路机或2.5t以上的夯锤压（夯）实。

1.1.2.3 质量验收

（1）挖石方路基（路堑）质量应符合下列要求：

① 主控项目。上边坡必须稳定，严禁有松石、险石。

检查数量：全数检查。

检验方法：观察。

② 一般项目。挖石方路基允许偏差应符合表1-5的规定。

表1-5 挖石方路基允许偏差

项目	允许偏差	检验频率 范围（m）	检验频率 点数	检验方法
路床纵断高程（mm）	+50 -100	20	1	用水准仪测量
路床中线偏位（mm）	≤30	100	2	用经纬仪、钢尺取最大值
路床宽（mm）	不小于设计规定+B	40	1	用钢尺量
边坡（%）	不陡于设计规定	20	2	用坡度尺量，每侧1点

注：B为施工时必要的附加宽度。

(2) 填石路堤质量应符合下列要求：

① 主控项目。压实密度应符合试验路段确定的施工工艺，沉降差不应大于试验路段确定的沉降差。

检查数量：每 1000m² 抽检 3 点。

检验方法：水准仪测量。

② 一般项目。

A. 路床顶面应嵌缝牢固，表面均匀、平整、稳定，无推移、浮石。

检查数量：全数检查。

检验方法：观察。

B. 边坡应稳定、平顺、无松石。

检查数量：全数检查。

检验方法：观察。

C. 填石方路基允许偏差应符合表 1-6 的规定。

表 1-6 填石方路基允许偏差

项目	允许偏差	检验频率			检验方法
		范围(m)	点数		
路床纵断高程 (mm)	−20 +10	20	1		用水准仪测量
路床中线偏位 (mm)	≤30	100	2		用经纬仪、钢尺量取最大值
路床平整度 (mm)	≤20	20	路宽(m)	<9 : 1 9~15 : 2 >15 : 3	用 3m 直尺和塞尺连续量两尺，取较大值
路床宽 (mm)	不小于设计值+B	40	1		用钢尺量

续表

项目	允许偏差	检验频率			检验方法
		范围(m)	点数		
路床横坡(mm)	±0.3%且不反坡	20	路宽(m)	<9　　2 9～15　4 >15　　6	用水准仪测量
边坡	不陡于设计值	20	2		用坡度尺量,每侧1点

注：B为施工必要附加宽度。

1.1.2.4 安全要点

（1）开挖作业开工前应将设计边线外至少10m范围内的浮石、杂物清除干净，必要时坡顶设截水沟，并设置安全防护栏。

（2）开挖作业严格按照自上而下的顺序，尤其注意爬坡、下坡中的安全。

（3）开挖过程中，应采取有效的截水、排水措施，防止地表水和地下水影响开挖作业和施工安全。

（4）作业中车辆离坡边距离不得少于1.5m。作业完毕后车辆停放于安全地点，离坡边距离不得少于3m。决不允许停放在边坡顶端、底下或其他土质松软容易塌方地段。

（5）指挥人员做好警戒工作。先检查好周围电线、电杆、地下光缆、水管并做好保护、防护标志和措施。机械作业半径内严禁站人。

1.1.3 构筑物处理

1.1.3.1 施工要点

（1）新建管线等构筑物间或新建管线与既有管线、构筑物之间有矛盾时，应报请建设单位，由管线管理单位、设计单位确定处理措施，并形成文件，据以施工。

（2）沟槽回填土施工应符合下列规定：

① 回填土应保证涵洞（管）、地下构筑物结构安全和外部防水层及保护层不受破坏。

② 预制涵洞的现浇混凝土基础强度及预制件装配接缝的水泥砂浆强度达到5MPa后，方可进行回填。砌体涵洞应在砌体砂浆强度达到5MPa，且预制盖板安装后进行回填；现浇钢筋混凝土涵洞，其胸腔回填土宜在混凝土强度达到设计强度70%后进行，顶板以上填土应在达到设计强度后进行。

③ 涵洞两侧应同时回填，两侧填土高差不得大于30cm。

④ 对有防水层的涵洞靠防水层部位应回填细粒土，填土中不得含有碎石、碎砖及大于10cm的硬块。

⑤ 涵洞位于路基范围内时，其顶部及两侧回填土应符合本节1.1.1.2的有关规定。

⑥ 土壤最佳含水量和最大干密度应经试验确定。

⑦ 回填过程不得劈槽取土，严禁掏洞取土。

1.1.3.2　质量要点

路基范围内存在即有地下管线等构筑物时，施工应符合下列规定：

（1）施工前，应根据管线等构筑物顶部与路床的高差，结合构筑物结构状况，分析、评估其受施工影响程度，采取相应的保护措施。

（2）构筑物拆改或加固保护处理措施完成后，应由建设单位、管理单位参加进行隐蔽验收，确认符合要求、形成文件后，方可进行下一道工序施工。

（3）施工中，应保持构筑物的临时加固设施处于有效工作状态。

（4）对构筑物的永久性加固，应在达到规定强度后方可承受施工荷载。

1.1.3.3 质量验收

构筑物处理中的土方路基应符合本节 1.1.1.3 质量验收的有关规定。

1.1.3.4 安全要点

（1）做好沟槽的放水、排水工作。雨雪后，要做好防滑措施。

（2）沟槽作业时，要戴好安全帽。上下沟槽的立梯应支稳支牢，严禁从撑木或吊运机械设备等上下沟槽。工间严禁在槽内休息。机械作业时，不得碰撞沟槽支撑。松动支撑应及时加固。

（3）工具、材料不得向沟内投扔和倾倒，应用绳系送或用设备吊运。所需材料、堆土应距槽边 1m 以外，并设置土梗拦挡。

（4）施工前，必须对沟边、架空支架得现场通道清理、平整，确保作业道路通畅。要检查沟壁有无裂缝，支撑有无松动，机具是否安全可靠。

（5）沟槽、高空作业应设坚固立梯，上端帮扎牢固，下端应有防滑措施。作业人员应戴好安全帽，穿工作服、软底鞋。

1.1.4 特殊土路基

1.1.4.1 施工要点

特殊土路基在加固处理施工前应做好下列准备工作：

（1）进行详细的现场调查，根据工程地质勘察报告核查特殊上的分布范围、埋置深度和地表水、地下水状况，根据设计文件、水文地质资料编制专项施工方案。

（2）做好路基施工范围内的地面、地下排水设施，并保证排水通畅。

（3）进行土工试验，提供施工技术参数。

1.1.4.2 质量要点

软土路基施工应符合下列规定：

（1）软土路基施工应列入地基固结期。应按设计要求进行预压，预压期内除补填固加固沉降引起的补填土方外，严禁其他作业。

（2）施工前应修筑路基处理试验路段，以获取各种施工参数。

（3）置换土施工应符合下列要求：

① 填筑前，应排除地表水，清除腐殖土、淤泥。

② 填料宜采用透水性土。处于常水位以下部分的填土，不得使用非透水性土壤。

③ 填土应由路中心向两侧按要求分层填筑并压实，层厚宜为15cm。

④ 分段填筑时，接茬应按分层做成台阶形状，台阶宽不宜小于2m。

（4）当软土层厚度小于3.0m，且位于水下或为含水量极高的淤泥时，可使用抛石挤淤，并应符合下列要求：

① 应使用不易风化石料，石料中尺寸小于30cm粒径的含量不得超过20%。

② 抛填方向应根据道路横断面下卧软土地层坡度而定。坡度平坦时自地基中部渐次向两侧扩展；坡度陡于1:10时，自高侧向低侧抛填，并在低侧边部多抛投，使低侧边部约有2m宽的平台顶面。

③ 抛石露出水面或软土面后，应用较小石块填平、碾压密实，再铺设反滤层填土压实。

（5）采用砂垫层置换时，砂垫层应宽出路基边脚0.5～1.0m，两侧以片石护砌。

（6）采用土木材料处理软土路基应符合下列要求：

① 土工材料应由耐高温、耐腐蚀、抗老化、不易断裂的聚合物材料制成。其抗拉强度、顶破强度、负荷延伸率等均应符合设计及有关产品质量标准的要求。

② 土工材料铺设前，应对基面压实整平。宜在原地基土铺设一层30～50cm厚的砂垫层。铺设土工材料后，运、铺料等施工机具不得在其上直接行走。

③ 每压实层的压实度、平整度经检验合格后，方可于其上铺设土工材料。土工材料应完好，发生破损应及时修补或更换。

④ 铺设土工材料时，应将其沿垂直于路面轴线展开，并视填土层厚度选用符合要求的锚固钉固定、拉直，不得出现扭曲、折皱等现象。土工材料纵向搭接宽度不应小于30cm，采用锚接时其搭接宽度不得小于15cm；采用胶结时胶接宽度不得小于5cm，其胶结强度不得低于土工材料的抗拉强度。相邻土工材料横向搭接宽度不应小于30cm。

⑤ 路基边坡留置的回卷土工材料，其长度不应小于2m。

⑥ 土工材料铺设完后，应立即铺筑上层填料，其间隔时间不应超过48h。

⑦ 双层土工材料上、下层接缝应错开，错缝距离不应小于50cm。

（7）采用粉喷桩加固土桩处理软土地基符合下列要求。

① 石灰应采用磨细Ⅰ级钙质石灰（最大粒径小于2.36mm、氧化钙含量大于80%）宜选用SiO_2和Al_2O_3含量大于70%，烧失量小于10%的粉煤灰、普通硅酸盐水泥

或矿渣硅酸盐水泥。

② 工艺性成桩试验桩数不宜少于 5 根,以获取钻进速度、提升速度、搅拌、喷气压力与单位时间喷入量等参数。

③ 桩距、桩长、桩径、承载力等应符合设计规定。

(8) 施工中,施工单位应按设计与施工方案要求记录各项控制观测数值,并与设计单位、监理单位及时沟通反馈有关工程信息以指导施工。路堤完成后,应观测沉降值与位移至符合设计规定并稳定后,方可进行后续施工。

1.1.4.3 质量验收

(1) 换填土处理软土路基质量检验应符合本节 1.1.1.3 质量验收的有关规定。

(2) 砂垫层处理软土路基质量检验应符合下列规定:

① 主控项目。

A. 砂垫层的材料质量应符合设计要求。

检查数量:按不同材料进场批次,每批检查 1 次。

检验方法:查检验报告。

B. 砂垫层的压实度应不小于 90%。

检查数量:每 1000m²,每压实层抽检 3 点。

检验方法:灌砂法。

② 一般项目。砂垫层允许偏差应符合表 1-7 的规定。

表 1-7 砂垫层允许偏差

项目	允许偏差	检验频率			检验方法
		范围(m)	点数		
宽度	不小于设计规定+B	40	1		用钢尺量
厚度	不小于设计规定	200	路宽(m)	<9	2	用钢尺量
				9~15	4	
				>15	6	

注:B 为必要的附加宽度。

(3) 土工材料处理软土路基质量检验应符合下列规定：

① 主控项目。

A. 土工材料的技术质量指标应符合设计要求。

检查数量：按进场批次，每批按5%抽检。

检验方法：查出厂检验报告，进场复检。

B. 土工合成材料敷设、胶接、锚固和回卷长度应符合设计要求。

检查数量：全数检查。

检验方法：用尺量。

② 一般项目。

A. 下承层面不得有突刺、尖角。

检查数量：全数检查。

检验方法：观察。

B. 土工合成材料铺设允许偏差应符合表1-8的规定。

表1-8　土工合成材料铺设允许偏差

项目	允许偏差	检验频率			检验方法
		范围(m)	点数		
下承面平整度(mm)	≤15	20	路宽(m)	<9	1	用3m直尺和塞尺连续量两尺，取较大值
				9～15	2	
				>15	3	
下承面拱度	±1%	20	路宽(m)	<9	2	用水准仪测量
				9～15	4	
				>15	6	

(4) 粉喷桩处理软土地基质量检验应符合下列规定：

① 主控项目。

A. 水泥的品种、级别及石灰、粉煤灰的性能指标应符合设计要求。

检查数量：按不同材料进场批次，每批检查1次。

检验方法：查检验报告。

B. 粉喷桩桩长不小于设计规定。

检查数量：全数检查。

检验方法：查施工记录。

C. 粉喷桩复合地基承载力应不小于设计规定值。

检查数量：按总桩数的1%进行抽检，且不少于3处。

检验方法：查复合地基承载力检验报告。

② 一般项目。粉喷桩成桩允许偏差应符合表1-9的规定。

表1-9 粉喷桩允许偏差

项目	允许偏差	检验频率		检验方法
		范围	点数	
强度（kPa）	不小于设计值	全部	抽查5%	切取试样或无损检测
桩距（mm）	±100	全部	抽查2%，且不少于2根	两桩间，用钢尺量，查施工记录
桩径（mm）	不小于设计值			
竖直度	≤1.5%H			

注：H 为桩长或孔深。

1.1.4.4 安全要点

选择适宜的季节进行路基固处理施工，并宜符合下列要求：

(1) 湖、塘、沼泽等地的软土路基宜在枯水期施工。

(2) 膨胀土路基宜在少雨季节施工。

(3) 强盐渍土路基应在春季施工；黏性盐渍土路基宜在夏季施工；砂性盐渍土路基宜在春季和夏初施工。

1.2 基 层

1.2.1 石灰稳定土类基层
1.2.1.1 施工要点
（1）石灰稳定土类材料宜在冬期开始前 30～45d 完成施工。

（2）石灰稳定土类基层材料的摊铺宽度应为设计宽度两侧加施工必要附加宽度。

（3）石灰稳定土类基层施工中严禁用贴薄层方法整平修补表面。

（4）在城镇人口密集区，应使用厂拌石灰土，不得使用路拌石灰土。

（5）厂拌石灰土应符合下列规定：

① 石灰土搅拌前，应先筛除骨料中不符合要求的颗粒，使骨料的级配和最大粒径符合要求。

② 宜采用强制式搅拌机进行搅拌。配合比应准确，搅拌应均匀；含水量宜略大于最佳值；石灰土应过筛（20mm 方孔）。

③ 应根据土和石灰的含水量变化，骨料的颗粒组成变化，及时调整搅拌用水量。

④ 拌成的石灰土应及时运送到铺筑现场，运输中应采取防止水分蒸发和防扬尘措施。

⑤ 搅拌厂应向现场提供石灰土配合比例强度标准值及石灰中活性氧化物含量的资料。

（6）采用人工搅拌石灰土应符合下列规定：

① 所用土应预先打碎、过筛（20mm 方孔），集中堆放，集中拌和。

② 应按需要将土和石灰按配合比要求，进行掺配。掺配时土应保持适宜的含水量，掺配后过筛（20mm方孔），至颜色均匀一致为止。

③ 作业人员应佩戴劳动保护用品，现场应采取防扬尘措施。

(7) 厂拌石灰土摊铺应符合下列规定：

① 路床应湿润。

② 压实系数应经试验确定。现场人工摊铺时，压实系数宜为1.65～1.70。

③ 石灰土宜采用机械摊铺，每次摊铺长度宜为一个碾压段。

④ 摊铺掺有粗骨料的石灰土时，粗骨料应均匀。

(8) 碾压应符合下列规定：

① 铺好的石灰土应当天碾压成活。

② 碾压时的含水量宜在最佳含水量的允许偏差范围内。

③ 直线和不设超高的平曲线段，应由两侧向中心碾压；设超高的平曲线段，应由内侧向外侧碾压。

④ 初压时，碾速宜为20～30m/min，灰土初步稳定后，碾速宜为30～40m/min。

⑤ 人工摊铺时，宜先用6～8t压路机碾压，灰土初步稳定，找补整形后，方可用重型压路机碾压。

⑥ 当采用碎石嵌丁封层时，嵌丁石料应在石灰上底层压实度达到85%的撒铺，然后继续碾压，使其嵌入底层，并保持表面有棱角外露。

(9) 纵、横接缝均应设直茬。接缝应符合下列规定：

① 纵向接缝宜设在路中线处。接缝应做成阶梯形，梯级宽不应小于1/2层厚。

② 横向接缝应尽量减少。

（10）石灰土养护应符合下列规定：

① 石灰土成活后应立即洒水（或覆盖）养护，保持湿润，直至上层结构施工为止。

② 石灰土碾压成活后可采取喷洒沥青透层油养护，并宜在其含水量为10%左右时进行。

③ 石灰土养护期应封闭交通。

1.2.1.2 质量要点

原材料应符合下列规定：

（1）土应符合下列要求：

① 宜采用塑性指数为10～15的粉质黏土、黏土。

② 土中的有机物含量宜小于10%。

③ 使用旧路的级配砾石、砂石或杂填土等应先进行试验。级配砾石、砂石等材料的最大粒径不宜超过分层厚度的60%，且不应大于10cm。土中欲掺入碎砖等粒料时，粒料掺入含量应经试验确定。

（2）石灰应符合下列要求：

① 宜用1～3级的新灰，石灰的技术指标应符合表1-10的规定。

② 磨细生石灰，可不经消解直接使用；块灰应在使用前2～3d完成消解，未能消解的生石灰块应筛除，消解石灰的粒径不得大于10mm。

③ 对储存较久或经过雨期的消解石灰应先经过试验，根据活性氧化物的含量决定能否使用和使用办法。

（3）水应符合国家现行标准《混凝土用水标准》（JGJ 63—2006）的规定。宜使用饮用水及不含油类等杂质的清洁中性水，pH值宜为6～8。

表 1-10 石灰技术指标

类别	钙质生石灰			镁质生石灰			钙质消石灰			镁质消石灰		
项目 \\ 等级	Ⅰ	Ⅱ	Ⅲ	Ⅰ	Ⅱ	Ⅲ	Ⅰ	Ⅱ	Ⅲ	Ⅰ	Ⅱ	Ⅲ
有效钙加氧化镁含量（%）	≥85	≥80	≥70	≥80	≥75	≥65	≥65	≥60	≥55	≥60	≥55	≥50
未消化残渣含 5mm 圆孔筛的筛余（%）	≤7	≤11	≤17	≤10	≤14	≤20	—	—	—	—	—	—
含水量（%）	—	—	—	—	—	—	≤4	≤4	≤4	≤4	≤4	≤4
细度 0.71mm 方孔筛的筛余（%）	—	—	—	—	—	—	0	≤1	≤1	0	≤1	≤1
细度 0.125mm 方孔筛的筛余（%）	—	—	—	—	—	—	≤13	≤20	—	≤13	≤20	—
钙镁石灰的分类界限，氧化镁含量（%）	≤5			>5			≤4			>4		

注：硅、铝、镁氧化物含量之和大于 5% 的生石灰，有效钙加氧化镁含量指标，Ⅰ等级≥75%，Ⅱ等级≥70%，Ⅲ等级≥60%；未消化残渣含量指标均与镁质生石灰指标相同。

1.2.1.3 质量验收

1. 主控项目

(1) 原材料质量检验应符合下列要求：

① 土应符合本节 1.2.1.2 第 1 条第 1 款的规定。

② 石灰应符合本节 1.2.1.2 第 1 条第 2 款的规定。

③ 水应符合本节 1.2.1.2 第 1 条第 3 款的规定。

检查数量：按不同材料进厂批次，每批检查 1 次。

检验方法：查检验报告、复验。

(2) 基层、底基层的压实度应符合下列要求：

① 城市快速路、主干路基层大于或等于 97%，底基层大于或等于 95%。

② 其他等级道路基层大于或等于 95%，底基层大于或等于 93%。

检查数量：每 1000m²，每压实层抽检 1 次。

检验方法：环刀法、灌砂法或灌水法。

(3) 基层、底基层试件作 7d 无侧限抗压强度，应符合设计要求。

检查数量：每 2000m² 抽检 1 次（6 块）。

检验方法：现场取样试验。

2. 一般项目

(1) 表面应平整、坚实、无粗细骨料集中现象，无明显轮迹、推移、裂缝，接茬平顺，无贴皮、散料。

(2) 基层及底基层允许偏差应符合表 1-11 的规定。

表 1-11 石灰稳定土类基层及底基层允许偏差

项目	允许偏差	检验频率		检验方法
		范围	点数	
中线偏位(mm)	≤20	100m	1	用经纬仪测量

续表

项目		允许偏差	检验频率			检验方法
			范围	点数		
纵断高程 (mm)	基层	±15	20m	1		用水准仪测量
	底基层	±20				
平整度 (mm)	基层	≤10	20m	路宽 (m)	<9 : 1 9～15 : 2 >15 : 3	用3m直尺和塞尺连续量两尺，取较大值
	底基层	≤15				
宽度(mm)		不小于设计值+B	40m	1		用钢尺量
横坡		±0.3%且不反坡	20m	路宽 (m)	<9 : 2 9～15 : 4 >15 : 6	用水准仪测量
厚度(mm)		±10	1000m²	1		用钢尺量

1.2.1.4 安全要点

（1）施工便道、便桥必须保证施工的正常进行，施工期间进行必要的维护。

（2）施工现场的材料保管应依据材料性能不同，采用防雨、防潮、防晒、防冻、防火、防爆等措施。

（3）对施工现场的施工设备应做好日常保养，保证机械设备的安全使用性能。

（4）对细颗粒散体材料在存放时应采取覆盖措施，减少粉尘飞扬，保护周围环境。

1.2.2 石灰、粉煤灰稳定砂砾基层

1.2.2.1 施工要点

石灰、粉煤灰稳定砂砾基层材料的摊铺宽度应为设计宽度两侧施工必要附加宽度。在施工中，严禁用贴薄层方法整

平修补表面。

混合料应由搅拌厂集中拌制且应符合下列规定：

（1）宜采用强制式搅拌机拌制，并应符合下列要求：

① 搅拌时，应先将石灰、粉煤灰搅拌均匀，再加入砂砾（碎石）和水搅拌均匀。混合料含水量宜略大于最佳含水量。

② 拌制石灰粉煤砂砾均应做延迟时间试验，以确定混合料在贮存场存放时间及现场完成作业时间。

③ 混合料含水量应视气候条件适当调整。

（2）搅拌厂应向现场提供产品合格证及石灰活性氧化物含量、骨料级配、混合料配合比及 R7 强度标准值的资料。

（3）摊铺除遵守本节 1.2.1.1 第 7 条的有关规定外，还应符合下列规定：

① 混合料在摊铺前其含水量宜在最佳含水量的允许偏差范围内。

② 混合料每层最大压实厚度应为 20cm，且不宜小于 10cm。

③ 摊铺中发生粗、细骨料离析时，应及时翻拌均匀。

1.2.2.2 质量要点

（1）原材料应符合下列规定：

① 石灰应符合本节 1.2.1.2 第 1 条的规定。

② 粉煤灰应符合下列规定：

A. 粉煤灰化学成分的 SiO_2、Al_2O_3 和 Fe_2O_3 总量宜大于 70%；在温度为 700℃ 的烧失量宜小于或等于 10%。

B. 当烧失量大于 10% 时，应经试验确认混合料强度符合要求时，方可采用。

C. 细度应满足 90% 通过 0.3mm 筛孔，70% 通过

0.075mm 筛孔，比表面积宜大于 2500cm²/g。

③ 砂砾应经破碎、筛分，级配宜符合表 1-12 的规定，破碎砂砾中最大粒径不得大于 37.5mm。

表 1-12　砂砾、碎石级配

筛孔尺寸 (mm)	通过质量百分率（%）			
	级配砂砾		级配碎石	
	次干路及以下道路	城市快速路、主干路	次干路及以下道路	城市快速路、主干路
37.5	100	—	100	—
31.5	85～100	100	90～100	100
19.0	65～85	85～100	72～90	81～98
9.50	50～70	55～75	48～68	52～70
4.75	35～55	39～59	30～50	30～50
2.36	25～45	27～47	18～38	18～38
1.18	17～35	17～35	10～27	10～27
0.60	10～27	10～25	6～20	8～20
0.075	0～15	8～10	0～7	0～7

④ 水应符合本节 1.2.1.2 第 1 条第 3 款的规定。

（2）碾压应符合本节 1.2.1.1 第 8 条的有关规定。

（3）养护应符合下列规定：

① 混合料基层，应在潮湿状态下养护。养护期视季节而定，常温下不宜少于 7d。

② 采用洒水养护时，应及时洒水，保持混合料湿润；采用喷洒沥青乳液养护时，应及时在乳液而撒嵌丁料。

③ 养护期间宜封闭交通。需通行的机动车辆应限速，严禁履带车辆通行。

1.2.2.3 质量验收

石灰、粉煤灰稳定砂砾基层及底基层质量检验除应符合本节1.2.1.3的有关规定外，原材料质量检验还应符合下列要求：

主控项目

（1）石灰应符合本节1.2.1.2第2条的规定。

（2）粉煤灰应符合本节1.2.2.2第1条第2款的规定。

（3）砂砾应符合本节1.2.2.2第1条第3款的规定。

（4）水应符合本节1.2.1.2第3条的规定。

检查数量：按不同材料进厂批次，每批检查1次。

检验方法：查检验报告、复验。

1.2.2.4 安全要点

石灰、粉煤灰稳定砂砾基层施工应符合本节1.2.1.4的有关规定。

1.2.3 水泥稳定土类基层（水泥稳定碎石基层）

1.2.3.1 施工要点

（1）水泥稳定土类基层材料的摊铺宽度为设计宽度两侧加工施工必要附加宽度。在施工中，严禁使用贴薄层方法整平修补表面。

（2）水泥稳定土类材料宜在冬期开始前15～30d完成施工。

（3）城镇道路中使用水泥稳定土类材料，宜采用搅拌厂集中配制。

（4）集中搅拌水泥稳定土类材料应符合下列规定：

① 骨料应过筛，级配应符合设计要求。

② 混合料配合比应符合要求，计量准确，含水量应符合施工要求，并搅拌均匀。

③ 搅拌厂应向现场提供产品合格证及水泥用量，粒料级配、混合料配合比，R7强度标准值。

④ 水泥稳定土类材料运输时，应采取措施防止水分损失。

（5）摊铺应符合下列规定：

① 施工前应通过试验确定压实系数，水泥土的压实系数宜为 1.53～1.58；水泥稳定砂砾的压实系数宜为 1.30～1.35。

② 宜采用专用摊铺机械摊铺。

③ 水泥稳定土类材料自搅拌至摊铺完成，不应超过3h。应按当班施工长度计算用料量。

④ 分层摊铺时，应在下层养护7d后，方可摊铺上层材料。

（6）接缝应符合本节1.2.1.1第9条的有关规定。

1.2.3.2 质量要点

（1）原材料应符合下列规定：

① 水泥应符合下列要求：

A. 应选用初凝时间大于 3h、终凝时间不小于 6h 的32.5级、42.5级普通硅酸盐水泥，矿渣硅酸盐、火山灰质硅酸盐水泥。水泥应有出厂合格证与生产日期，复验合格方可使用。

B. 水泥贮存期超过 3 个月或受潮，应进行性能试验，合格后方可使用。

② 土应符合下列要求：

A. 土的均匀系数不应小于5，宜大于10，塑性指数宜为 10～17。

B. 土中小于 0.6mm 颗粒的含量应小于30%。

C. 宜选用粗粒土、中粒土。

③ 粒料应符合下列要求：

A. 级配碎石、砂砾、未筛分碎石、碎石土、砾石和矸石、粒状矿渣材料均可做粒料原材。

B. 当做基层时，粒料最大粒径不宜超过 37.5mm。

C. 当做底基层时，粒料最大粒径：对城市快速路、主干路不应超过 37.5mm；对次干路及以下道路不应超过 53mm。

D. 各种粒料，应按其自然级配状况，经人工调整使其符合《城镇道路工程施工与质量验收规范》（CJJ 1—2008）表 7.5.2 的规定。

E. 碎石、砾石、煤矸石等的压碎值：对于城市快速路、主干路基层与底基层不应大于 30%；对道路基层不应大于 30%；对于底基层不应大于 35%。

F. 骨料中有机质含量不应超过 2%。

G. 骨料中硫酸盐含量不应超过 0.25%。

④ 水应符合本节 1.2.1.2 第 3 条的规定。

（2）碾压应符合下列规定：

① 应在含水量等于或略大于最佳含水量时进行。碾压找平应符合本节 1.2.1.1 第 8 条的有关规定。

② 宜采用 12～18t 压路机作初步稳定碾压，混合料初步稳定后用大于 18t 的压路机碾压，压至表面平整，无明显轮迹，且达到要求的压实度。

③ 水泥稳定土类材料，宜在水泥初凝前碾压成活。

（3）养护应符合下列规定：

① 基层宜采用洒水养护，保持湿润。采用乳化沥青养护，应在其上撒布适量石屑。

② 养护期间应封闭交通。

③ 常温下成活后应经7d养护，方可在其上铺筑面层。

1.2.3.3 质量验收

1. 主控项目

(1) 原材料质量检验应符合下列要求：

① 水泥应符合本节1.2.3.2第1条第1款的规定。

② 土类材料应符合本节1.2.3.2第1条第2款的规定。

③ 粒料应符合1.2.3.2第1条第3款的规定。

④ 水应符合1.2.1.2第3条的规定。

检查数量：按不同材料进场批次，每批次检查1次。

检验方法：查检验报告、复验。

(2) 基层、底基层的压实度应符合下列要求：

① 城市快速路、主干路基层大于或等于97%，底基层大于或等于95%。

② 其他等级道路基层大于或等于95%；底基层大于或等于93%。

检查数量：每1000m^2，每压实层抽查1次。

检验方法：环刀法、灌砂法或灌水法。

(3) 基层、底基层7d的无侧限抗压强度应符合设计要求。

检查数量：每2000m^2抽查1次（6块）。

检验方法：现场取样试验。

2. 一般项目

(1) 表面应平整、坚实、接缝平顺，无明显粗、细骨料集中现象，无推移、裂缝、贴皮、松散、浮料。

(2) 基层及底基层的偏差应符合表1-11的规定。

1.2.3.4 安全要点

(1) 当使用振动压路机时，应符合环境保护和周围建筑物及地下管线、构筑物的安全要求。

（2）装卸、洒铺及翻动粉状材料时，操作人员应站在上风侧，轻拌轻翻减少粉尘，并应佩戴口罩或其他防护用品。装卸尽量避免在大风天气下进行，否则，应加强安全防护。

（3）水泥稳定土拌和机械作业时，应遵守以下规定：

① 对机械及配套设施进行安全检查。

② 皮带运输机应尽量降低供料高度，以减轻物料冲击。在停机前必须将料卸尽。

1.2.4 级配碎石及级配碎砾石基层

1.2.4.1 施工要点

（1）级配碎石及级配碎砾石基层施工应符合本节 1.2.1.1 第 2 条、第 3 条的有关规定。

（2）摊铺应符合下列规定：

① 宜采用机械摊铺符合级配要求的厂拌级配碎石或级配碎砾石。

② 压实系数应通过试验段确定，人工摊铺宜为 1.40～1.50；机械摊铺宜为 1.25～1.35。

③ 摊铺碎石每层应按虚厚一次铺齐，颗粒分布应均匀，厚度一致，不得多次找补。

④ 已摊平的碎石，碾压前应断绝交通，保持摊铺层清洁。

（3）碾压除应遵守本节 1.2.1.1 第 8 条的有关规定外，还应符合下列规定：

① 碾压前和碾压中应适量洒水。

② 碾压中对有过碾现象的部位，应进行换填处理。

（4）成活应符合下列规定：

① 碎石压实后及成活中应适量洒水。

② 视压实碎石的缝隙情况撒布嵌缝料。

③ 宜采用 12t 以上的压路机碾压成活,碾压至缝隙嵌挤应密实,稳定坚实,表面平整,轮迹小于 5mm。

④ 未铺装上层前,对已成活的碎石基层应保持养护,不得开放交通。

1.2.4.2 质量要点

级配碎石及级配碎砾石材料应符合下列规定:

(1) 轧制碎石的材料可为各种类型的岩石(软质岩石除外)、砾石。轧制碎石的砾石粒径应为碎石最大粒径的 3 倍以上,碎石中不应有黏土块、植物根叶、腐殖质等有害物质。

(2) 碎石中针片状颗粒的总含量不应超过 20%。

(3) 级配碎石及级配碎砾石颗粒范围和技术指标应符合表 1-13 的规定。

表 1-13　级配碎石及级配碎砾石颗粒范围和技术指标

项目		通过质量百分率(%)			
		基层		底基层③	
		次干路及以下道路	城市快速路、主干路	次干路及以下道路	城市快递路、主干路
筛孔尺寸(mm)	53	—	—	100	—
	37.5	100	—	85~100	100
	31.5	90~100	100	69~88	83~100
	19.0	73~88	85~100	40~65	54~84
	9.5	49~69	52~74	19~43	29~59
	4.75	29~54	29~54	10~30	17~45
	2.36	17~37	17~37	8~25	11~33
	0.6	8~20	8~20	6~18	6~21
	0.075	0~7②	0~7②	0~10	0~10

续表

项目	通过质量百分率（%）			
	基层		底基层③	
	次干路及以下道路	城市快速路、主干路	次干路及以下道路	城市快递路、主干路
液限（%）	<28	<28	<28	<28
塑性指数	<6（或9①）	<6（或9①）	<6（或9①）	<6（或9①）

① 表示潮湿多雨地区塑性指数宜小于6，其他地区塑性指数小于9；
② 表示对于无塑性的混合料，小于0.075mm的颗粒含量接近高限；
③ 表示底基层所列为未筛分碎石颗粒组成范围。

（4）级配碎石及级配碎砾石石料的压碎值应符合表1-14的规定。

表1-14 级配碎石及级配碎砾石压碎值

项 目	压碎值	
	基层	底基层
城市快速路、主干路	<26%	<30%
次干路	<30%	<35%
次干路以下道路	<35%	<40%

（5）碎石或碎砾石应为多棱角块体，软弱颗粒含量应小于5%；扁平细长碎石含量应小于20%。

1.2.4.3 质量验收

1. 主控项目

（1）碎石与嵌缝料质量及级配应符合本节1.2.4.2第1条的有关规定。

检查数量：按不同材料进场批次，每批次抽检不应少于1次。

检验方法：查检验报告。

（2）级配碎石压实度，基层不得小于97%，底基层不应小于 95%。

检查数量：每 1000m² 抽检 1 点。

检验方法：灌砂法或灌水法。

（3）弯沉值，不应大于设计规定。

检查数量：设计规定时每车道、每 20m，测 1 点。

检验方法：弯沉仪检测。

2．一般项目

（1）外观质量：表面应平整、坚实，无推移、松散、浮石现象。

检查数量：全数检查。

检验方法：观察。

（2）级配碎石及级配碎砾石基层和底基层的偏差应符合《城镇道路工程施工与质量验收规范》（CJJ 1—2008）表 7.8.3 的有关规定。

1.2.4.4 安全要点

（1）施工时，对施工区域周围要进行围护并设置安全警示标志。

（2）施工时严格按照施工规范和各种机械的操作规程施工，在作业地点挂警告牌，严禁违章作业，严禁非施工人员进入施工现场。

（3）施工机具、车辆及人员与电气线路保持足够的安全距离，不能保证时应采取可靠的安全防护措施。

（4）卸料车要有专人负责指挥，卸料时，卸料车附近严禁站人。

（5）碎石机作业：

① 进料要均匀，不得过大，严防金属块等混入。出料口上方应挡板。

② 不得从上方向碎石机口内窥视。

③ 若石料卡住进口，应用铁钩翻动，严禁用手搬动。

(6) 拌和机作业：

① 应根据不同的拌和材料，选用合适的拌和齿。

② 拌和作业时，应先将转子提起离开地面空转，然后再慢慢下降至拌和深度。

③ 在拌和过程中，不能急转弯或原地转向，严禁使用倒挡进行拌和作业。遇到底层有障碍物时，应及时提起转子，进行检查处理。

④ 拌和机在行走和作业过程中，必须采用低速，保持匀速。液压油的温度不得超过规定。

⑤ 停车时应拉上制动，将转子置于地面。

1.3 面　　层

1.3.1　热拌沥青混合料面层
1.3.1.1　施工要点
1. 一般规定

(1) 沥青混合料面层不得在雨、雪天气及环境最高温度低于 5℃时施工。

(2) 当采用旧沥青路面作为基层加铺沥青混合料面层时，应对原有路面进行处理、整平或补强，符合设计要求，并应符合下列规定：

① 符合设计强度，基本无损坏的旧沥青路面经整平后可作基层使用。

② 旧路面有明显损坏，但强度能达到设计要求的，应对损坏部分进行处理。

③ 填补旧沥青路面，凹坑应按高程控制、分层铺筑，每层最大厚度不宜超过10cm。

（3）当旧水泥混凝土路面作为基层加铺沥青混合料面层时，应对原水泥混凝土路面进行处理，整平或补强，符合设计要求，并应符合下列规定：

① 对原混凝土路面应做弯沉试验，符合设计要求，经表面处理后，可作基层处理。

② 对原混凝土路面层和基层间的空隙，应填充处理。

③ 对局部破损的原混凝土面层应剔除，并修补完好。

④ 对混凝土面层的胀缝、缩缝、裂缝应清理干净，并应采取防反射裂缝措施。

（4）基层施工透层油或下封层后，应及时铺筑面层。

2. 各层沥青混合料应满足所在层位的功能性要求，便于施工，不得离析。各层应连续施工并连结成一体。

3. 沥青混合料搅拌及施工温度应根据沥青标号及黏度、气候条件、铺装层的厚度、下卧层温度确定。

（1）普通沥青混合料搅拌及压实温度宜通过在135℃~175℃条件下测定的黏度温度曲线，按表1-15确定。当缺乏黏温曲线数据时，可按表1-16的规定，结合实际情况确定混合料的搅拌及施工温度。

表1-15　沥青混合料搅拌及压实时适宜温度相应的黏度

黏度	适宜于搅拌的沥青混合料黏度	适宜于压实的沥青混合料黏度	测定方法
表观黏度	(0.17 ± 0.02)Pa·s	(0.28 ± 0.03)Pa·s	T0625
运动黏度	(170 ± 20)mm^2/s	(280 ± 30)mm^2/s	T0619
赛波特黏度	(85 ± 10)s	(140 ± 15)s	T0623

表 1-16　热拌沥青混合料的搅拌及施工温度　　（℃）

施工工序		石油沥青的标号			
		50号	70号	90号	110号
沥青加热温度		160~170	155~165	150~160	145~155
矿料加热温度	间隙式搅拌机	骨料加热温度比沥青温度高10~30			
	连续式搅拌机	矿料加热问题比沥青温度高5~10			
沥青混合料出料温度①		150~170	145~165	140~160	135~155
混合料贮存料仓贮存温度		贮料过程中温度降低不超过10			
混合料废弃温度，高于		200	195	190	185
运输到现场温度，不低于①		145~165	140~155	135~145	130~140
混合料摊铺温度，不低于①		140~160	135~150	130~140	125~135
开始碾压的混合料内部温度，不低于①		135~150	130~145	125~135	120~130
碾压终了的表面温度，不低于②		80~85	70~80	65~75	60~70
		75	70	60	55
开放交通的路表面温度，不高于		50	50	50	45

注：1. 沥青混合料的施工温度采用具有金属探测针的插入式数显温度计测量。表面温度可采用表面接触式温度计测定。当用红外线温度计测量表面温度时，应进行标定。

2. 表中未列入的130号、160号及30号沥青的施工温度由试验确定。

3. 常温下宜用低值，低温下宜用高值。

4. 视压路机类型而定，轮胎压路机取高值，振动压路机取低值。

（2）聚合物改性沥青混合料搅拌及施工温度应根据实践经验经试验确定。通常宜较普通沥青混合料温度提高10℃~20℃。

（3）SMA混合料的施工温度应经试验确定。

4. 热拌沥青混合料宜由有资质的沥青混合料集中搅拌

站供应。

5. 沥青混合料出厂时，应逐车检测沥青混合料的质量和温度，并附有载有出场时间的运料单。不合格品不得出厂。

1.3.1.2 质量要点

（1）热拌沥青混合料（HMA）适用于各种等级道路的面层。其种类按骨料公称最大粒径、矿料级配、空隙率划分见表1-17。应按工程要求选择适宜的混合料规格、品种。

（2）热拌沥青混合料的摊铺应符合下列规定：

① 热拌沥青混合料应采用机械摊铺。摊铺温度应符合表1-16的规定。城市快速路、主干路宜采用两台以上摊铺机联合摊铺。每台机器的摊铺宽度宜小于6m。表面层宜采用多机全幅摊铺，减少施工接缝。

② 摊铺机应具有自动或半自动方式调节摊铺厚度及找平的装置，可加热的振动熨平板或初步振动压实装置、摊铺宽度可调整等功能，且受料斗斗容应能保证更换运料车时连续摊铺。

③ 采用自动调平摊铺机摊铺最下层沥青混合料时，应使用钢丝或路缘石、平石控制高程与摊铺厚度，以上各层可用导梁引导高程控制，或采用声纳平衡梁控制方式。经摊铺机初步压实的摊铺层应符合平整度、横坡的要求。

④ 沥青混合料的最低摊铺温度应根据气温、下卧层表面温度、摊铺层厚度与沥青混合料种类经试验确定。城市快速路、主干路不宜在气温低于10℃条件下施工。

⑤ 沥青混合料的松铺系数应根据混合料类型、施工机械和施工工艺等应通过试验段确定，试验段长不宜小于100m。松铺系数可按照表1-18进行初选。

表 1-17 热拌沥青混合料种类

混合料类型	密级配		间断级配	开级配		半开级配	公称最大粒径 (mm)	最大粒径 (mm)
	连续级配		沥青玛琋脂碎石	间断级配		沥青碎石		
	沥青混凝土	沥青稳定碎石		排水式沥青磨耗层	排水式沥青碎石基层			
特粗式	—	ATB-40	—	—	ATPB-40	—	37.5	53.0
粗粒式	—	ATB-30	—	—	ATPB-30	—	31.5	37.5
	AC-25	ATB-25	—	—	ATPB-25	—	26.5	31.5
中粒式	AC-20	—	SMA-20	—		AM-20	19.0	26.5
	AC-16	—	SMA-16	OGFC-16	—	AM-16	16.0	19.0
细粒式	AC-13	—	SMA-13	OGFC-13	—	AM-13	13.2	16.0
	AC-10	—	SMA-10	OGFC-10	—	AM-10	9.5	13.2
砂粒式	AC-5	—	—	—	—	—	4.75	9.5
设计空隙率(%)	3~5	3~6	3~4	>18	>18	6~12	—	—

注：设计空隙率可按配合比设计要求适当调整。

表 1-18　沥青混合料的松铺系数

种类	机械摊铺	人工摊铺
沥青混凝土混合料	1.15～1.35	1.25～1.50
沥青碎石混合料	1.15～1.30	1.20～1.45

⑥ 铺沥青混合料应均匀、连续不间断，不得随意变换摊铺速度或中途停顿。摊铺速度宜为 2～6m/min。摊铺时螺旋送料器应不停地转动，两侧应保持有不少于送料器高度 2/3 的混合料，并保证在摊铺机全宽度断面上不发生离析。熨平板按所需厚度固定后不得随意调整。

⑦ 摊铺层发生缺陷应找补，并停机检查，排除故障。

⑧ 路面狭窄部分、平曲线半经过小的匝道小规模工程可采用人工摊铺。

（3）热拌沥青混合料的压实应符合下列规定：

① 应选择合理的压路机组合方式及碾压步骤，以达到最佳碾压结果。沥青混合料压实宜采用钢筒式静态压路机与轮胎压路机或振动压路机组合的方案压实。

② 压实应按初压、复压、终压（包括成形）三个阶段进行。压路机应以慢而均匀的速度碾压，压路机的碾压速度宜符合表 1-19 的规定。

表 1-19　压路机碾压速度　　　　　　　　（km/h）

压路机类型	初压		复压		终压	
	适宜	最大	适宜	最大	适宜	最大
钢筒式压路机	1.5～2	3	2.5～3.5	5	2.5～3.5	5
轮胎压路机			3.5～4.5	6	4～6	8
振动压路机	1.5～2（静压）	5（静压）	1.5～2（振动）	1.5～2（振动）	2～3（静压）	5（静压）

③ 初压应符合下列要求:

A. 初压温度应符合表 1-16 的有关规定,以能稳定混合料,且不产生推移、发裂为度。

B. 碾压应从外侧向中心碾压,碾速稳定均匀。

C. 初压应采用轻型钢筒式压路机碾压 1～2 遍。初压后应检查平整度、路拱、必要时应修整。

④ 复压应紧跟初压连续进行,并应符合下列要求:

A. 复压应连续进行。碾压段长度宜为 60～80m。当采用不用型号的压路机组合碾压时,每一台压路机均应做全幅碾压。

B. 密级配沥青混凝土宜优先采用重型的轮胎压路机进行碾压,碾压到要求的压实度为止。

C. 对大粒径沥青稳定碎石类的基层,宜优先采用振动压路机复压。厚度小于 30mm 的沥青层不宜采用振动压路机碾压。相邻碾压带重叠宽度宜为 10～20cm。振动压路机折返时应先停止振动。

D. 采用三轮钢筒式压路机时,总质量不宜小于 12t。

E. 大型压路机难于碾压的部位,宜采用小型压实工具进行压实。

⑤ 终压温度应符合表 1-16 的有关规定。终压宜选用双轮钢筒式压路机,碾压至无明显轮迹为止。

(4) SMA 和 OGFC 混合料的压实应符合下列规定:

① SMA 混合料宜采用振动压路机或钢筒式压路机碾压。

② SMA 混合料不宜采用轮胎压路机碾压。

③ OGFC 混合料宜用 12t 以上的钢筒式压路机碾压。

(5) 碾压过程中碾压轮应保持清洁,可对钢轮涂刷隔离剂或防粘剂，严禁刷柴油。当采用向碾压轮喷水（可添加少量表面活性剂）方式时，必须严格控制喷水量应成雾状，不得漫流。

（6）压路机不得在未碾压成形路段上转向、调头、加水或停留。在当天成形的路面上，不得停放各种机械设备或车辆，不得散落矿料、油料等杂物。

（7）接缝应符合下列规定：

① 沥青混合料面层的施工接缝应紧密、平顺。

② 上、下层的纵向热接缝应错开15cm；冷接缝应错开30～40cm。相邻两幅及上下层的横向接缝均应错开1m以上。

③ 表面层接缝应采用直茬，以下各层可采用斜接茬，层较厚时也可做阶梯形接茬。

④ 对冷接茬施作前，应在茬面涂少量沥青并预热。

（8）热拌沥青混合料路面应待摊铺层自然降温至表面温度低于50℃后，方可开放交通。

（9）沥青混合料面层完成后应加强保护，控制交通，不得在面层上堆土或拌制砂浆。

1.3.1.3 质量验收

（1）热拌沥青混合料质量应符合下列要求：

① 主控项目。

道路用沥青的品种、标号应符合国家现行有关标准和《城镇道路工程施工与质量验收规范》（CJJ 1—2008）第8.1节的有关规定。

检查数量：按一生产厂家、同一品种、同一标号、同一批号连续进场的沥青（石油沥青每100t为1批，改性沥青每50t为1批）每批次抽检1次。

检验方法:查出厂合格证,检验报告并进场复验。

② 沥青混合料所选用的粗骨料、细骨料、矿粉、纤维稳定剂等的质量及规格应符合《城镇道路工程施工与质量验收规范》(CJJ 1—2008)第 8.1 节的有关规定。

检查数量:按不同品种产品进场批次和产品抽样检验方案确定。

检验方法:观察、检查进场检验报告。

③ 热拌沥青混合料、热拌改性沥青混合料、SMA 混合料,查出厂合格证、检验报告并进场复验,拌和温度、出厂温度应符合本节 1.3.1.1 第 3 条的有关规定。

检验数量:全数检查。

检验方法:查测温记录,现场检测温度。

④ 沥青混合料品质应符合马歇尔试验配合比技术要求。

检验数量:每日、每品种检查 1 次。

检验方法:现场取样试验。

(2) 热拌沥青混合料面层质量检验应符合下列规定:

① 主控项目。

A. 沥青混合料面层压实度,对于城市快速路、主干路不应小于 96%;对于次干路及以下道路不应小于 95%。

检验数量:每 1000m^2 测 1 点。

检验方法:查试验记录(马歇尔击实试件密度、试验室标准密度)。

B. 面层厚度应符合设计规定,允许偏差为+10~-5mm。

检验数量:每 1000m^2 测 1 点。

检验方法:钻孔或刨挖,用钢尺量。

C. 弯沉值,不应大于设计规定。

检验数量:每车道、每道 20m,测 1 点。

检验方法：弯沉仪检测。

② 一般项目。

A. 表面应平整、坚实，接缝紧密，无枯焦；不应有明显轮迹、推挤裂缝、脱落、烂边、油斑、掉渣等现象，不得污染其他构筑物。面层与路缘石、平石及其他构筑物应接顺，不得有积水现象。

检查数量：全数检查。

检验方法：观察。

B. 热拌沥青混合料面层允许偏差应符合表 1-20 的规定。

表 1-20　热拌沥青混合料面层允许偏差

项　目		允许偏差	检验频率			检验方法
			范围	点数		
纵断高程（mm）		±15	20m	1		用水准仪测量
中线偏位（mm）		≤20	100m	1		用经纬仪测量
平整度（mm）	标准差 σ 值	快速路、主干路 ≤1.5	100m	路宽（m）	<9　　1　　9～15　2　　<9　　3	用测平仪检测，见注1
		次干路、支路 ≤2.4				
	最大间隙	次干路、支路 ≤5	20m	路宽（m）	<9　　1　　9～15　2　　>15　　3	用 3m 直尺和塞尺连续量取两尺，取较大值
宽度（mm）		不小于设计值	40m	1		用钢尺量
横坡		±0.3% 且不反坡	20m	路宽（m）	<9　　2　　9～15　4　　>15　　6	用水准仪测量

续表

项目		允许偏差	检验频率		检验方法
			范围	点数	
井框与路面高差（mm）		≤5	每座	1	十字法，用直尺、塞尺量取最大值
抗滑	摩擦系数	符合设计要求	200m	1	摆式仪
				全线连续	横向力系数车
	构造深度	符合设计要求	200m	1	砂铺法
					激光构造深度仪

注：1. 测平仪为全线每车道连续检测 100m 计算标准差 σ；无测平仪时可以采用 3m 直尺检测；表中检验频率点数为测线数；
  2. 平整度、抗滑性能也可采用自动检测设备进行检测；
  3. 底基层表面、下面层应按设计规定用量洒泼透层油、粘层油；
  4. 中面层、底面层仅进行中线偏位、平整度、宽度、横坡的检测；
  5. 改性（再生）沥青混凝土路面可采用此表进行检验；
  6. 十字法检查井框与路面高差，每座检查井均应检查。十字法检查中，以平行于道路中线、过检查井盖中心的直线做基线，另一条线与基线垂直，构成检查用十字线。

1.3.1.4 安全要点

（1）施工地段必须用安全警示带或栏杆围起，竖立醒目的"禁止通行"或"绕道行驶"等标志，并设值勤人员维护交通和行人秩序。

（2）沥青加热及混合料拌制，宜设在人员较少、场地空旷的地段。产量较大的拌和设备，有条件的应增设防尘设施。

（3）凡是参加沥青路面施工的操作人员，必须熟悉和掌握沥青的性能、特点，按规定穿戴好工作服、风帽、口罩、风镜、手套、厚皮底工作鞋等各种防护用品，严禁穿凉鞋、布鞋、短袖衣、短裤、裙子等。

（4）沥青洒布车作业要求：

① 洒布现场应设专人警戒。

② 施工现场的障碍物应清除干净。

③ 洒油时作业范围内不得有人。

④ 施工现场严禁使用明火。

⑤ 检查机械、洒布装置及防护、防火设备是否齐全有效。

⑥ 采用固定式喷灯向沥青箱的火管加热时，应先打开沥青箱上的烟囱口，并在液态沥青淹没火管后，方可点燃喷灯。

1.3.2 透层、粘层、封层

1.3.2.1 施工要点

（1）透层施工应符合下列规定：

① 沥青混合料面层的基层表面应喷洒透层油，在透层油完全渗透入基层后方可铺筑面层。

② 施工中应根据基层类型选择渗透性好的液体沥青、乳化沥青透层油。透层油的规格应符合表 1-21 的规定。

表 1-21 沥青路面透层材料的规格和用量

用途	液体沥青		乳化沥青	
	规格	用量(L/m²)	规格	用量(L/m²)
无结合料粒料基层	AL(M)-1、2 或 3 AL(S)-1、2 或 3	1.0~2.3	PC-2 PA-2	1.0~2.0

续表

用途	液体沥青		乳化沥青	
	规格	用量(L/m²)	规格	用量(L/m²)
半刚性基层	AL(M)-1 或 2 AL(S)-1 或 2	0.6~1.5	PC-2 PA-2	0.7~1.5

注：表中用量是指包括稀释和水分等在内的液体沥青、乳化沥青的总量，乳化沥青中的残留物含量是以50%为基准。

③ 用作透层油的基质沥青的针入度不宜小于100。液体沥青的黏度应通过调节稀释剂的品种和掺量经试验确定。

④ 透层油的用量与渗透深度宜通过试洒确定，不宜超出表1-21的规定。

⑤ 用于石灰稳定土类或水泥稳定土类基层的透层油宜紧接在基层碾压成形后表面稍变干燥，但尚未硬化的情况下喷洒，洒布透层油后，应封闭各种交通。

(2) 粘层施工应符合下列规定：

① 双层式或多层式热拌热铺沥青混合料面层之间应喷洒粘层油，或在水泥混凝土路面、沥青稳定碎石基层、旧沥青路面层上加铺沥青混合料层时，应在既有结构和路缘石、检查井等构筑物与沥青混合料层连接面喷洒粘层油。

② 粘层油宜采用快裂或中裂乳化沥青、改性乳化沥青，也可采用快、中凝液体石油沥青，其规格和用量应符合表1-22的规定。所使用的基质沥青标号宜与主层沥青混合料相同。

③ 粘层油品种和用量应根据下卧层的类型通过试洒确定，应符合表1-22的规定。当粘层油上铺筑薄层大孔隙排

水路面时，粘层油的用量宜增加到 0.6～1.0L/m²。沥青层间兼做封层的粘层油宜采用改性沥青或改性乳化沥青，其用量不宜少于 1.0L/m²。

表1-22 沥青路面粘层材料的规格和用量

下卧层类型	液体沥青 规格	液体沥青 用量 (L/m²)	乳化沥青 规格	乳化沥青 用量 (L/m²)
新建沥青层或旧沥青路面	AL(R)-3～AL(R)-6 AL(M)-3～AL(M)-6	0.3～0.5	PC-3 PA-3	0.3～0.6
水泥混凝土	AL(M)-3～AL(M)-6 AL(S)-3～AL(S)-6	0.2～0.4	PC-3 PA-3	0.3～0.5

注：表中用量是指包括稀释剂和水分等在内的液体沥青、乳化沥青的总量，乳化沥青中的残留物含量是以50%为基准。

④ 粘层油宜在摊铺面层当天洒布。

⑤ 粘层油喷洒应符合本节1.3.2.1第1条的有关规定。

(3) 封层施工应符合下列规定：

① 封层油宜采用改性沥青或改性乳化沥青。骨料应质地坚硬、耐磨、洁净、粒径级配应符合要求。

② 用于稀浆封层的混合料其配比应经设计、试验，符合要求后方可使用。

③ 下封层宜采用层铺法表面处治或稀浆封层法施工。沥青（乳化沥青）和骨料用量应根据配合比设计确定。

④ 沥青应洒布均匀、不露白，封层应不透水。

1.3.2.2 质量要点

(1) 透层油宜采用沥青洒布车或手动沥青洒布机喷洒。洒布设备喷嘴应与透层沥青匹配，喷洒应呈雾状，洒布管高度应使同一点接受2～3个喷油嘴喷洒的沥青。

(2) 透层油应洒布均匀，有花白遗漏应人工补洒，喷洒过量的应立即撒布石屑或砂吸油，必要时作适当碾压。

(3) 透层油洒布后的养护时间应根据透层油的品种和气候条件由试验确定。液体沥青中的稀释剂全部挥发或乳化沥青水分蒸发后，应及时铺筑沥青混合料面层。

(4) 当气温在10℃及以下，风力大于5级及以上时，不应喷洒透层、粘层、封层油。

1.3.2.3 质量验收

1. 主控项目

透层、粘层、封层所采用沥青的品种、标号和封层粒料质量、规格应符合《城镇道路工程施工与质量验收规范》(CJJ 1—2008) 第8.1节的有关规定。

检查数量：按进场品种、批次，同品种、同批次检查不应少于1次。

检验方法：查产品出厂合格证、出厂检验报告和进场复查报告。

2. 一般项目

(1) 透层、粘层、封层的宽度不应小于设计规定值。

检查数量：每40m抽检1处。

检验方法：用尺量。

(2) 封层油层与粒料洒布应均匀，不应有松散。裂缝、油丁、泛油、波浪、花白、漏洒、堆积、污染其他构筑物等现象。

检查数量：全数检查。

检验方法：观察。

1.3.2.4 安全要点

透层、粘层、封层施工应符合本节1.3.1.4的有关规定。

1.3.3 水泥混凝土面层

1.3.3.1 施工要点

(1) 混凝土摊铺前,应完成下列准备工作:

① 混凝土施工配合比已获监理工程师批准,搅拌站经试运转,确认合格。

② 模板支设完毕,检验合格。

③ 混凝土摊铺、养护、成形等机具试运行合格。专用器材已准备就绪。

④ 运输与现场浇筑通道已修筑,且符合要求。

(2) 模板应符合下列规定:

① 模板应与混凝土的摊铺机械相匹配。模板高度应为混凝土板设计厚度。

② 钢模板应直顺、平整,每1m设置1处支撑装置。

③ 木模板直线部分板厚不宜小于5cm,每0.8~1m设1处支撑装置;弯道部分板厚宜为1.5~3cm,每0.5~0.8m设1处支撑装置,模板与混凝土接触面及模板顶面应刨光。

④ 模板制作允许偏差应符合表1-23的规定。

表1-23 模板制作允许偏差

检测项目 \ 施工方式	三辊轴机组	轨道摊铺机	小型机具
高度(mm)	±1	±1	±2
局部变形(mm)	±2	±2	±3
两垂直边夹角(°)	90±2	90±1	90±3
顶面平整度(mm)	±1	±1	±2
侧面平整度(mm)	±2	±2	±2
纵向直顺度(mm)	±2	±1	±3

(3) 模板安装应符合下列规定:

① 支模前应核对路面标高、面板分块、胀缝和构造物位置。

② 模板应安装稳固、顺直、平整、无扭曲,相邻模板连接应紧密平顺,不应错位。

③ 严禁在基层上挖槽嵌入模板。

④ 使用轨道摊铺机应采用专用钢制轨摸。

⑤ 模板安装完毕,应进行检验,合格后方可使用。其安装质量应符合表 1-24 的规定。

表 1-24 模板安装允许偏差

检测项目 \ 施工方式	允许偏差			检验频率		检验方法
	三辊轴机组	轨道摊铺机	小型机具	范围	点数	
中线偏位 (mm)	≤10	≤5	≤15	100m	2	用经纬仪、钢尺量
宽度 (mm)	≤10	≤5	≤15	20m	1	用钢尺量
顶面高程 (mm)	±5	±5	±10	20m	1	用水准仪测量
横坡 (%)	±0.10	±0.10	±0.20	20m	1	用钢尺量
相邻板高差 (mm)	≤1	≤1	≤2	每缝	1	用水平尺、塞尺量
模板接缝宽度 (mm)	≤3	≤2	≤3	每缝	1	用钢尺量
侧面垂直度 (mm)	≤3	≤2	≤4	20m	1	用水平尺、卡尺量
纵向顺直度 (mm)	≤3	≤2	≤4	40m	1	用 20m 线和钢尺量
顶面平整度 (mm)	≤1.5	≤1	≤2	每两缝间	1	用 3m 直尺、塞尺量

(4) 钢筋安装应符合下列规定:

① 钢筋安装前应检查其原材料品种、规格与加工质量,

确认符合设计规定。

② 钢筋网、角隅钢筋等安装应牢固、位置准确。钢筋安装后应进行检查，合格后方可使用。

③ 传力杆安装应牢固、位置准确。胀缝传力杆应与胀缝板、提缝板一起安装。

④ 钢筋加工允许偏差应符合表 1-25 的规定。

表 1-25 钢筋加工允许偏差

项目	焊接钢筋网及骨架允许偏差（mm）	绑扎钢筋网及骨架允许偏差（mm）	检验频率		检验方法
			范围	点数	
钢筋网的长度与宽度	±10	±10	每检验批	抽查10%	用钢尺量
钢筋网眼尺寸	±10	±20			用钢尺量
钢筋骨架宽度及高度	±5	±5			用钢尺量
钢筋骨架的长度	±10	±10			用钢尺量

⑤ 钢筋安装允许偏差应符合表 1-26 的规定。

表 1-26 钢筋安装允许偏差

项目		允许偏差（mm）	检验频率		检验方法
			范围	点数	
受力钢筋	排距	±5	每检验批	抽查10%	用钢尺量
	间距	±10			用钢尺量
钢筋弯起点位置		20			用钢尺量
箍筋、横向钢筋间距	绑扎钢筋网及钢筋骨架	±20			用钢尺量
	焊接钢筋网及钢筋骨架	±10			

续表

项目		允许偏差 (mm)	检验频率		检验方法
			范围	点数	
钢筋预埋位置	中心线位置	±5	每检验批	抽查10%	用钢尺量
	水平高差	±3			
钢筋保护层	距表面	±3			用钢尺量
	距底面	±5			

（5）混凝土抗压强度达 8.0MPa 及以上方可拆模。当缺乏强度实测数据时，侧模允许最早拆模时间宜符合表 1-27 的规定。

表 1-27　混凝土侧模的允许最早拆模时间　　（h）

昼夜平均气温	−5℃	0℃	5℃	10℃	15℃	20℃	25℃	≥30℃
硅酸盐水泥、R 型水泥	240	120	60	36	34	28	24	18
道路、普通硅酸盐水泥	360	168	72	48	36	30	24	18
矿渣硅酸盐水泥	—	—	120	60	50	45	36	24

注：允许最早拆侧模时间从混凝土面板经整成形后开始计算。

（6）面层用混凝土宜选择具备资质、混凝土质量稳定的搅拌站供应。

（7）混凝土铺筑前应检查下列项目：

① 基层或砂垫层表面、模板位置、高程等符合设计要求。模板支撑接缝严密、模内洁净、隔离剂刷均匀。

② 钢筋、预埋胀缝板的位置正确，传力杆等安装符合要求。

③ 混凝土搅拌、运输与摊铺设备，状况良好。

（8）三辊轴机组铺筑作业应符合下列规定：

① 卸料应均匀，布料应与摊铺速度相适应。

② 设有接缝拉杆的混凝土面层，应在面层施工中及时安设拉杆。

③ 三辊轴整平机分段整平的作业单元长度宜为20～30m，振捣机振实与三辊轴整平工序之间的时间间隔不宜超过15min。

④ 在一个作业单元长度内，应采用前进振动、后退静滚方式工作，最佳滚压遍数应经过试铺确定。

（9）采用轨道摊铺机铺筑时，最小摊铺宽度不宜小于3.75m，并应符合下列规定：

① 应根据设计车道按表1-28的技术参数选择摊铺机。

表1-28 轨道摊铺机的基本技术参数

项目	发动机功率（kW）	最大摊铺宽度（m）	摊铺厚度（mm）	摊铺速度（m/min）	整机质量（t）
三车道轨道摊铺机	33～45	11.75～18.3	250～600	1～3	13～38
双车道轨道摊铺机	15～33	7.5～9.0	250～600	1～3	7～13
单车道轨道摊铺机	8～22	3.5～4.5	250～450	1～4	≤7

② 坍落度宜控制为20～40mm。不同坍落度时的松铺系数系数可参考表1-29确定，并按此计算出松铺高度。

表1-29 松铺系数K与坍落度S_L的关系

坍落度S_L（mm）	5	10	20	30	40	50	60
松铺系数K	1.30	1.25	1.22	1.19	1.17	1.15	1.12

③ 当施工钢筋混凝土面层时，宜选用两台箱型轨道摊

铺机分两层两次布料。下层混凝土的布料长度应根据钢筋网片长度和混凝土凝结时间确定，且不宜超过20m。

④ 振实作业应符合下列要求：

A. 轨道摊铺机应配备振捣器组，当面板厚度超过150mm，坍落度小于30mm时，必须插入振捣。

B. 轨道摊铺机应配备振动梁或振动提浆饰面时，提浆厚度宜控制为（4±1）mm。

⑤ 面层表面整平时，应及时清除余料，用抹平板完成表面整修。

（10）人工小型机具施工水泥混凝土路面层，应符合下列规定：

① 混凝土松铺系数宜控制为1.10～1.25。

② 摊铺厚度达到混凝土板厚的2/3时，应拔出模内钢钎，并填实钎洞。

③ 混凝土面层分两次摊铺时，上层混凝土的摊铺应在下层混凝土初凝前完成，且下层厚度宜为总厚的3/5。

④ 混凝土摊铺与钢筋网、传力杆及边缘角隅钢筋的安放相配合。

⑤ 一块混凝土板应一次连续浇筑完毕。

⑥ 混凝土使用插入式振捣器振捣时，不应过振，且振动时间不宜少于30s，移动间距不宜大于50cm。使用平板振捣器振捣时应重叠10～20cm，振捣器行进速度应均匀一致。

⑦ 真空脱水作业应符合下列要求：

A. 真空脱水应在面层混凝土振捣后，抹面前进行。

B. 开机后应逐渐升高真空度，当达到要求的真空度，开始正常出水后，真空度应保持稳定，最大真空度不宜超过

0.085MPa，待达到规定脱水时间和脱水量时，应逐渐减小真空度。

C. 真空系统安装与吸水垫放置位置，应便于混凝土摊铺与面层脱水，不得出现未经吸水的脱空部位。

D. 混凝土试件，应与吸水作业同条件制作，同条件养护。

E. 真空吸水作业后，应重新压实整平、并拉毛、压痕或刻痕。

⑧ 成活应符合下列要求：

A. 现场应采取防风、防晒等措施；抹面拉毛等应在跳板上进行，抹面时严禁在板面上洒水、撒水泥粉。

B. 采用机械抹面时，真空吸水完成后即可进行。先用带有浮动圆盘的重型抹面机粗抹，再用带有振动圆盘的轻型抹面机或人工细抹一遍。

C. 混凝土抹面不宜少于 4 次，先找平抹平，待混凝土表面无沁水时再抹面，并依据水泥品种与气温控制抹面间隔时间。

（11）施工现场的气温高于 30℃、搅拌物温度为 30℃～35℃、空气相对湿度小于 80% 时，搅拌物中宜掺缓凝剂、保塑剂或缓凝减水剂等。切缝应视混凝土强度的增长情况，比常温施工适度提前。铺筑现场宜设遮阳棚。

1.3.3.2 质量要点

（1）混凝土面层应拉毛、压痕或刻痕，其平均纹理深度应为 1～2mm。

（2）横缝施工应符合下列规定：

① 胀缝间距应符合设计规定，缝宽宜为 20mm。在与结构物衔接处、道路交叉和填挖土方变化处，应设胀缝。

② 胀缝上部的预留填缝空隙，宜用提缝板留置。提缝板应直顺，与胀缝密合、垂直于面层。

③ 缩缝应垂直板面、宽度宜为 4～6mm。切缝深度：设传力杆时，不应小于面层厚的 1/3，且小得小于 70mm；不设传力杆时不应小于面层厚的 1/4，且不应小于 60mm。

④ 机切缝时，宜在水泥混凝土强度达到设计强度 25%～30%时进行。

（3）当混凝土面层施工采取人工抹面、遇有 5 级及以上风时，应停止施工。

（4）水泥混凝土面层成活后，应及时养护。可选用保湿法和塑料薄膜覆盖等方法养护。气温较高时，养护不宜少于 14d；低温时，养护期不宜少于 21d。

（5）养护期间应封闭交通、不得堆放重物；养护终结，应及时清除面层养护材料。

（6）混凝土板在达到设计强度的 40%以后，方可允许行人通行。

（7）填缝应符合下列规定：

① 混凝土板养护期满后应及时填缝，缝内残留的砂石、灰浆杂物，应剔除干净。

② 应按设计要求选择填缝料，并根据填料品种制定工艺技术措施。

③ 浇筑填缝料必须在缝槽干燥状态下进行，填缝料应与混凝土缝壁黏附紧密，不渗水。

④ 填缝料的充满度应根据施工季节而定，常温施工应与路面平，冬期施工，宜略低于板面。

（8）在面层混凝土弯拉强度达到设计强度，且填缝完成前不得开放交通。

1.3.3.3 质量验收

1. 主控项目

（1）原材料质量应符合下列要求：

① 水泥品种、级别、质量、包装、贮存，应符合国家现行有关标准的规定。

检查数量：按同一生产厂家、同一等级、同一品种、同一批号且连续进场的水泥，袋装水泥不超过200t为一批，散装水泥不超过500t为一批，每批抽样1次。水泥出厂超过三个月（快硬硅酸盐水泥超过一个月）时，应进行复验、复验合格后方可使用。

检验方法：检查产品合格证、出厂检验报告，进场复验。

② 混凝土中掺加外加剂的质量应符合现行国家标准《混凝土外加剂》（GB 8076—2008）和《混凝土外加剂应用技术规范》（GB 50119—2013）的规定。

检查数量：按进场批次和产品抽样检验方法确定，每批不少于1次。

检验方法：检查产品合格证、出厂检验报告和进场复验报告。

③ 钢筋品种、规格、数量、下料尺寸及质量应符合设计要求及国家现行有关标准的规定。

检查数量：全数检查。

检验方法：观察，用钢尺量，检查出厂检验报告和进场复验报告。

④ 钢纤维的规格质量应符合设计要求及《城镇道路工程施工与质量验收规范》（CJJ 1—2008）第10.1.7条的有关规定。

检查数量：按进场批次，每批抽检1次。

检验方法：现场取样、试验。

⑤ 粗骨料、细骨料应符合《城镇道路工程施工与质量验收规范》（CJJ 1—2008）第10.1.2、10.1.3条的有关规定。

检查数量：同产地、同品种、同规格且连续进场的骨料，每400m³为一批，不足400m³按一批计，每批抽检1次。

检验方法：检查出厂合格证和抽检报告。

⑥ 水应符合本章1.2.1.2第3条的规定。

检查数量：同水源检查1次。

检验方法：检查水质分析报告。

（2）混凝土面层质量应符合设计要求。

① 混凝土弯拉强度应符合设计规定。

检查数量：每100m³的同配比的混凝土，取样1次；不足100m³时按1次计。每次取样应至少装置1组标准养护试件。同条件养护试件的留置组数应根据实际需要确定，最少1组。

检验方法：检查试件强度试验报告。

② 混凝土面层厚度应符合设计规定，允许误差为±5mm。

检查数量：每1000m²抽测1点。

检验方法：查试验报告、复测。

③ 抗滑构造深度应符合设计要求。

检查数量：每1000m²抽测1点。

检验方法：铺砂法。

2. 一般项目

（1）水泥混凝土面层应板面平整、密实、边角应整齐、无裂缝，并不应有石子外露和浮浆、脱皮、踏痕、积水等现象，蜂窝麻面面积不得大于总面积的0.5%。

检查数量：全数检查。

检验方法：观察、量测。

（2）伸缩缝应垂直、直顺，缝内不应有杂物。伸缩缝在规定的深度和宽度范围内应全部贯通，传力杆应与缝面垂直。

检查数量：全数检查。

检验方法：观察。

（3）混凝土路面允许偏差应符合表1-30的规定。

表1-30 混凝土路面允许偏差

项目		允许偏差或规定值		检验频率		检验方法
		城市快速路、主干路	次干路、支路	范围	点数	
纵断高程（mm）		±15		20m	1	用水准仪测量
中线偏位（mm）		≤20		100m	1	用经纬仪测量
平整度	标准差σ（mm）	≤1.2	≤2	100m	1	用测平仪检测
	最大间隙（mm）	≤3	≤5	20m	1	用3m直尺和塞尺连续量两尺、取较大值
宽度（mm）		0 -20		40m	1	用钢尺量
横坡（%）		±0.30%且不反坡		20m	1	用水准仪测量

续表

项目	允许偏差或规定值		检验频率		检验方法
	城市快速路、主干路	次干路、支路	范围	点数	
井框与路面高差（mm）	≤3		每座	1	十字法，用直尺和塞尺量，取最大值
相邻板高差（mm）	≤3		20m	1	用钢板尺和塞尺量
纵缝直顺度（mm）	≤10		100m	1	用20m线和钢尺量
横缝直顺度（mm）	≤10		40m	1	
蜂窝麻面面积①（%）	≤2		20m	1	观察和用钢板尺量

① 每20m查1块板的侧面。

1.3.3.4 安全要点

（1）按规定正确使用防护用品，防护用具与安全防护设施要定期检查，不符合安全要求的严禁使用。

（2）施工现场的填挖交界处、高边坡等危险处应有防护设施和明显安全标志；边坡边沿不得摆放材料、机械设备等。

（3）调整机械、电气时，操作人员要严格按规程操作，非专业人员不得进行操作。

（4）当混凝土面层施工采取人工抹面、遇有5级及以上风时，应停止施工。

1.3.4 铺砌式面层

1.3.4.1 施工要点

(1) 铺砌应采用干硬性水泥砂浆,虚铺系数应经试验确定。

(2) 当采用水泥混凝土作基层时,铺砌面层胀缝应与基层胀缝对齐。

(3) 铺砌中砂浆应饱满,且表面平整、稳定、缝隙均匀。与检查井等构筑物相接时,应平整、美观,不得反坡。不得用在料石下填塞砂浆或支垫方法找平。

1.3.4.2 质量要点

(1) 伸缩缝材料应安放平直,并应与料石粘贴牢固。

(2) 在铺装完成并检查合格后,应及时灌缝。

(3) 铺砌面层完成后,必须封闭交通,并应湿润养护,当水泥砂浆达到设计强度后,方可开放交通。

1.3.4.3 质量验收

1. 主控项目

(1) 石材质量、外形尺寸应符合设计及规范要求。

检查数量:每检验批,抽样检查。

检验方法:查出厂检验报告或复验。

(2) 砂浆平均抗压强度应符合设计规定,任一组试件抗压强度最低值不应低于设计强度的85%。

检查数量:同一配合比,每 $1000m^2$ 1 组(6 块),不足 $1000m^2$ 取 1 组。

检验方法:查试验报告。

2. 一般项目

(1) 表面应平整、稳固、无翘动,缝线直顺、灌缝饱满,无反坡积水现象。

检查数量:全数检查。

检查方法：观察。

（2）料石面层允许偏差应符合表1-31的规定。

表1-31 料石面层允许偏差

项目	允许偏差	检验频率范围	点数	检验方法
纵断高程（mm）	±10	10m	1	用水准仪测量
中线偏位（mm）	≤20	100m	1	用经纬仪测量
平整度（mm）	≤3	20m	1	用3m直尺和塞尺连续量两尺，取较大值
宽度（mm）	不小于设计规定	40m	1	用钢尺量
横坡（%）	±0.3%且不反坡	20m	1	用水准仪测量
井框与路面高差（mm）	≤3	每座	1	十字法，用直尺和塞尺量，取最大值
相邻块高差（mm）	≤2	20m	1	用钢尺量
纵横缝直顺度（mm）	≤5	20m	1	用20m线和钢尺量
缝宽（mm）	+3 −2	20m	1	用钢尺量

1.3.4.4 安全要点

（1）加工好的成品料石，按照指定地点堆放，不得直接堆放在泥土上；成品料石堆底部应堆放整齐、支垫稳固和防水，并标明规格、尺寸使用部位、数量等内容。

（2）长时间未铺砌，石料表面积灰较大，应立即采用防雨布覆盖，防止日晒、雨淋等造成腐蚀或其他污染。

（3）加工好的成品料石在安装吊运前，在班长的组织下加工组长向安装组长进行必要交接，并互检合格后才可吊运到施工作业面。

1.3.5 人行道铺筑

1.3.5.1 施工要点

（1）人行道应与相邻构筑物接触，不得反坡。

（2）人行道的路基施工应符合本章 1.1 节的有关规定。

（3）人行道的基层施工及检验标准应符合本章 1.2 节的有关规定。

1.3.5.2 质量要点

（1）料石应表面平整、粗糙、色泽、规格、尺寸应符合设计要求，其抗压强度不宜小于 80MPa。

（2）水泥混凝土预制人行道砌块的抗压强度应符合设计规定。设计无规定时，不宜低于 30MPa。砌块应表面平整、粗糙、纹路清晰、棱角整齐，不得有蜂窝、露石、脱皮等现象；彩色道砖应色彩均匀。

（3）料石、预制砌块宜油预制厂声场，并应提供强度、耐磨性能试验报告及产品合格证。

（4）预制人行道料石、砌块进场后，应经检验合格后方可使用。

（5）预制人行道料石、砌块铺装应符合本章 1.3.4 的有关规定。

（6）盲道铺砌除应符合本章 1.3.4 的有关规定外，还应遵守下列规定：

① 行进盲道砌块与提示盲道砌块不得混用。

② 盲道必须避开树池、检查井、杆线等障碍物。

（7）路口处盲道应铺设为无障碍形式。

1.3.5.3 质量验收

(1) 料石铺砌人行道面层质量检验应符合下列规定：

① 主控项目。

A. 路床与基层压实度应大于或等于90%。

检查数量：每100m查2点。

检验方法：环刀法、灌砂法、灌水法。

B. 砂浆强度应符合设计要求。

检查数量：同一配合比，每1000m^2 1组（6块），不足1000m^{2}取1组。

检验方法：查试验报告。

C. 石材强度、外观尺寸应符合设计及《城镇道路工程施工与质量验收规范》（CJJ 1—2008）要求。

检查数量：每检验批抽样检验。

检验方法：查出厂检验报告及复检报告。

D. 盲道铺砌应正确。

检查数量：全数检查。

检验方法：观察。

② 一般项目。

A. 铺砌应稳固、无翘动，表面平整、缝线直顺、缝宽均匀、灌缝饱满，无翘边、翘角、反坡、积水现象。

B. 料石铺砌允许偏差应符合表1-32的规定。

表1-32 料石铺砌允许偏差

项目	允许偏差	检验频率		检验方法
		范围	点数	
平整度（mm）	≤3	20m	1	用3m直尺和塞尺连续量2尺，取较大值

续表

项目	允许偏差	检验频率 范围	检验频率 点数	检验方法
横坡（%）	±0.3%且不反坡	20m	1	用水准仪测量
井框与面层高差（mm）	≤3	每座	1	十字法，用直尺和塞尺量，取最大值
相邻块高差（mm）	≤2	20m	1	用钢尺量3点
纵缝直顺（mm）	≤10	40m	1	用20m线和钢尺量
横缝直顺（mm）	≤10	20m	1	沿路宽用线和钢尺量
缝宽（mm）	+3 −2	20m	1	用钢尺量3点

(2) 混凝土预制砌块铺砌人行道（含盲道）质量检验应符合下列规定：

① 主控项目。

A. 路床与基层压实度应符合本节1.3.5.3第1条的规定。

B. 混凝土预制砌块（含盲道砌块）强度应符合设计规定。

检查数量：同一品种、规格、每检验批1组。

检验方法：查抗压强度试验报告。

C. 砂浆平均抗压强度等级应符合设计规定，任一组试件抗压强度最低值不应低于设计强度的85%。

检查数量：同一配合比，每1000m² 1组（6块），不足

$1000m^2$ 取 1 组。

检验方法：查试验报告。

D. 盲道铺砌应正确。

检查数量：全数检查。

检验方法：观察。

② 一般项目。

A. 铺砌应稳固、无翘动，表面平整、缝线直顺、缝宽均匀、灌缝饱满，无翘边、翘角、反坡、积水现象。

B. 预制砌块铺砌允许偏差应符合表 1-33 的规定。

表 1-33 预制砌块铺砌允许偏差

项目	允许偏差	检验频率		检验方法
		范围	点数	
平整度（mm）	≤5	20m	1	用 3m 直尺和塞尺连续量 2 尺，取较大值
横坡（%）	±0.3%且不反坡	20m	1	用水准仪测量
井框与面层高差（mm）	≤4	每座	1	十字法，用直尺和塞尺量，取最大值
相邻块高差（mm）	≤3	20m	1	用钢尺量
纵缝直顺（mm）	≤10	40m	1	用 20m 线和钢尺量
横缝直顺（mm）	≤10	20m	1	沿路宽用线和钢尺量
缝宽（mm）	+3 -2	20m	1	用钢尺量

1.3.5.4 安全要点

（1）施工范围设警示标志牌，并设专人负责安全工作。在允许通行前，设便道通行。

（2）各类用电人员必须掌握安全用电的基本知识和所用

电气设备的机械性能。使用电器设备前，应按规定备好合格的绝缘鞋、绝缘手套等防护用品。电气设备停止工作时，必须拉闸断电，锁好配电箱。

（3）在施工中如遇 5 级以上大风或雷雨天气，需暂停施工。

1.4 人行地道结构

1.4.1 施工要点

（1）人行地道宜整幅施工。分幅施工时，临时道路宽度应满足现况交通的要求，且边坡稳定。需支护时，应在施工前对支护结构进行施工设计。

（2）挖方区人行地道基槽开挖应符合本章 1.1.1 的有关规定，且边坡稳定。填方区内的人行地道应在填土至地道基底标高后，及时进行结构施工。

（3）遇地下水时，应先将地下水降至基底以下 50cm 方可施工，且降水应连续进行，直至工程完成到地下水位 50cm 以上且具有抗浮及防渗漏能力方可停止降水。

（4）人行地道地基承载力必须符合设计要求。地基承载力应经检验确认合格。

（5）人行地道两侧的回填土，应在主体结构防水层的保护层完成，且保护层砌筑砂浆强度达到 3MPa 后方可进行。地道两侧填土应对称进行，高差不宜超过 30cm。

（6）变形缝（伸缩缝、沉降缝）止水带安装应位置准确、牢固，缝宽及填缝材料应符合要求。

（7）采用暗挖法施工时，应符合国家现行有关标准的规定。

(8) 有装饰的人行地道,装饰施工应符合国家现行有关标准的规定。

1.4.2 质量要点

(1) 基础结构下应设混凝土垫层。垫层混凝土宜为C15级,厚度宜为10~15cm。

(2) 人行地道外防水层作业应符合下列规定:

① 材料品质、规格、性能应符合设计要求。

② 结构底部防水层应在垫层混凝土强度达到5MPa后铺设,且与地道结构粘贴牢固。

③ 防水材料纵横向搭接长度不应小于10cm,应粘接密实、牢固。

④ 人行地道基础施工不得破坏防水层。地道侧墙与顶板防水层铺设完成后,应在其外侧做保护层。

(3) 混凝土浇筑前,钢筋、模板应经验收合格。模板内污物、杂物应清理干净,积水排干,缝隙堵严。

(4) 浇筑混凝土自由落差不得大于2m,侧墙混凝土宜分层对称浇筑,两侧墙混凝土高差不宜大于30cm,宜一次浇筑完成。浇筑混凝土应分层进行,浇筑厚度应符合表1-34的规定。

表1-34 混凝土浇筑层的厚度

捣实水泥混凝土的方法		浇筑层厚度(cm)
插入式振捣		振捣器作用部分长度的1.25倍
表面振动	在无筋或配筋稀疏时	25
	配筋较密时	20
人工捣实	在无筋或配筋稀疏时	20
	配筋较密时	15

(5) 混凝土应振捣密实，并符合下列规定：

① 当插入式振捣器以直线式行列插入时，移动距离不应超过作用半径1.5倍；以梅花式行列插入时，移动距离不应超过作用半径的1.75倍；振捣器不得触振钢筋。

② 振捣器宜与模板保持5～10cm净距。

③ 振捣至混凝土不再下沉、无显著气泡上升、表面平坦一致，开始浮现水泥浆为度。

④ 在下层混凝土尚未初凝前，应完成上层混凝土的振捣。振捣上层混凝土时振捣器应插入下层5～10cm。

⑤ 现场需留置施工缝时，宜留置在结构剪力较小且便于施工的部位。施工缝应在留茬混凝土具有一定强度后进行凿毛处理（人工凿毛时强度宜为2.5MPa，风镐凿毛时强度宜为10MPa）。

（6）人行地道的变形缝安装应垂直，变形缝理件（止水带）处于所在结构的中心部位。严禁用铁钉、钢丝等穿透变形带材料，固定止水带。

（7）结构混凝土达到设计规定强度，且保护防水层的砌体砂浆强度达到3MPa后，方可回填土。

1.4.3 质量验收

1. 主控项目

（1）地基承载力应符合设计要求。填方地基压实度不应小于95%，挖方地段钎探合格。

检查数量：每个通道抽检3点。

检验方法：查压实度检验报告或钎探报告。

（2）防水层材料应符合设计要求。

检查数量：同品种、同牌号材料每检验批1次。

检验方法：产品性能检验报告、取样试验。

（3）防水层应粘贴密实、牢固，无破损，搭接长度大于或等于10cm。

检查数量：全数检查。

检验方法：查验收记录。

（4）钢筋品种、规格和加工、成型与安装应符合设计要求。

检查数量：钢筋按品种每批1次，安装全数检查。

检验方法：查钢筋试验单和验收记录。

（5）混凝土强度应符合设计规定。

检查数量：每班或每100m³取1组（3块），少于规定按1组计。

检验方法：查强度试验报告。

2. 一般项目

（1）混凝土表面应光滑、平整，无蜂窝、麻面、缺边掉角现象。

（2）钢筋混凝土结构允许偏差应符合表1-35的规定。

表1-35　钢筋混凝土结构允许偏差

项目	允许偏差	检验频率 范围(m)	检验频率 点数	检验方法
地道底板顶面高程（mm）	±10	20	1	用水准仪测量
地道净宽（mm）	±20	20	2	用钢尺量，宽、厚各1点
墙高（mm）	±10	20	2	用钢尺量，每侧1点

续表

项目	允许偏差	检验频率		检验方法
		范围(m)	点数	
中线偏位（mm）	≤10	20	2	用钢尺量，每侧1点
墙面垂直度（mm）	≤10		2	用垂线和钢尺量，每侧1点
墙面平整度（mm）	≤5		2	用2m直尺、塞尺量，每侧1点
顶板挠度	≤L/1000且<10mm		2	用钢尺量
现浇顶板底面平整度（mm）	≤5	10	2	用2m直尺、塞尺量

注：L为人行地道净跨径。

1.4.4 安全要点

（1）人行地道施工，做好施工前期准备工作，正确选用施工方法，并结合施工具体实际，编制安全技术措施，制定操作细则，并向施工人员进行安全技术交底。

（2）墙身钢筋、模板安装前，搭设脚手架平台、栏杆及上下扶梯；人工搬运和绑扎钢筋时，互相配合，同步操作。在已安装的钢筋上不得行走，必须架设交通跳板，或搭脚手架。

（3）使用混凝土振捣器时，检查下列内容：振捣器的外壳接地装置及胶皮线情况；电线的端部与振捣器的连接情况；振捣器的搬移地点及在间断工作时电源开关关闭情况。经检查合格的方准使用。

（4）墙身拆除模板之前，设立禁区，并按规定程序进行拆模。

(5) 起吊设备起吊时，严禁起吊超过规定重量的物件。起重吊装用的钢丝绳，应经常进行检查，发现断丝及磨损严重时，需及时更换。

(6) 人行地道基础施工时，机具材料应堆放在基坑坡顶的安全距离外。

1.5 挡 土 墙

1.5.1 施工要点

(1) 挡土墙基础地基承载力必须符合设计要求，且经检测验收合格后方可进行后续工序施工。

(2) 施工中应按设计规定施作挡土墙的排水系统、泄水孔、反滤层和结构变形缝。

(3) 现浇钢筋混凝土挡土墙模板、钢筋、混凝土施工应符合本章 1.4.1 的有关规定。

(4) 砌筑挡土墙施工应符合《城镇道路工程施工与质量验收规范》（CJJ 1—2008）第 14.4 节的有关规定。

1.5.2 质量要点

(1) 墙背填土应采用透水性材料或设计规定的填料，土方施工应符合本章 1.4.1 的有关规定。

(2) 挡土墙顶设帽石时，帽石安装应平顺、坐浆饱满、缝隙均匀。

(3) 当挡土墙顶部设有栏杆时，栏杆施工应符合国家现行标准《城市桥梁施工与质量验收规范》（CJJ 2—2008）的有关规定。

1.5.3 质量验收

(1) 现浇钢筋混凝土挡土墙质量检验应符合下列规定：

① 主控项目。

A. 地基承载力应符合设计要求。

检查数量：每道挡土墙基槽抽检3点。

检查方法：查触（钎）探检测报告，隐蔽验收记录。

B. 钢筋品种和规格、加工、成型、安装与混凝土强度应符合本节1.4.3的有关规定。

② 一般项目。

A. 混凝土表面应光洁、平整、密实，无蜂窝、麻面、露筋现象，泄水孔通畅。

检查数量：全部。

检验方法：观察。

B. 钢筋加工与安装偏差应符合《城镇道路工程施工与质量验收规范》（CJJ 1—2008）表14.2.4-1、表14.2.4-2的规定。

C. 现浇混凝土挡土墙允许偏差应符合表1-36的规定。

表1-36 现浇混凝土挡土墙允许偏差

项目		规定值或允许偏差	检验频率		检验方法
			范围	点数	
长度（mm）		±20	每座	1	用钢尺量
断面尺寸（mm）	厚	±5	20m	1	用钢尺量
	高	±5			
垂直度		≤0.15%H 且≤10mm		1	用经纬仪或垂线检测
外露面平整度（mm）		≤5		1	用2m直尺、塞尺量取最大值
顶面高程（mm）		±5		1	用水准仪测量

注：表中H为挡土墙板高度。

D. 路外回填土压实度应符合设计规定。

检查数量：路外回填土每压实层抽检3点。

检验方法：环刀法、灌砂法或灌水法。

E. 预制混凝土栏杆允许偏差应符合表1-37的规定。

表1-37　预制混凝土栏杆允许偏差

项目	允许偏差	检验频率		检验方法
		范围	点数	
断面尺寸（mm）	符合设计规定	每件（每类型）抽查10%，且不少于5件	1	观察、用钢尺量
柱高（mm）	0 +5		1	用钢尺量
侧向弯曲	≤L/750		1	沿构件全长拉线量最大矢高
麻面	≤1%		1	用钢尺量麻面总面积

注：L为构件长度。

F. 栏杆安装允许偏差应符合表1-38的规定。

表1-38　栏杆安装允许偏差

项目		允许偏差（mm）	检验频率		检验方法
			范围	点数	
直顺度	扶手	≤4	每跨侧	1	用10m线和钢尺量
垂直度	栏杆柱	≤3	每柱（抽查10%）	2	用垂线和钢尺量，顺、横桥轴方向各1点

续表

项目		允许偏差 (mm)	检验频率		检验方法
			范围	点数	
栏杆间距		±3	每柱 (抽查10%)	1	用钢尺量
相邻栏杆扶手高差	有柱	≤4	每处 (抽查10%)		
	无柱	≤2			
栏杆平面偏位		≤4	每30m	1	用经纬仪和钢尺量

注：现场浇筑的栏杆、扶手和钢结构栏杆、扶手的允许偏差可参照本表办理。

(2) 砌体挡土墙质量检验应符合下列规定：

① 主控项目。

A. 地基承载力应符合设计要求。

检查数量和检验方法应符合本节 1.5.3 第 1 条的有关规定。

B. 砌块、石料强度应符合设计要求。

检查数量：每品种、每检验批 1 组（3 块）。

检验方法：查试验报告。

C. 砌筑砂浆质量应符合《城镇道路工程施工与质量验收规范》(CJJ 1—2008) 第 14.5.3 条第 7 款的规定。

② 一般项目。

A. 挡土墙应牢固，外形美观，勾缝密实、均匀，泄水孔通畅。

B. 砌筑挡土墙允许偏差应符合表 1-39 的规定。

表1-39 砌筑挡土墙允许偏差

项目	允许偏差、规定值				检验频率		检验方法
	料石	块石、片石		预制石	范围	点数	
断面尺寸(mm)	0 +10	不小于设计规定				2	用钢尺量,上下各1点
基底高程(mm) 土方	±20	±20	±20	±20		2	用水准仪测量
基底高程(mm) 石方	±100	±100	±100	±100			
顶面高程(mm)	±10	±15	±20	±10		2	
轴线偏位(mm)	≤10	≤15	≤15	≤10		2	用经纬仪测量
墙面垂直度	≤0.5%H且≤20mm	≤0.5%H且≤30mm	≤0.5%H且≤30mm	≤0.5%H且≤20mm	20m	2	用垂线检测
平整度(mm)	≤5	≤30	≤30	≤5		2	用2m直尺和塞尺量
水平缝平直度(mm)	≤10	—	—	≤10		2	用20m线和钢尺量
墙面坡度	不陡于设计规定					1	用坡度板检验

注:表中 H 为构筑物全高。

C. 栏杆质量应符合本节 1.5.3 第 1 条的有关规定。

1.5.4　安全要点

（1）沟槽开挖时，施工人员之间应保持一定的安全距离；机械挖土时，挖掘机间距应大于 10m，挖土要自上而下，逐层进行，严禁先挖坡脚的危险作业。

（2）为防止沟槽底的土层被挠动，沟槽开挖后要尽量减少暴露时间，及时进行下一道工序的施工。如不能立即进行下一道工序，要预留 14～30cm 的覆盖土层，待基础施工时再挖去。

（3）模板应保证挡土墙设计形状、尺寸及位置准确，并便于拆卸，模板接缝应严密，不得漏浆、错台。

（4）模板应具有足够的强度、刚度、稳定性，能承受灌注混凝土的冲击力、混凝土的侧压力。模板支撑时，模板下口先做水平支撑，再加斜撑固定。

（5）模板安装完成后，检查扣件、螺栓是否牢固，模板拼缝及下口是否严密。混凝土应分层浇筑，分层厚度不宜超过 300mm，各层混凝土浇筑不得间断。

1.6　附属构筑物

1.6.1　路缘石

1.6.1.1　施工要点

（1）路缘石宜由加工厂生产，并应提供产品强度、规格尺寸等技术资料及产品合格证。

（2）石质路缘石应采用质地坚硬的石料加工，强度应符合设计要求，宜选用花岗石。机具加工石质路缘石允许偏差应符合表 1-40 的规定。

表1-40 机具加工石质路缘石允许偏差

项目		允许偏差（mm）
外形尺寸	长	±4
	宽	±1
	厚（高）	±2
对角线长度差		±4
外露面平整度		2

（3）预制混凝土路缘石应符合下列规定：

① 混凝土强度等级应符合设计要求。设计未规定时，不应小于C30。路缘石弯拉强度与抗压强度应符合表1-41的规定。

表1-41 路缘石弯拉强度与抗压强度

直线路缘石			直线路缘石（含圆形、L形）		
弯拉强度（MPa）			抗压强度（MPa）		
强度等级 C_f	平均值	单块最小值	强度等级 C_c	平均值	单块最小值
$C_f3.0$	≥3.00	2.40	C_c30	≥30.0	24.0
$C_f4.0$	≥4.00	3.20	C_c35	≥35.0	28.0
$C_f5.0$	≥5.00	4.00	C_c40	≥40.0	32.0

② 路缘石吸水率不得大于8%。有抗冻要求的路缘石经50此冻容试验（D50）后，质量损失率应小于3%，抗盐冻性路缘石经ND25此试验后，质量损失应小于0.5kg/m²。

③ 预制混凝土路缘石加工尺寸允许偏差应符合表1-42的规定。

表 1-42　预制混凝土路缘石加工尺寸允许偏差

项目	允许偏差（mm）
长度	+5 -3
宽度	+5 -3
高度	+5 -3
平整度	≤3
垂直度	≤3

④ 预制混凝土路缘石外观质量允许偏差应符合表 1-43 的规定。

表 1-43　预制混凝土路缘石外观质量允许偏差

项目	允许偏差
缺棱掉角影响顶面或正侧面的破坏最大投影尺寸（mm）	≤15
面层非贯穿裂纹最大投影尺寸（mm）	≤10
可视面粘皮（脱皮）及表面缺损最大面积（mm^2）	≤30
贯穿裂纹	不允许
分层	不允许
色差、染色	不明显

1.6.1.2　质量要点

（1）路缘石宜采用石材或预制混凝土标准块。路口、隔离带端部等曲线段路缘石，宜按设计弧形加工预制，也可采用小标准块。

（2）路缘石基础宜与相应的基层同步施工。

（3）路缘石应以干硬性砂浆铺砌，砂浆应饱满、厚度均匀。路缘石砌筑应稳固、直线段顺直、曲线段圆曲、缝隙均匀；路缘石灌缝应密实，平缘石表面应平顺不阻水。

(4) 路缘石背后宜浇筑水泥混凝土支撑，并换土夯实。换土夯实宽度不宜小于50cm，高度不宜小于15cm，压实度不得小于90%。

(5) 路缘石宜采用M10水泥砂浆灌缝。灌缝后，常温期养护不应少于3d。

1.6.1.3 质量验收

1. 主控项目

混凝土路缘石强度应符合设计要求。

检查数量：每种、每检验批1组（3块）。

检验方法：查出厂检验报告并复验。

2. 一般项目

(1) 路缘石应砌筑稳固、砂浆饱满、勾缝密实、外露面清洁、线条顺畅、平缘石不阻水。

检查数量：全数检查。

检验方法：观察。

(2) 立缘石、平缘石安砌允许偏差应符合表1-44的规定。

表1-44 立缘石、平缘石安砌允许偏差

项目	允许偏差(mm)	检验频率		检验方法
		范围（m）	点数	
直顺度	≤10	100	1	用20m线和钢尺量[1]
相邻块高差	≤3	20	1	用钢板尺和塞尺量[1]
缝宽	±3	20	1	用钢尺量[1]
顶面高程	±10	20	1	用水准仪测量

注：1. [1]表示随机抽样，量3点取最大值；

2. 曲线段缘石安装的圆顺度允许偏差应结合工程具体制定。

1.6.1.4　安全要点

（1）路缘石运输使用机械装卸时，装卸人员要保持安全距离，使用人工装卸时，要注意协调配合，保证自身安全。运输车辆不得超载运输，不得超速行驶。

（2）装卸路缘石过程中不得损坏沥青面层。路缘石要码放整齐牢固，不得立放。

（3）当天运输至施工现场的路缘石当天完成安装，完不成的移至路肩处，并采用反光锥沿路面边缘进行围封，同时设置爆闪灯及安全警示标志牌。

（4）搬运路缘石、人行道砖要戴劳保手套，要抓牢、放稳、轻拿轻放，避免砸伤自己和损坏材料。

1.6.2　雨水支管与雨水口

1.6.2.1　施工要点

（1）雨水支管应与雨水口配合施工。

（2）雨水支管、雨水口基底应坚实，现浇混凝土基础应振捣密实，强度符合设计要求。

（3）砌筑雨水口应符合下列规定：

① 雨水管端面应露出井内壁，其露出长度不应小于2cm。

② 雨水口井壁，应表面平整，砌筑砂浆应饱满，勾缝应平顺。

③ 雨水管穿井墙处，管顶应砌砖券。

④ 底应采用水泥砂浆抹出雨水口泛水坡。

1.6.2.2　质量要点

（1）雨水支管敷设应直顺，不应错口、反坡、凹兜。检查井、雨水口内的外露管端面应完好，不应将断管端置入雨水口。

(2) 雨水支管与雨水口四周回填应密实。处于道路基层内的雨水支管应作360°混凝土包封,且在包封混凝土达至设计强度75%前不得放行交通。

1.6.2.3 质量验收

1. 主控项目

(1) 管材应符合现行国家标准《混凝土和钢筋混凝土排水管》(GB 11836—2009)的有关规定。

检查数量:每种、每检验批。

检验方法:查合格证和出厂检验报告。

(2) 基础混凝土强度应符合设计要求。

检查数量:每100m³1组(3块)。不足100m³取1组。

检查方法:查试验报告。

(3) 砌筑砂浆强度应符合《城镇道路工程施工与质量验收规范》(CJJ 1—2008)第14.5.3条第7款的规定。

(4) 回填土应符合本章1.1.3.1第2条压实度的有关规定。

检查数量:全数检查。

检验方法:环刀法、灌砂法或灌水法。

2. 一般项目

(1) 雨水口内壁勾缝应直顺、坚实,无漏勾、脱落。井框、井箅应完整、配套,安装平稳、牢固。

检查数量:全数检查。

检验方法:观察。

(2) 雨水支管安装应直顺,无错口、反坡、存水,管内清洁,接口处内壁无砂浆外露及破损现象。管端面应完整。

检查数量:全数检查。

检验方法:观察。

(3) 雨水支管与雨水口允许偏差应符合表 1-45 的规定。

表 1-45　雨水支管与雨水口允许偏差

项目	允许偏差（mm）	检验频率		检验方法
		范围	点数	
井框与井壁吻合	≤10	每座	1	用钢尺量
井框与周边路面吻合	0 −10		1	用直尺靠量
雨水口与路边线间距	≤20		1	用钢尺量
井内尺寸	+20 0		1	用钢尺量，最大值

1.6.2.4　安全要点

(1) 雨水支管与既有雨水干线连接时，宜避开雨期。施工中，需进入检查井时，必须采取防缺氧、防有毒和有害气体的安全措施。

(2) 回填中粗砂时，应注意保护好现场管道轴线、标准高程，防止碰撞位移，并应经常复测。

(3) 沟槽开挖时尽量减小施工面积，对已铺水稳层进行保护，尽量减少对水稳层的破坏。

1.6.3　隔离墩

1.6.3.1　施工要点

(1) 隔离墩宜由有资质的生产厂供货。现场预制时宜采用钢模板，拼缝严密、牢固，混凝土拆模时的强度不得低于设计强度的 75%。

(2) 隔离墩吊装时，其强度应符合设计规定，设计无规定时不应低于设计强度的 75%。

1.6.3.2　质量要点

安装必须稳固，坐浆饱满；当采用焊接连接时，焊缝应符合设计要求。

1.6.3.3 质量验收

1. 主控项目

(1) 隔离墩混凝土强度应符合设计要求。

检查数量：每种、每批（2000块）1组。

检验方法：查出厂检验报告并复验。

(2) 隔离墩预埋件焊接应牢固，焊缝长度、宽度、高度均应符合设计要求，且无夹渣、裂纹、咬肉现象。

检查数量：全数检查。

检验方法：查隐蔽验收记录。

2. 一般项目

(1) 隔离墩安装应牢固、位置正确、线形美观，墩表面整洁。

检查数量：全数检查。

检验方法：观察。

(2) 隔离墩安装允许偏差应符合表1-46的规定。

表1-46 隔离墩安装允许偏差

项目	允许偏差（mm）	检验频率 范围	检验频率 点数	检验方法
直顺度	≤5	每20m	1	用20m线和钢尺量
平面偏位	≤4	每20m	1	用经纬仪和钢尺量测
预埋件位置	≤5	每件	2	用经纬仪和钢尺量测（发生时）
断面尺寸	±5	每20m	1	用钢尺量
相邻高差	≤3	抽查20%	1	用钢板尺和钢尺量
缝宽	±3	每20m	1	用钢尺量

1.6.3.4 安全要点

(1) 安装模板时，各自材料要求堆放整齐，防止发生绊脚、炸伤。安装时，要求模板高程准确，在调整模板高程时，要防止挤伤手指。

(2) 浇筑振捣时，应先检查振捣棒电路是否完好，防止漏电和发生断路，造成事故。

(3) 振捣施工中应有专人拉软线随振捣同时前进，防止在振捣施工中发生扭线、压线造成触电事故。

1.7 冬雨期施工

1.7.1 雨期施工
1.7.1.1 施工要点

(1) 施工中应根据工程所在地的气候环境，确定冬期、雨期的起止时间。

(2) 冬、雨期施工应加强与气象部门联系，及时掌握气象条件变化，做好防范准备。

(3) 雨中、雨后应及时检查工程主体及现场环境，发现雨患、水毁必须及时采取处理措施。

(4) 路基施工应符合下列规定：

① 路基土方宜避开主汛期施工。

② 易翻浆与低洼积水地段宜避开雨期施工。

③ 路基因雨产生翻浆时，应及时进行逐段处理，不应该全线开挖。

④ 挖方地段每日停止作业前应将开挖前整平，保持基面排水与边坡稳定。

⑤ 填方地段应符合下列要求：

A. 低洼地带宜在主汛期前填土至汛期水位以上，且做好路基表面、边坡与排水防冲刷措施。

B. 填方宜避开主汛期施工。

C. 当日填土应当日碾压密实。填土过程中遇雨，应对已摊铺的虚土及时碾压。

（5）雨后摊铺基层时，应先对路基状况进行检查，符合要求后方可摊铺。

1.7.1.2 质量要点

（1）石灰稳定土类、水泥稳定土类基层施工应符合下列规定：

① 宜避开主汛期施工。

② 搅拌厂应对原材料与搅拌成品采取防雨淋措施，并按计划向现场供料。

③ 施工现场应计划用料，随到随摊铺。

④ 摊铺段不宜过长，并应当日摊铺、当日碾压成活。

⑤ 未碾压的料层受雨淋后，应进行测试分析，按配合比要求重新搅拌。

（2）沥青混合料类面层施工应符合下列规定：

① 降雨或基层有集水或水膜时，不应施工。

② 施工现场应与沥青混合料生产厂保持联系，遇天气变化及时调整产品供应计划。

③ 沥青混合料运输车辆应有防雨措施。

（3）水泥混凝土面层施工应符合下列规定：

① 搅拌站应具有良好的防水条件与防雨措施。

② 根据天气变化情况及时测定砂石含水量，准确控制混合料的水胶比。

③ 雨天运输混凝土时，车辆必须采取防雨措施。

④ 施工前应准备好防雨棚等防雨措施。

⑤ 施工中遇雨时,应立即使用防雨措施完成对已铺筑混凝土的振实成型,不应再开新作业段,并采用覆盖等措施保护尚未硬化的混凝土面层。

1.7.1.3　安全要点

1. 一般措施

(1) 力争在雨季前完成土方开挖施工,低洼地段和地质不良地段应尽可能避开雨季施工。

(2) 尽量避开阴雨天浇筑混凝土,如遇阴雨天气浇筑混凝土时做好覆盖准备工作,刚浇筑完的混凝土不得受雨淋、水泡。

(3) 施工要缩短战线、分段进行、减少工作面。

(4) 施工现场的电器设备做好防雨罩,小型机械用苫布盖好免受雨淋。电器设备雨后经电工测试,合格后方可继续使用。

(5) 加强对轴线控制点及水准点等测量标志的保护及校核。雨季填土时,槽底不能有积水,严格控制土壤含水率,并随填土随夯实。

(6) 施工现场临时路由各工号分管,必须保证现场雨期施工畅通无阻。

(7) 如遇到暴雨天气不宜施工,并且使施工现场排水通畅,不得使周边道路集水,而造成交通不便。

(8) 标尾处暂时临时施工道路没有修建,采用水泵及时将渗入雨污水井里面的水。

2. 专项措施

(1) 路基路面工程。

① 雨季前做好现场地面排水系统,主要暂设道路应将

路基碾压坚实，确保雨季道路循环通畅，不淹不冲、不陷不滑。

② 雨期进行土方工程施工时，边坡坡度应适当减缓，坡边设围堰，严防滑坡和边坡塌方，避免大面积开挖，采取分段突击施工，减少土基暴露时间，回填土应在晴天进行，每班要将所填土方碾压平整坚实，防止土层积水过多。

③ 雨期施工应尽量减少现场使用的砂子、碎石、水泥、石灰粉等材料存放量，砂子。碎石应分大堆存放，水泥、石灰粉等应入库，并做好有效的防雨潮措施。

④ 雨期沥青混凝土路面施工，底层必须达到规定的含水率要求，严禁雨后进行沥青混凝土路面铺设。

(2) 沟槽开挖。

① 雨期开挖时，充分考虑由于挖槽和堆土，破坏天然的排水体统后，如何排除地面雨水的问题，根据需要重新规划出排水出路，防止雨水浸泡道路。

② 沟槽切断原有的排水沟和排水管道，如果无其他适当排水出路，需架设安全可靠的渡槽或渡管、集水坑、集水井等。

③ 严防雨水进入沟槽，同时采取防止塌陷、漂管等相应的措施。

④ 挖槽见底后随即进行下道工序，否则，槽底以上暂留 20cm 不挖，作为保护层，减少雨水渗入。

(3) 管线施工。

① 雨期进行管线施工要严防雨水泡槽，造成漂管事故，对以铺设的管道及时进行胸腔填土。

② 铺设暂时中断或未能及时砌筑的管口，用堵板或干

砖等方法临时堵严。已做好的雨水口堵好围好,防止进水。

③ 雨期施工对刚砌好的砌体采用覆盖措施,防止冲刷灰缝,如砂浆受雨水浸泡,未初凝的,可增加水泥砂子重新调配使用。

④ 雨期施工中,要经常检查和及时维修加固临时爬梯、各类人行脚手板和斜坡道的脚手板及防滑条。确保架板稳固,防滑措施有效。

⑤ 检查井砌筑水泥要堆放在地势较高的地点,必须有防雨防潮措施,筑炉用耐火材料也应有防雨、防潮措施。遇中、大雨时应停止施工,砌筑表面应采取防雨措施。

(4) 混凝土工程施工。

① 商品混凝土出厂前每天定时测定砂、石等骨料的含水率,及时调整各种配合比。

② 施工现场配备足够的覆盖材料(如塑料薄膜或缝布),混凝土浇筑过程中或浇筑完毕如遇下雨,应立即覆盖。

③ 雨期应避免遇雨露天浇灌混凝土。合模后如不能及时灌注混凝土,应在模板的适当部位预留排水孔,雨季还应加强防风紧固措施。

(5) 钢筋工程施工。

① 钢筋堆放时,下部应垫起不小于200mm木块,防止雨水浸泡而锈蚀。进入施工现场的钢筋,合模前如有锈迹时应及时除锈,如锈蚀严重时应予以更换。

② 焊接施工,雨天现场焊接应停止作业,急需作业者必须搭设临时防雨棚,但中雨以上天气必须停止焊接作业,以防止焊接的热影响区由于淋雨而发生脆断。

③ 现场堆放的钢筋,在其上面用苫布或塑料布覆盖,以防钢筋锈蚀。

④ 对于施工作业面上的钢筋,一旦有锈蚀的现象,要用铁刷子除锈。

⑤ 钢筋加工设备的上方设棚防雨,下方采取 80mm、C15 混凝土硬化,面层找坡,堆放场地采取碎石等透水路面,加工车间四周设置 200×300($b\times h$)排水明沟。下大雨时停止加工。

(6) 模板工程施工。

① 木工作业必须作好材料防雨、防潮和工作面的防雨、防潮工作,应提前作好准备。

② 雨天使用的木模板拆下后要放平,以免变形。模板涂刷脱模剂,大雨过后要重新涂刷一遍。

③ 模板安装完成后,尽快浇筑混凝土,防止模板遇雨变形。若模板安装完成后不能及时浇筑混凝土,又被雨水淋过,则浇筑混凝土前要重新检查模板和支撑,如若有变形的模板,及时调整或更换。

④ 大雨、大风后对模板架子等要及时检查扣件有无松动滑移、架子和模板有无变形、地基有无沉陷等现象。检查完成后要及时修复,确定无安全隐患后方可继续使用。

(7) 人行道工程。

① 水泥堆放在地势较高的地点,水泥不能直接放在原地面上,原地面应夯实用枕木或石块做支撑。铺垫油毡,防止水泥受潮。

② 遇有大、中雨时应停止施工,砌筑表面应有塑料布覆盖待雨结束后再施工。

③ 雨后施工高边坡时,注意穿好防滑鞋,安全带、安全帽做好安全防护,方可施工。

3. 临时用电措施

（1）雨季期间应定期、定人检查临电设施的绝缘状况，检查电源线是否有破损现象，发现问题及时处理。

（2）现场临时供电线中采用三相五线制配线，机电设备闸箱、灯具、设有防雨淋设施。所有机电设备必须设单一开关，严禁一闸多用，并安装漏电保护器，停工时应拉闸停电，闸箱应加锁；在使用前，应检查和测试。

（3）配电箱内必须安装合格漏电保护装置，及时检查漏电保护装置的灵敏性，并随时关好电箱门。

（4）从事电气作业人员必须持证上岗，佩戴好劳动保护用品，并应两人同时作业，一人作业，一人监护。

（5）电气焊时，先检查线路，潮湿部位是否漏电，并采取措施以防触电、漏电。

4. **防风雨措施**

（1）做好汛前和暴风来临前的检查工作，及时认真整改存在隐患，做到患于未然，汛期和暴风雨来临期间要组织昼夜值班，做好记录，密切注意天气预报和暴风雨警报。

（2）加固临时设施，大标志牌，临时围墙等处设警告牌。

（3）安排好应疏散通道及安全集结中心。

（4）检查机械防雷接地装置否良好，各类机械设备的电气开关应须做好防雨准备，大风雷雨天气应切断电源，以免引起火灾或触电伤亡事故。风雨过后，要对现场的临时设施、用电线路等进行全面检查，当确认安全无误后方可继续施工。

1.7.2 冬期施工

1.7.2.1 施工要点

（1）当施工现场环境日平均气温连续5d稳定低于5℃，

或最低环境低于－3℃，应视为进入冬期施工。

（2）挖土应符合下列规定：

① 施工中遇有冻土时，应选择适宜的破冻土机械开挖机械设备。

② 施工严禁掏洞取土。

③ 路基土方开挖宜每日开挖至规定深度，并及时采取防冻措施。当开挖至路床时，必须当日碾压成活，成活面也应采取防冻措施。

④ 路堑的边坡应在开挖过程中及时休整。

（3）路基填方应符合下列规定：

① 铺土层应及时碾压密实，不应受冻。

② 填方土层宜用未冻、易透水、符合规定的土。气温低于－5℃时，每层虚铺厚度应较常温施工规定厚度小20%～25%。

③ 城市快递路、主干路的路基不应用含有冻土块的土料填筑。次干路以下道路填土材料中冻土块最大尺寸不应大于10cm，冻土块含量应小于15%。

1.7.2.2 质量要点

（1）石灰及石灰、粉煤灰稳定土（粒料、钢渣）类基层，宜再进入冬期前30～45d停止施工，不应在冬期施工。水泥稳定土（粒料）类基层，宜再进入冬期前15～30d停止施工。当上述材料养护期进入冬期时，应在基层施工时向基层材料中掺入防冻剂。

（2）级配砂石、级配砾石、级配碎石和级配碎砾石施工，应根据施工环境最低温度洒布防冻溶液，随洒布、随碾压。当抗冻剂为氯盐时，氯盐溶液浓度和冰点的关系应符合表1-47的规定。

表 1-47 不同浓度氯盐水溶液的冰点

| 溶液密度 | 氯盐含量（g） | | 冰点 |
(g/cm³) 15℃时	100g 溶液内	100g 水内	(℃)
1.04	5.6	5.9	−3.5
1.06	8.3	9.0	−5.0
1.09	12.2	14.0	−8.5
1.10	13.6	15.7	−10.0
1.14	18.8	23.1	−15.0
1.17	22.4	29.0	−20.0

（3）沥青类面层施工应符合下列规定：

① 粘层、透层、封层严禁冬期施工。

② 城市快速路、主干路的沥青混合料面层严禁冬期施工，次干路及其以下道路在施工温度低于 5℃ 时，应停止施工。

③ 沥青混合料施工时，应视沥青品种、标号、比常温适度提高混合料搅拌与施工温度。

④ 当风力在 6 级及以上时，沥青混合料不应施工。

⑤ 贯入式沥青面层与表面处治沥青面层严禁冬期施工。

（4）水泥混凝土面层施工应符合下列规定：

① 施工中应根据气温变化采取保温防冻措施。当连续 5 昼夜平均气温低于 −5℃，或最低温低于 −15℃ 时，宜停止施工。

② 水泥应选用水化总热量的 R 型水泥或单位水泥用量较的 32.5 级水泥，不宜掺粉煤灰。对搅拌物中掺加的早强剂、防冻剂应经优选确定。

③ 采用加热水或砂石料拌制混凝土，应依据混凝土出料温度的要求，经热工计算，确定水与粗细骨料加热温度。水温不得高于80℃；砂石温度不宜高于50℃。

④ 搅拌机出料温度不得低于10℃，摊铺混凝土温度不应低于5℃。

⑤ 养护期应加强保温，保湿覆盖，混凝土面层最低温度不应低于5℃。

⑥ 养护期应经常检查保温、保湿隔离膜，保持其完好。并应按规定检测气温与混凝土面层温度。

(5) 当面层混凝土弯拉强度未达到1MPa或抗压强度未达到5MPa时，必须采取防止混凝土受冻的措施，严禁混凝土受冻。

1.7.2.3 安全要点

1. 防止火灾

(1) 宿舍、办公室、休息室、接待室等室内取暖设施，禁止使用大功率耗电设备，杜绝用电线路超负荷运行，如有小型取暖设备，则应符合相应防火要求，并严格其使用措施。

(2) 现场不允许用易燃材料搭设工棚及其他设施，在现场生活区域也应设置足够数量的防火器材以备使用。

(3) 照明用的灯泡、灯头必须与易燃物隔开，且符合安全距离要求，并不得在其上面搭设其他线路，也不得搭晒衣物。

(4) 风雪后现场电修人员应及时对供电线路、开关等设施进行清理和检查。露天用的电焊机、弯曲机、切割机等用电设备雪、雨前应作好防护措施，不得使雪、雨侵入，以免漏电造成机械毁坏。

(5) 拆卸的建筑废料或其他易燃物，必须及时清理，并存放在指定安全地点。

(6) 乙炔瓶、氧气瓶应单独放在独立不采暖、干燥且能自然通风的仓库内，且二者的安全距离应大于 10m。

(7) 清洗设备和车用的油料应远离火源存放。

(8) 施工现场、生活区等一律禁止使用明火取暖，禁止焚烧草料、木屑等，重要场所应严禁烟火，并配备足量的消防设施。

(9) 施工区域内按不同场所设置足够的消防器材、必要的提前备足足量的消防砂，并对消防设施采取保温措施，防止冻裂。

2. 严防触电事故

(1) 在冬期施工方案和施工组织编制时，必须考虑现场电器线路及施工位置布设。安排电工负责现场安装、维护和管理用电设备，严禁非电工人员随意拆改。

(2) 施工现场严禁使用裸线。电线铺设要防砸、防碾压，防止电线冻结在冰雪之中。大风雪后，应对供电线路逐一进行排查，对存在线路老化、安装不良、瓷瓶裂纹、绝缘能力降低以及漏电等问题，必须及时更换处理，防止断线造成人员触电事故。

(3) 用电设备采用专用电闸箱。强电源与弱电源的插销要区分开，防止因误操作造成事故。

(4) 施工现场用电设备，在雨、雪来临之前要及时进行有效覆盖，防止因水渗入造成设备毁坏。

(5) 无论施工现场，还是生活区，一律禁止个人私自拉接线路取暖或使用，更不得在公用线路上搭晒衣物，以免发生触电事故。

（6）施工现场各种用电设备线路的接头必须用绝缘胶布缠裹良好，避免雨雪后误碰而发生触电事故。

（7）配电箱、电闸箱等，外壳要做接地保护。冬施期间要经常对各种用电设备进行检查维护保养，电气器材要有漏电保护装置，不合格严禁使用，配电盘、闸箱要防水防潮，指定专人每天检查保管。

（8）大风降雪降雨天气，认真检查现场临时用电设施，检查电路、电闸箱、变压器等是否安全可靠，如有变形漏电等安全隐患时，做到及时修理、加固，有严重隐患时应立即停止生产，马上安排解决，确保安全用电。

（9）加强冬期施工的用电管理，设专人每天进行检查，清扫积雪和积冰，并每天检查电箱内的防漏电开关的性能，有异常时及时更换，并做好记录。

（10）现场电路电缆铺设在地面的电缆构槽内，局部架空电缆的电杆，按照要求进行设置，并用钢绳牵引锚固在地面上。

（11）工地必须遵照《施工现场临时用电安全技术规范》(JGJ 49—2005)的规定执行。施工现场必须做到采用 TN-S 供电系统供电，夜间施工应有良好的照明。

（12）凡属电气方面的机械设备。包括移动电源线或拆卸用电设备，必须由电工进行操作。各类用电人员所使用的设备停止工作时，必须将开关箱内的开关分闸断电，并将开关箱锁好。

3. 施工道路防交通事故

（1）施工现场作业平台及其他作业场地，必须保持无积雪、无结冰状态，如有微冻又需工作时必须铺设防滑材料，如沙子、锯末、草毡等。

(2) 起重设备必须有完善的制动装置，部件运行良好，吊具绳索必须保持清洁无霜、无冰。

(3) 冬期施工用车前，车辆司机必须仔细检查车辆各部件是否运行正常，严禁车辆带病入场工作。

(4) 运输车辆在积雪冰层地带行驶，要降低车速，上下坡或转弯时，要避免使用紧急制动，谨慎遵守行车章程，仔细观察路口，观看提醒路标，防止路滑发生事故。

(5) 坚决杜绝盲目超车抢路现象发生。

(6) 各种车辆或机械设备在施工结束后，应停放在干硬平整地面上，严禁在冰面、斜坡上停放。

(7) 冬季施工期间，雨雪过后，派出推土机、装载机、挖掘机等机械维修施工便道，清理积雪或积水，防止因结冰路滑造成车辆事故。必要时铺洒米石或细砂防滑。

4. 防冻及防爆

(1) 冬季露天作业人员应穿好防寒服，佩戴安全帽和相应工种防护用具，以免冻伤或冻麻手脚。

(2) 汽车司机及机械操作人员，每天收车后都应将发动机内存水排放干净，严防冰冻伤害机械，或及时更换防冻液。

(3) 如氧气阀和减压阀冻结时，可用热气或蒸气解冻，严禁使用火焰烘烤或用铁器猛击。

(4) 氧气瓶、乙炔瓶要远离火源，搬动时要轻拿轻放。

(5) 重点做好油库的防火防爆工作，落实安全要点，配备性能可靠的消防设备，并定期检查其完好性。

5. 冬期机械设备管理

(1) 进入冬期施工前应对机械设备全面进行一次检查，机械车辆防止受冻。对机械传动部位应及时检查，如有缺陷，及时维修、调整。

（2）用电动机械设备要按照规定做好接地或接零保护装置，并经常检查和测试可靠性。

（3）现场机械操作棚（如搅拌机、水泵、电焊机、物料提升机、钢筋加工机等），必须搭设牢固，防止雨雪影响。

6.冬季土方安全施工措施

（1）每天工作前，要求机械司机仔细检查车辆各部件运行情况，检查油路管件是否冻裂，确认无误后方可发动机器预热完成后投入施工。

（2）负温下，择期派出推土机、装载机等维修便道，采取防滑措施后开工。

（3）土方开挖时，挖掘机挖土回转速度应缓慢，禁止大块冻土直接装车，更不允许从自卸车驾驶室上方经过，避免高空坠落发生安全事故。

（4）车辆运土更应做好防滑措施，加载防滑链，控制车速在20km/h以内，路口鸣笛减速，观察路况，禁止超车抢路，一经发现，将严肃处理。

（5）运土车辆进入工作面应缓慢行驶，设专人指挥倒车。

（6）禁止任何车辆临边行驶，杜绝翻车事故发生，确保安全生产。

7.冬季构筑物安全施工措施

（1）对施工班组人员提前进行冬期施工安全教育，讲解注意事项，告知危险因素和预防措施。

（2）提前储备冬期施工所需各项物资，确保工程质量和施工安全。

（3）做好构筑物施工场地规划工作，合理编制工程进度,做好各项技术准备工作。

(4) 检查投入施工的机械、模板、钢筋等物料的准备和完好情况。

(5) 仔细检查施工用电用具,检测漏电保护器性能,防止触电事故发生。

(6) 认真做好混凝土仓面的雨雪天后清理工作,确保工程质量,同时给班组人员发放冬期劳保用品,严防冻伤事故。

(7) 构筑物进出场便道必须及时进行修整和维护,铺洒米石或砂子防滑,在临边位置安设性能良好的警戒线或安全网,确保施工车辆及人员安全。

(8) 现场建筑材料堆放应整洁有序,高度以不超过2m、取用方便为宜。

(9) 工程完工后及时打扫施工场地,为下道工序施工做好准备。

严寒季节涵洞施工时注意用塑料篷布做好保温养生措施,必要时生火提高温度。

拌和站搅拌机拌缸内及时清理积雪或积水,防止结冰。生产混凝土时,如温度特别低可加温水拌和,确保混凝土质量。

2 城市桥梁工程

2.1 模板、支架和拱架

2.1.1 施工要点

(1) 模板与混凝土接触面应平整、接缝严密。

(2) 组合钢模板的制作、安装应符合现行国家标准《组合钢模板技术规范》(GB/T 50214—2013)的规定。

(3) 支架立柱必须落在有足够承载力的地基上,立柱底端必须放置垫板或混凝土垫块。支架地基严禁被水浸泡,冬期施工必须采取防止冻胀的措施。

(4) 安设支架、拱架过程中,应随安装随架设临时支撑。采用多层支架时,支架的横垫板应水平,立柱应铅直,上下层立柱应在同一中心线上。

(5) 支架或拱架不得与施工脚手架、便桥相连。

(6) 模板宜采用标准化的组合钢模板。设计组合模板时,除应计算本节规定的荷载外,尚应验算吊装时刚度。支架、拱架宜采用标准化、系列化的构件。

(7) 支架立柱在排架平面内应设水平横撑。碗扣支架立柱高度在5m以内时,水平撑不得少于两道,立柱高于5m时,水平撑间距不得大于2m,并应在两横撑之间加双向剪刀撑。在排架平面外应设斜撑,斜撑与水平交角宜为45°。

2.1.2 质量要点

(1) 模板、支架和拱架拆除应符合下列规定：

① 非承重侧模应在混凝土强度能保证结构棱角不损坏时方可拆除，混凝土强度宜为 2.5MPa 及以上。

② 芯模和预留孔道内模板应在混凝土抗压强度能保证结构表面不发生塌陷和裂缝时，方可拔出。

③ 钢筋混凝土结构的承重模板、支架和拱架的拆除，应符合设计要求。当设计无规定时，应符合表 2-1 的规定。

表 2-1 现浇结构拆除底模时的混凝土强度

结构类型	结构跨度（m）	按设计混凝土强度标准值的百分率（%）
板	≤2	50
	2~8	75
	>8	100
梁、拱	≤8	75
	>8	100
悬臂构件	≤2	75
	>2	100

注：构件混凝土强度必须通过同条件养护的试件强度确定。

(2) 采用其他材料作模板时，应符合下列规定：

① 钢框胶合板模板的组配面板宜采用错缝布置。

② 高分子合成材料面板、硬塑料或玻璃钢模板，应与边肋及加强肋连接牢固。

(3) 安装模板应符合下列规定：

① 支架、拱架安装完毕，经检验合格后方可安装

模板。

② 安装模板应与钢筋工序配合进行，妨碍绑扎钢筋的模板，应待钢筋工序结束后再安装。

③ 安装墩、台模板时，其底部应与基础预埋件连接牢固，上部应采用拉杆固定。

④ 模板在安装过程中，必须设置防倾覆设施。

（4）当采用充气胶囊作空心构件芯模时，模板安装应符合下列规定：

① 胶囊在使用前应经检查确认无漏气。

② 从浇筑混凝土到胶囊放气止，应保持气压稳定。

③ 使用胶囊内模时，应采用定位箍筋与模板连接固定，防止上浮和偏移。

④ 胶囊放气时间应经试验确定，以混凝土强度达到能保持构件不变形为度。

（5）采用滑模应符合现行国家标准《滑动模板工程技术规范》（GB 50113—2005）的规定。

（6）浇筑混凝土和砌筑前，应对模板、支架和拱架进行检查和验收，合格后方可施工。

2.1.3 质量验收

1. 主控项目

模板、支架和拱架制作及安装应符合施工设计图（施工方案）的规定，且稳固牢靠、接缝严密，立柱基础有足够的支撑面和排水、防冻融措施。

检验数量：全数检查。

检验方法：观察和用钢尺量。

2. 一般项目

（1）模板制作允许偏差应符合表 2-2 的规定。

表 2-2 模板制作允许偏差

项 目		允许偏差(mm)	检验频率		检验方法
			范围	点数	
木模板	模板的长度和宽度	±5	每个构筑物或每个构件	4	用钢尺量
	不刨光模板相邻两板表面高低差	3			用钢板尺和塞尺量
	刨光模板和相邻两板表面高低差	1			
	平板模板表面最大的局部不平（刨光模板）	3			用2m直尺和塞尺量
	平板模板表面最大的局部不平（不刨光模板）	5			
	榫槽嵌接紧密度	2		2	
钢模板	模板的长度和宽度	0 −1		4	用钢尺量
	肋高	±5		2	
	面板端偏斜	0.5		2	用水平尺量
	连接配件（螺栓、卡子等）的孔眼位置	孔中心与板面的间距	±0.3	4	用钢尺量
		板端孔中心与板端的间距	0 −0.5		
		沿板长宽方向的孔	±0.6		
	板面局部不同	1.0			用2m直尺和塞尺量
	板面和板侧挠度	±1.0		1	用水准仪和拉线量

（2）模板、支架和拱架安装允许偏差应符合表 2-3 的规定。

表2-3 模板、支架和拱架安全允许偏差

项　目		允许偏差（mm）	检验频率 范围	检验频率 点数	检验方法
相邻两板表面高低差	清水模板	2		4	用钢板尺和塞尺量
	混水模板	4			
	钢模板	2			
表面平整度	清水模板	3		4	用2m直尺和塞尺量
	混水模板	5			
	钢模板	3			
垂直度	墙、柱	$H/1000$，且不大于6	每个构筑物或每个构件	2	用经纬仪或垂线和钢尺量
	墩、台	$H/500$，且不大于20			
	塔柱	$H/3000$，且不大于30			
模内尺寸	基础	±10		3	用钢尺量、长宽、高各1点
	墩、台	+5 −8			
	梁、板、墙、柱、桩、拱	+3 −6			
轴线偏位	基础	15		2	用经纬仪测量，纵、横向各1点
	墩、台、墙	10			
	梁、柱、拱、塔柱	8			
	悬浇各梁段	8			
	横隔梁	5			
支承面高程		+2 −5	每支承面	1	用水准仪测量

续表

项　目			允许偏差(mm)	检验频率 范围	检验频率 点数	检验方法
悬浇各梁段底面高程			+10 0	每个梁段	1	用水准仪测量
预埋件	支座板、锚垫板、连接板等	位置	5	每个预埋件	1	用钢尺量
预埋件	支座板、锚垫板、连接板等	平面高差	2	每个预埋件	1	用水准仪测量
预埋件	螺栓、锚筋等	位置	3	每个预埋件	1	用钢尺量
预埋件	螺栓、锚筋等	外露长度	±5	每个预埋件	1	用钢尺量
预留孔洞	预应力筋孔道位置(梁端)		5	每个预留孔洞	1	用钢尺量
预留孔洞	其他	位置	8	每个预留孔洞	1	用钢尺量
预留孔洞	其他	孔径	+10 0	每个预留孔洞	1	用钢尺量
梁底模拱度			+5 -2	每根梁、每个构件、每个安装段	1	沿底模全长拉线，用钢尺量
对角线差	板		7	每根梁、每个构件、每个安装段	1	用钢尺量
对角线差	墙板		5	每根梁、每个构件、每个安装段	1	用钢尺量
对角线差	桩		3	每根梁、每个构件、每个安装段	1	用钢尺量
侧向弯曲	板、拱肋、桁架		$L/1500$	每根梁、每个构件、每个安装段	1	沿侧模全长拉线，用钢尺量
侧向弯曲	柱、桩		$L/1000$，且不大于10	每根梁、每个构件、每个安装段	1	沿侧模全长拉线，用钢尺量
侧向弯曲	梁		$L/2000$，且不大于10	每根梁、每个构件、每个安装段	1	沿侧模全长拉线，用钢尺量
支架、拱架	纵轴线的平面偏位		$L/2000$，且不大于30		3	用经纬仪测量
支架、拱架	拱架高程		+20 -10			用水准仪测量

注：1. H 为构筑物高度（mm），L 为计算长度（mm）；
　　2. 支承面高程系数指模板底模上表面支撑混凝土面的高程。

(3) 固定在模板上的预埋件、预留孔内模不得遗漏，且应安装牢固。

检查数量：全数检查。

检验方法：观察。

2.1.4 安全要点

(1) 支架通行孔的两边应加护桩，夜间应设警示灯。施工中易受漂流物冲撞的河中支架应设牢固的防护设施。

(2) 安装拱架前，应对立柱支承面标高进行检查和调整。确认合格后方可安装。在风力较大的地区，应设置风缆。

(3) 浆砌石、混凝土砌块拱桥拱架的卸落应符合下列规定：

① 浆砌石、混凝土砌块拱桥应在砂浆强度达到设计要求强度后卸落拱架，设计未规定时，砂浆强度达到设计标准值的80%以上。

② 跨径小于10m的拱桥宜在拱上结构全部完成后卸落拱架；中等跨径实腹式拱桥宜在护拱完成后卸落拱架；大跨径空腹式拱桥宜在腹拱横墙完成（未砌腹拱圈）后卸落拱架。

③ 在裸拱状态卸落拱架时，应对主拱进行强度及稳定性验算，并采取必要的稳定措施。

(4) 模板、支架和拱架拆除应按设计要求的程序和措施进行，遵循"先支后拆、后支先拆"的原则。支架和拱架，应按几个循环卸落，卸落量宜由小渐大，每一循环中，在横向应同时卸落，在纵向应对称均衡卸落。

(5) 预应力混凝土结构的侧模应在预应力张拉前拆除；底模应在结构建立预应力后拆除。

(6) 拆除模板、支架和拱架时不得猛烈敲打、强拉和抛扔。模板、支架和拱架拆除后,应维护整理,分类妥善存放。

2.2 钢　　筋

2.2.1 施工要点

(1) 混凝土结构所用钢筋的品种、规格、性能等均应符合设计要求和国家现行标准《钢筋混凝土用钢 第 1 部分:热轧光圆钢筋》(GB/T 1499.1—2017)、《钢筋混凝土用钢 第 2 部分:热轧带肋钢筋》(GB 1499.2—2018)、《冷轧带肋钢筋》 (GB/T 13788—2017) 和《环氧树脂涂层钢筋》(JG/T 502—2016) 等的规定。

(2) 钢筋应按不同钢种、等级、牌号、规格及生产厂家分批验收,确认合格后方可使用。

(3) 钢筋在运输、储存、加工过程中应防止锈蚀、污染和变形。

(4) 钢筋的级别、种类和直径应按设计要求采用。当需要代换时,应由原设计单位作变更设计。

(5) 预制构件的吊环必须采用未经冷拉的 HPB300 热轧光圆钢筋制作,不得以其他钢筋替代。

(6) 在浇筑混凝土之前应对钢筋进行隐蔽工程验收,确认符合设计要求。

(7) 钢筋下料前,应核对钢筋品种、规格、等级及加工数量,并应根据设计要求和钢筋长度配料,下料后应按种类和使用部位分别挂牌标明。

(8) 钢筋加工过程中,应采取防止油渍、泥浆等物污染和防止损伤的措施。

(9) 从事钢筋焊接的焊工必须经考试合格后持证上岗。

钢筋焊接前，必须根据施工条件进行试焊。

（10）焊接材料应符合国家现行标准《钢筋焊接及验收规程》(JGJ 18—2012)的有关规定。

2.2.2 质量要点

2.2.2.1 钢筋加工

（1）钢筋弯制前应先调直。钢筋宜优先选用机械方法调直。当采用冷拉法进行调直时，HPB300钢筋冷拉率不得大于2%；HRB335、HRB400钢筋冷拉率不得大于1%。

（2）受力钢筋弯制和末端弯钩均应符合设计要求，设计未规定时，其尺寸应符合表2-4的规定。

表2-4 受力钢筋弯制和末端弯钩形状

弯曲部位	弯曲角度	形状图	钢筋牌号	弯曲直径 D	平直部分长度	备注
末端弯钩	180°		HPB300	≥2.5d	≥3d	d为钢筋直径
	135°		HRB335	$\phi 8 \sim \phi 25$ ≥4d	≥5d	
			HRB400	$\phi 28 \sim \phi 40$ ≥5d		
	90°		HRB335	$\phi 8 \sim \phi 25$ ≥4d	≥10d	
			HRB400	$\phi 28 \sim \phi 40$ ≥5d		

续表

弯曲部位	弯曲角度	形状图	钢筋牌号	弯曲直径 D	平直部分长度	备注
中间弯制	90°以下		各类	≥20d		d为钢筋直径

注：采用环氧树脂涂层钢筋时，除应满足表内规定外，当钢筋直径 $d \leqslant 20mm$ 时，弯钩内直径 D 不得小于 $4d$；当 $d > 20mm$ 时，弯钩内直径 D 不得小于 $6d$；直径段长度不得小于 $5d$。

（3）箍筋末端弯钩的形式应符合设计要求，设计无规定时，可按表 2-5 所示形式加工。

表 2-5 箍筋末端弯钩

结构类别	弯曲角度	图　示
一般结构	90°/180°	
一般结构	90°/90°	
抗震结构	135°/135°	

箍筋弯钩的弯曲直径应大于被箍主钢筋的直径，且 HPB300 钢筋不得小于箍筋直径的 2.5 倍，HRB335 钢筋不得小于箍筋直径的 4 倍；弯钩平直部分的长度，一般结构不

宜小于箍筋直径的 5 倍，有抗震要求的结构不得小于箍筋直径的 10 倍。

(4) 钢筋宜在常温状态下弯制，不宜加热。钢筋宜从中部开始逐步向两端弯制，弯钩应一次弯成。

2.2.2.2　钢筋连接

(1) 热轧钢筋接头应符合设计要求。当设计无规定时，应符合下列规定：

① 钢筋接头宜采用焊接接头或机械连接接头。

② 焊接接头应优先选择闪光对焊。焊接接头应符合国家现行标准《钢筋焊接及验收规程》（JGJ 18—2012）的有关规定。

③ 机械连接接头适用于 HRB335 和 HRB400 带肋钢筋的连接。机械连接接头应符合国家现行标准《钢筋机械连接技术规程》（JGJ 107—2016）的有关规定。

④ 当普通混凝土中钢筋直径等于或小于 22mm 时，在无焊接条件时，可采用绑扎连接，但受拉构件中的主钢筋不得采用绑扎连接。

⑤ 钢筋骨架和钢筋网片的交叉点焊接宜采用电阻点焊。

⑥ 钢筋与钢板的 T 形连接，宜采用埋弧压力焊或电弧焊。

(2) 钢筋接头设置应符合下列规定：

① 在同一根钢筋上宜少设接头。

② 钢筋接头应设在受力较小区段，不宜位于构件的最大弯矩处。

③ 在任一焊接或绑扎接头长度区段内，同一根钢筋不得有两个接头，在该区段内的受力钢筋，其接头的截面面积占总截面面积的百分率应符合表 2-6 规定。

表 2-6　接头长度区段内受力钢筋接头面积的最大百分率

接头类型	接头面积最大百分率（%）	
	受拉区	受压区
主钢筋绑扎接头	25	50
主钢筋焊接接头	50	不限制

注：1. 焊接头长度区段内是指 $35d$（d 为钢筋直径）长度范围内，但不得小于 500mm，绑扎接头长度区段是指 1.3 倍搭接长度；

2. 装配式构件连接处的受力钢筋焊接接头可不受此限制；

3. 环氧树脂涂层钢筋绑扎长度，对受拉钢筋应至少为涂层钢筋锚固长度的 1.5 倍且不小于 375mm；对受压钢筋为无涂层钢筋锚固长度的 1.0 倍且不小于 250mm。

④ 接头末端至钢筋弯起点的距离不得小于钢筋直径的 10 倍。

⑤ 施工中钢筋受力分不清受拉、压的，按受拉办理。

⑥ 钢筋接头部位横向净距不得小于钢筋直径，且不得小于 25mm。

(3) 钢筋闪光对焊应符合下列规定：

① 每批钢筋焊接前，应先选定焊接工艺和参数，进行试焊，在试焊质量合格后，方可正式焊接。

② 闪光对焊接头的外观质量应符合下列要求：

A. 接头周缘应有适当的镦粗部分，并呈均匀的毛刺外形。

B. 钢筋表面不得有明显的烧伤或裂纹。

C. 接头边弯折的角度不得大于 3°。

D. 接头轴线的偏移不得大于 $0.1d$，并不得大于 2mm。

③ 在同条件下经外观检查合格的焊接接头，以 300 个作为一批（不足 300 个，也应按一批计），从中切取 6 个试件，3 个做拉伸试验，3 个做冷弯试验。

④ 拉伸试验应符合下列要求:

A. 当3个试件的抗拉强度均不小于该级别钢筋的规定值,至少有2个试件断于焊缝以外,且呈塑性断裂时,应判定该批接头拉伸试验合格;

B. 当有2个试件抗拉强度小于规定值,或3个试件均在焊缝或热影响区发生脆性断裂时,则一次判定该批接头为不合格;

C. 当有1个试件抗拉强度小于规定值,或2个试件在焊缝或热影响区发生脆性断裂,其抗拉强度小于钢筋规定值的1.1倍时,应进行复验。复验时,应再切取6个试件,复验结果,当仍有1个试件的抗拉强度小于规定值,或3个试件在焊缝或热影响区呈脆性断裂,其抗拉强度小于钢筋规定值的1.1倍时,应判定该批接头为不合格。

⑤ 冷弯试验芯棒直径和弯曲角度应符合表2-7的规定。

表2-7 冷弯试验指标

钢筋牌号	芯棒直径	弯曲角(°)
HRB335	$4d$	90
HRB400	$5d$	90

注:1. d 为钢筋直径;
2. 直径大于25mm的钢筋接头,芯棒直径应增加$1d$。

冷弯试验时应将接头内侧的金属毛刺和镦粗凸起部分消除至与钢筋的外表齐平。焊接点应位于弯曲中心,绕芯棒弯曲90°。3个试件经冷弯后,在弯曲背面(含焊缝和热影响区)未发生破裂,应评定该批接头冷弯试验合格;当3个试件均发生破裂,则一次判定该批接头为不合格。当有1个试件发生破裂,应再切取6个试件,复验结果,仍有1个试件发生破裂时,应判定该批接头为不合格。

⑥ 焊接时的环境温度不宜低于0℃。冬期闪光对焊宜在室内进行，且室外存放的钢筋应提前运入车间，焊后的钢筋应等待完全冷却后才能运往室外。在困难条件下，对以承受静力荷载为主的钢筋，闪光对焊的环境温度可降低，但最低不得低于－10℃。

（4）热轧光圆钢筋和热轧带肋钢筋的接头采用搭接或帮条电弧焊时，应符合下列规定：

① 当采用搭接焊时，两连接钢筋轴线应一致。双面焊缝的长度不得小于$5d$，单面焊缝的长度不得小于$10d$（d为钢筋直径）。

② 当采用帮条焊时，帮条直径、级别应与被焊钢筋一致，帮条长度：双面焊缝不得小于$5d$，单面焊缝不得小于$10d$（d为主筋直径）。帮条与被焊钢筋的轴线应在同一平面上，两主筋端面的间隙应为2～4mm。

③ 搭接焊和帮条焊接头的焊缝高度应等于或大于$0.3d$，并不得小于4mm；焊缝宽度应等于或大于$0.7d$（d为主筋直径），并不得小于8mm。

④ 钢筋与钢板进行搭接焊时应采用双面焊接，搭接长度应大于钢筋直径的4倍（HPB300钢筋）或5倍（HRB335、HRB400钢筋）。焊缝高度应等于或大于$0.35d$，且不得小于4mm；焊缝宽度应等于或大于$0.5d$，并不得小于6mm（d为钢筋直径）。

⑤ 采用搭接焊、帮条焊的接头，应逐个进行外观检查。焊缝表面应平顺、无裂纹、夹渣和较大的焊瘤等缺陷。

⑥ 在同条件下完成并经外观检查合格的焊接接头，以300个作为一批（不足300个，也按一批计），从中切取3个试件，做拉伸试验。拉伸试验应符合本节2.2.2.2第3条

第 4 款规定。

(5) 钢筋采用绑扎接头时,应符合下列规定:

① 受拉区域内,HPB300 钢筋绑扎接头的末端应做成弯钩,HRB335、HRB400 钢筋可不做弯钩。

② 直径不大于 12mm 的受压 HPB300 钢筋的末端,以及轴心受压构件中任意直径的受力钢筋的末端,可不做弯钩,但搭接长度不得小于钢筋直径的 35 倍。

③ 钢筋搭接处,应在中心和两端至少 3 处用绑丝绑牢,钢筋不得滑移。

④ 受拉钢筋绑扎接头的搭接长度,应符合表 2-8 的规定;受压钢筋绑扎接头的搭接长度,应取受拉钢筋绑扎接头长度的 0.7 倍。

表 2-8 受拉钢筋绑扎接头的搭接长度

钢筋牌号	混凝土强度等级		
	C20	C25	>C25
HPB300	35d	30d	25d
HRB335	45d	40d	35d
HRB400	—	50d	45d

注:1. 当带肋钢筋直径 d>25mm 时,其受拉钢筋的搭接长度应按表中数值增加 5d 采用;
2. 当带肋钢筋直径 d<25mm 时,其受拉钢筋的搭接长度应按表中数值减少 5d 采用;
3. 当混凝土在凝固过程中受力钢筋易受扰动时,其搭接长度应适当增加;
4. 在任何情况下,纵向受拉钢筋的搭接长度不得小于 300mm;受压钢筋的搭接长度不得小于 200mm;
5. 轻骨料混凝土的钢筋绑扎接头搭接长度应按普通混凝土搭接长度增加 5d;
6. 当混凝土强度等级低于 C20 时,HPB300、HRB335 钢筋的搭接长度应按表中 C20 的数值相应增加 10d;
7. 对有抗震要求的受力钢筋的搭接长度,当抗震烈度为七度(及以上)时应增加 5d;
8. 两根直径不同的钢筋的搭接长度,以较细钢筋的直径计算。

⑤ 施工中钢筋受力分不清受拉或受压时,应符合受拉钢筋的规定。

(6) 钢筋采用机械连接接头时,应符合下列规定:

① 从事钢筋机械连接的操作人员应经专业技术培训,考核合格后,方可上岗。

② 钢筋采用机械连接接头时,其应用范围、技术要求、质量检验及采用设备、施工安全、技术培训等应符合国家现行标准《钢筋机械连接技术规程》(JGJ 107—2016)的有关规定。

③ 当混凝土结构中钢筋接头部位温度低于-10℃时,应进行专门的试验。

④ 形式检验应由国家、省部级主管部门认定有资质的检验机构进行,并应按国家现行标准《钢筋机械连接技术规程》(JGJ 107—2016)规定的格式出具试验报告和评定结论。

⑤ 带肋钢筋套筒挤压接头的套筒两端外径和壁厚相同时,被连接钢筋直径相差不得大于5mm。套筒在运输和储存中不得腐蚀和沾污。

⑥ 同一结构内机械连接不得使用两个生产厂家提供的产品。

⑦ 在同条件下经外观检查合格的机械连接接头,应以每300个为一批(不足300个也按一批计),从中抽取3个试件做单向拉伸试验,并作出评定。如有1个试件抗拉强度不符合要求,应再取6个试件复验,如再有1个试件不合格,则该批接头应判为不合格。

2.2.2.3 钢筋骨架和钢筋网的组成与安装

(1) 施工现场可根据结构情况和现场运输起重条件,先分部预制成钢筋骨架或钢筋网片，入模就位后再焊接或绑扎成整体骨架。为确保分部钢筋骨架具有足够的刚度和稳定性，可在钢筋的部分交叉点处施焊或用辅助钢筋加固。

（2）钢筋骨架制作和组装应符合下列规定：

① 钢筋骨架的焊接应在坚固的工作台上进行。

② 组装时应按设计图纸放大样，放样时应考虑骨架预拱度。简支梁钢筋骨架预拱度宜符合表 2-9 的规定。

表 2-9　简支梁钢筋骨架预拱度

跨度（m）	工作台上预拱度（cm）	骨架拼装时预拱度（cm）	构件预拱度（cm）
7.5	3	1	0
10～12.5	3～5	2～3	1
15	4～5	3	2
20	5～7	4～5	3

注：跨度大于 20m 时应按设计规定预留拱度。

③ 组装时应采取控制焊接局部变形措施。

④ 骨架接长焊接时，不同直径钢筋的中心线应在同一平面上。

（3）钢筋网片采用电阻点焊应符合下列规定：

① 当焊接网片的受力钢筋为 HPB300 钢筋时，如焊接网片只有一个方向受力，受力主筋与两端的两根横向钢筋的全部交叉点必须焊接；如焊接网片为两个方向受力，则四周边缘的两根钢筋的全部交叉点必须焊接，其余的交叉点可间隔焊接或绑、焊相间。

② 当焊接网片的受力钢筋为冷拔低碳钢丝，而另一方向的钢筋间距小于 100mm 时，除受力主筋与两端的两根横

向钢筋的全部交叉点必须焊接外，中间部分的焊点距离可增大至 250mm。

（4）现场绑扎钢筋应符合下列规定：

① 钢筋的交叉点应采用绑丝绑牢，必要时可辅以点焊。

② 钢筋网的外围两行钢筋交叉点应全部扎牢，中间部分交叉点可间隔交错扎牢。但双向受力的钢筋网，钢筋交叉点必须全部扎牢。

③ 梁和柱的箍筋，除设计有特殊要求外，应与受力钢筋垂直设置；箍筋弯钩叠合处，应位于梁和柱角的受力钢筋处，并错开设置（同一截面上有两个以上箍筋的大截面梁和柱除外）；螺旋形箍筋的起点和终点均应绑扎在纵向钢筋上，有抗扭要求的螺旋箍筋，钢筋应伸入核心混凝土中。

④ 矩形柱角部竖向钢筋的弯钩平面与模板面的夹角应为 45°；多边形柱角部竖向钢筋弯钩平面应朝向断面中心；圆形柱所有竖向钢筋弯钩平面应朝向圆心。小型截面柱当采用插入式振荡器时，弯钩平面与模板面的夹角不得小于 15°。

⑤ 绑扎接头搭接长度范围内的箍筋间距：当钢筋受拉时应小于 $5d$，且不得大于 100mm；当钢筋受压时应小于 $10d$，且不得大于 200mm。

⑥ 钢筋骨架的多层钢筋之间，应用短钢筋支垫，确保位置准确。

（5）钢筋的混凝土保护层厚度，必须符合设计要求。设计无规定时应符合下列规定：

① 普通钢筋和预应力直线形钢筋的最小混凝土保护层厚度不得小于钢筋公称直径，后张法构件预应力直线形钢筋

不得小于其管道直径的 1/2，且应符合表 2-10 的规定。

表 2-10　普通钢筋和预应力直线形钢筋最小混凝土保护层厚度　　　（mm）

构件类别		环境条件		
		Ⅰ	Ⅱ	Ⅲ、Ⅳ
基础、桩基承台	基坑底面有垫层或侧面有模板（受力主筋）	40	50	60
	基坑底面无垫层或侧面无模板（受力主筋）	60	75	85
墩台身、挡土结构、河、梁、板、拱圈、拱上建筑（受力主筋）		30	40	45
缘石、中央分隔带、护栏等行车道构件（受力主筋）		30	40	45
人行道构件、栏杆（受力主筋）		20	25	30
箍筋				
收缩、温度、分布、防裂等表层钢筋		15	20	25

注：1. 环境条件Ⅰ—湿暖或寒冷地区的大气环境，与无侵蚀性的水或土接触的环境；Ⅱ—严寒地区的大气环境，使用除冰盐环境、滨海环境；Ⅲ—海水环境；Ⅳ—受侵蚀性物质影响的环境；
2. 对于环氧树脂涂层钢筋，可按环境类别Ⅰ取用。

② 当受拉区主筋的混凝土保护层厚度大于 50mm 时，应在保护层内设置直径不小于 6mm、间距不大于 100mm 的钢筋网。

③ 钢筋机械连接件的最小保护层厚度不得小于 20mm。

④ 应在钢筋与模板之间设置垫块，确保钢筋的混凝土保护层厚度，垫块应与钢筋绑扎牢固、错开布置。

2.2.3 质量验收

1. 主控项目

(1) 材料应符合下列规定:

① 钢筋、焊条的品种、牌号、规格和技术性能必须符合国家现行标准规定和设计要求。

检查数量:全数检查。

检验方法:检查产品合格证、出厂检验报告。

② 钢筋进场时,必须按批抽取试件做力学性能和工艺性能试验,其质量必须符合国家现行标准的规定。

检查数量:以同牌号、同炉号、同规格、同交货状态的钢筋,每60t为一批,不足60t也按一批计,每批抽检1次。

检验方法:检查试件检验报告。

③ 当钢筋出现脆断、焊接性能不良或力学性能显著不正常等现象时,应对该批钢筋进行化学成分检验或其他专项检验。

检查数量:该批钢筋全数检查。

检验方法:检查专项检验报告。

(2) 钢筋弯制和末端弯钩均应符合设计要求和本节2.2.2.1第2、3条的规定。

检查数量:每工作日同一类型钢筋抽查不少于3件。

检验方法:用钢尺量。

(3) 受力钢筋连接应符合下列规定:

① 钢筋的连接形式必须符合设计要求。

检查数量:全数检查。

检验方法:观察。

② 钢筋接头位置、同一截面的接头数量、搭接长度应符合设计要求和本节2.2.2.2第2、4条的规定。

检查数量：全数检查。

检验方法：观察、用钢尺量。

③ 钢筋焊接接头质量应符合国家现行标准《钢筋焊接及验收规程》(JGJ 18—2012)的规定和设计要求。

检查数量：外观质量全数检查；力学性能检验按本节 2.2.2.2 第 3、4 条的规定抽样做拉伸试验和冷弯试验。

检验方法：观察、用钢尺量、检查接头性能检验报告。

④ HRB335 和 HRB400 带肋钢筋机械连接头头质量应符合国家现行标准《钢筋机械连接技术规程》(JGJ 107—2016)的规定和设计要求。

检查数量：外观质量全数检查；力学性能检验按本节 2.2.2.2 第 6 条的规定抽样做拉伸试验。

检验方法：外观用卡尺或专用量具检查、检查合格证和出厂检验报告、检查进场验收记录和性能复验报告。

（4）钢筋安装时，其品种、规格、数量、形状，必须符合设计要求。

检查数量：全数检查。

检验方法：观察、用钢尺量。

2. 一般项目

（1）预埋件的规格、数量、位置等必须符合设计要求。

检查数量：全数检查。

检验方法：观察、用钢尺量。

（2）钢筋表面不得有裂纹、结疤、折叠、锈蚀和油污，钢筋焊接接头表面不得有夹渣、焊瘤。

检查数量：全数检查。

检验方法：观察。

（3）钢筋加工允许偏差应符合表 2-11 的规定。

表 2-11　钢筋加工允许偏差

检查项目	允许偏差（mm）	检验频率 范围	检验频率 点数	检验方法
受力钢筋顺长度方向全长的净尺寸	±10	按每工作日同一类型钢筋、同一加工设备抽查3件	3	用钢尺量
弯起钢筋的弯折	±20			
箍筋内净尺寸	±5			

（4）钢筋网允许偏差应符合表2-12的规定。

表 2-12　钢筋网允许偏差

检查项目	允许偏差（mm）	检验频率 范围	检验频率 点数	检验方法
网的长、宽	±10	每片钢筋网	3	用钢尺量两端和中间各1处
网眼尺寸	±10			用钢尺量任意3个网眼
网眼对角线差	15			用钢尺量任意3个网眼

（5）钢筋成形和安装允许偏差应符合表2-13的规定。

表 2-13　钢筋成形和安装允许偏差

检查项目			允许偏差（mm）	检验频率 范围	检验频率 点数	检验方法
受力钢筋间距	两排以上排距		±5	每个构筑物或每个构件	3	用钢尺量，两端和中间各一个断面，每个断面连续量取钢筋间（排）距，取其平均值计1点
	同排	梁板、拱肋	±10			
		基础、墩台、柱	±20			
		灌注桩	±20			
箍筋、横向水平筋、螺旋筋间距			±10		5	连续量取5个间距，其平均值计1点
钢筋骨架尺寸	长		±10		3	用钢尺量，两端和中间各1处
	宽、高或直径		±5		3	

续表

检查项目		允许偏差（mm）	检验频率		检验方法
			范围	点数	
弯起钢筋位置		±20	每个构筑物或每个构件	30%	用钢尺量
钢筋保护层厚度	墩台、基础	±10		10	沿模板周边检查，用钢尺量
	梁、柱、桩	±5			
	板、墙	±3			

2.2.4 安全要点

（1）起重吊装时应防止钢丝绳缺陷、重物下站人、斜吊重心不稳、吊物零散等起重伤害风险。

（2）钢筋弯曲机加工长钢筋时，在旋转半径内不得有作业人员。

（3）加强安全技术培训，防止钢筋调直机卷绕衣物和头发。

（4）在高处（2m以上含2m）绑扎立柱和墙体钢筋时，不得站在钢筋骨架上或攀登骨架上下，必须搭设脚手架或操作平台。脚手架应搭设牢固，作业面脚手板要满铺、绑牢，不得有探头板、非跳板，临边应搭设防护栏杆和支挂安全网。

（5）脚手架或操作平台上不得集中码放钢筋，应随使用随运送，不得将工具、箍筋或短钢筋随意放在脚手架上。

（6）钢筋网和钢筋骨架等的码放高度不得超过2m，钢筋笼的码放层数不宜超过2层。

（7）加工机具应完好、安装稳固、保持机身水平，防护装置应齐全有效，电气接线应符合施工用电相关安全技术要求，使用前应检查、试运行，确保正常。

2.3 混 凝 土

2.3.1 施工要点

(1) 混凝土强度应按现行国家标准《混凝土强度检验评定标准》(GB/T 50107—2010)的规定检验评定。

(2) 混凝土宜使用非碱活性骨料,当使用碱活性骨料时,混凝土的总碱含量不宜大于 $3kg/m^3$;对大桥、特大桥梁总碱含量不宜大于 $1.8kg/m^3$;对处于环境类别属三类以上受严重侵蚀环境的桥梁,不得使用碱活性骨料。混凝土结构的环境类别应按表 2-14 确定。

表 2-14 混凝土结构的环境类别

环境类别		条 件
一		室内正常环境
二	a	室内潮湿环境,非严寒和非寒冷地区的露天环境、与无侵蚀性的水或土壤直接接触的环境
	b	严寒和寒冷地区的露天环境、与无侵蚀性的水或土壤直接接触的环境
三		使用除冰盐的环境;严寒和寒冷地区冬季水位变动的环境;滨海室外环境
四		海水环境
五		受人为或自然的侵蚀性物质影响的环境

注:严寒和寒冷地区的划分应符合现行国家标准《民用建筑热工设计规范》(GB 50176—2016)的规定。

(3) 混凝土拌和物的坍落度,应在搅拌地点和浇筑地点分别随机取样检测,每一工作班或每一单元结构物不应少于两次。评定时应以浇筑地点的测值为准。如混凝土拌和物从搅拌机出料起至浇筑入模的时间不超过15min时，其坍落度可仅在搅拌地点取样检测。

（4）浇筑混凝土前，应对支架、模板、钢筋和预埋件进行检查，确认符合设计和施工设计要求。模板内的杂物、积水、钢筋上的污垢应清理干净。模板内面应涂刷隔离剂，并不得污染钢筋等。

（5）自高处向模板内倾斜混凝土时，其自由倾落高度不得超过2m；当倾落高度超过2m时，应通过串筒、溜槽或振动溜管等设施下落；倾落高度超过10m时应设置减速装置。

（6）施工现场应根据施工对象、环境、水泥品种、外加剂以及对混凝土性能的要求，制定具体的养护方案，并应严格执行方案规定的养护制度。

（7）常温下混凝土浇筑完成后，应及时覆盖并洒水养护。

（8）大体积混凝土施工时，应根据结构、环境状况采取减少水化热的措施。

2.3.2 质量要点

2.3.2.1 混凝土的拌制和运输

（1）混凝土应使用机械集中拌制。

（2）拌制混凝土宜采用自动计量装置，并应定期检定，保持计量准确。

（3）混凝土原材料应分类放置，不得混淆和污染。

（4）拌制混凝土所用各种材料应按质量投料。

（5）使用机械拌制时，自全部材料装入搅拌机开始搅拌起，至开始卸料时止，延续搅拌的最短时间应符合表2-15的规定。

表 2-15　混凝土延续搅拌的最短时间

搅拌机类型	搅拌机容量（L）	混凝土坍落度（mm）		
		<30	30～70	>70
		混凝土最短搅拌时间（min）		
强制式	≤400	1.5	1.0	1.0
	≤1500	2.5	1.5	1.5

注：1. 当掺入外加剂时，外加剂应调成适当浓度的溶液再掺入，搅拌时间宜延长；

2. 采用分次投料搅拌工艺时，搅拌时间应按工艺要求办理；

3. 当采用其他形式的搅拌设备时，搅拌的最短时间应按设备说明书的规定办理，或经试验确定。

（6）混凝土拌和物应均匀、颜色一致，不得有离析和泌水现象。混凝土拌和物均匀性的检测方法应符合现行国家标准《混凝土搅拌机》（GB/T 9142—2000）的规定。

（7）拌制高强度混凝土必须使用强制式搅拌机。减水剂宜采用后掺法。加入减水剂后，混凝土拌和物在搅拌机中继续搅拌的时间，当用粉剂时不得少于60s，当用溶剂时不得少于30s。

（8）混凝土在运输过程中应采取防止发生离析、漏浆、严重泌水及坍落度损失等现象的措施。用混凝土搅拌运输车运输混凝土时，途中应以2～4r/min的慢速进行搅动。当运至现场的混凝土出现离析、严重泌水等现象，应进行第二次搅拌。经二次搅拌仍不符合要求，则不得使用。

（9）混凝土从加水搅拌至入模的延续时间不宜大于表2-16的规定。

表 2-16 混凝土从加水搅拌至入模的延续时间

搅拌机出料时的混凝土温度（℃）	无搅拌设施运输（min）	有搅拌设施运输（min）
20～30	30	60
10～19	45	75
5～9	60	90

注：掺用外加剂或采用快硬水泥时，运输允许持续时间应根据试验确定。

2.3.2.2 混凝土浇筑

（1）混凝土应按一定厚度、顺序和方向水平分层浇筑，上层混凝土应在下层混凝土初凝前浇筑、捣实，上下层同时浇筑时，上层与下层前后浇筑距离应保持 1.5m 以上。混凝土分层浇筑厚度不宜超过表 2-17 的规定。

表 2-17 混凝土分层浇筑厚度

方法	配筋情况	浇筑层厚度（mm）
用插入式搅动器	—	300
用附着式搅动器	—	300
用表面搅动器	无筋或配筋稀疏时	250
	配筋较密时	150

注：表列规定可根据结构和振动器型号等情况适当调整。

（2）浇筑混凝土时，应采用振动器振捣。振捣时不得碰撞模板、钢筋和预埋部件。振捣持续时间宜为 20～30s，以混凝土不再沉落、不出现气泡、表面呈现浮浆为度。

（3）混凝土的浇筑应连续进行，如因故间断时，其间断时间应小于前层混凝土的初凝时间。混凝土运输、浇筑及间歇的全部时间不得超过表 2-18 的规定。

表 2-18 混凝土运输、浇筑及间歇的全部允许时间（min）

混凝土强度等级	气温不高于 25℃	气温高于 25℃
≤C30	210	180
>C30	180	150

注：C50 以上混凝土和混凝土中掺有促凝剂或缓凝剂时，其允许间歇时间应根据试验结果确定。

（4）当浇筑混凝土过程中，间断时间超过本节 2.3.2.2 第 3 条规定时，应设置施工缝，并应符合下列规定：

① 施工缝宜留置在结构受剪力和弯矩较小、便于施工的部位，且应在混凝土浇筑之前确定。施工缝不得呈斜面。

② 先浇混凝土表面的水泥砂浆和松弱层应及时凿除。凿除时的混凝土强度，水冲法应达到 0.5MPa；人工凿毛应达到 2.5MPa；机械凿毛应达到 10MPa。

③ 经凿毛处理的混凝土面，应清除干净，在浇筑后续混凝土前，应铺 10～20mm 同配比的水泥砂浆。

④ 重要部位及有抗震要求的混凝土结构或钢筋稀疏的混凝土结构，应在施工缝处补插锚固钢筋或石榫；有抗渗要求的施工缝宜做成凹形、凸形或设止水带。

⑤ 施工缝处理后，应待下层混凝土强度达到 2.5MPa 后，方可浇筑后续混凝土。

2.3.2.3 混凝土养护

（1）当气温低于 5℃时，应采取保温措施，并不得对混凝土洒水养护。

（2）混凝土洒水养护的时间，采用硅酸盐水泥、普通硅酸盐水泥或矿渣硅酸盐水泥的混凝土，不得少于 7d；掺用缓凝型外加剂或有抗渗要求以及高强度混凝土，不得少于

14d。使用真空吸水的混凝土,可在保证强度条件下适当缩短养护时间。

(3) 采用涂刷薄膜养护剂养护时,养护剂应通过试验确定,并应制定操作工艺。

(4) 采用塑料膜覆盖养护时,应在混凝土浇筑完成后及时覆盖严密,保证膜内有足够的凝结水。

2.3.2.4 大体积混凝土

(1) 大体积混凝土应均匀分层、分段浇筑,并应符合下列规定:

① 分层混凝土厚度宜为 1.5~2.0m。

② 分段数目不宜过多。当横截面面积在 200m² 以内时不宜大于 2 段,在 300m² 以内时不得大于 3 段。每段面积不得小于 50m²。

③ 上、下层的竖缝应错开。

(2) 大体积混凝土应在环境湿度较低时浇筑,浇筑温度(振捣后 50~100mm 深处的温度)不宜高于 28℃。

(3) 大体积混凝土应采取循环水冷却、蓄热保温等控制体内外湿差的措施,并及时测定浇筑后混凝土表面和内部的温度,其温差应符合设计要求,当设计无规定时不宜大于 25℃。

(4) 大体积混凝土湿润养护时间应符合表 2-19 的规定。

表 2-19 大体积混凝土湿润养护时间

水泥品种	养护时间 (d)
硅酸盐水泥、普通硅酸盐水泥	14
火山灰质硅酸盐水泥、矿渣硅酸盐水泥、低热微膨胀水泥、矿渣硅酸大坝水泥	21
在现场掺粉煤灰的水泥	

注:高温期施工湿润养护时间不得少于 28d。

2.3.2.5 冬期混凝土施工

（1）当工地昼夜平均气温连续 5d 低于 5℃或最低气温低于－3℃时，应确定混凝土进入冬期施工。

（2）冬期施工期间，当采用硅酸盐水泥或普通硅酸盐水泥配制混凝土，抗压强度未达到设计强度的 30% 时；或采用矿渣硅酸盐水泥配制混凝土抗压强度未达到设计强度的 40% 时；C15 及以下的混凝土抗压强度未达到 5MPa 时，混凝土不得受冻。浸水冻融条件下的混凝土开始受冻时，不得小于设计强度的 75%。

（3）冬期混凝土的配置和拌和应符合下列规定：

① 宜选用较小的水胶比和较小的坍落度。

② 拌制混凝土应优先采用加热水的方法，水加热温度不宜高于 80℃。骨料加热温度不得高于 60℃。混凝土掺用片石时，片石可预热。

③ 混凝土搅拌时间宜较常温施工延长 50%。

④ 骨料不得混有冰雪、冻块及易被冻裂的矿物质。

⑤ 拌制设备宜设在气温不低于 10℃的厂房或暖棚内。拌制混凝土前，应采用热水冲洗搅拌机鼓筒。

⑥ 当混凝土掺用防冻剂时，其试配强度应较设计强度提供一个等级。

（4）冬期混凝土的运输容器应有保温设施。运输时间应缩短，并减少中间倒运。

（5）冬期混凝土的浇筑应符合下列规定：

① 混凝土浇筑前，应清除模板及钢筋上的冰雪。当环境气温低于－10℃时，应将直径小于或等于 25mm 的钢筋和金属预埋件加热至 0℃以上。

② 当旧混凝土面和外露钢筋暴露在冷空气中时，应对

距离新旧混凝土施工缝1.5m范围内的旧混凝土和长度在1m范围内的外露钢筋,进行防寒保温。

③ 在非冻胀性地基或旧混凝土面上浇筑混凝土时,加热养护时,地基或旧混凝土面的温度不得低于2℃。

④ 当浇筑负温早强混凝土时,对于用冻结法开挖的地基,或在冻结线以上且气温低于-5℃的地基应做隔热层。

⑤ 混凝土拌和物入模温度不宜低于10℃。

⑥ 混凝土分层浇筑的厚度不得小于20cm。

(6) 冬期混凝土施工应根据结构特点和环境状况,通过热工计算确定养护方法。当室外最低气温高于-15℃时,地下工程或表面系数(冷却面积和体积的比值)不大于15m^{-1}的工程应优先采用蓄热法养护。

(7) 冬期混凝土拆模应符合下列规定:

① 当混凝土达到本章2.1.2第1条规定的拆模强度,同时符合本节2.3.2.5第2条规定的抗冻强度后,方可拆除模板。

② 拆模时混凝土与环境的温差不得大于15℃。当温差在10℃~15℃时,拆除模板后的混凝土表面应采取临时覆盖措施。

③ 采用外部热源加热养护的混凝土,当环境气温在0℃以下时,应待混凝土冷却至5℃以下后,方可拆除模板。

(8) 冬期混凝土养护方案中应根据不同的养护方法规定测温方法及频率。

(9) 冬期施工的混凝土,除应按本节2.3.3规定制作标准试件外,还应根据养护、拆模和承受荷载的需要,增加与结构同条件养护的试件不少于2组。

2.3.2.6 高温期混凝土施工

(1) 当昼夜平均气温高于30℃时,应确定混凝土进入高温期施工。高温期混凝土施工除应符合本节 2.3.2.1～2.3.2.3 的有关规定外，还应符合本节相关规定。

（2）高温期混凝土拌和时，应掺加减水剂或磨细粉煤灰。施工期间应对原材料和拌和设备采取防晒措施，并根据检测混凝土坍落度的情况，在保证配合比不变的情况下，调整水的掺量。

（3）高温期混凝土的运输与浇筑应符合下列规定：

① 尽量缩短运输时间，宜采用混凝土搅拌运输车。

② 混凝土的浇筑温度应控制在 32℃ 以下，宜选在一天温度较低的时间内进行。

③ 浇筑场地宜采取遮阳、降温措施。

（4）混凝土浇筑完成后，表面宜立即覆盖塑料膜，终凝后覆盖土工布等材料，并应洒水保持湿润。

（5）高温期施工混凝土，除应按本节 2.3.3 的规定制作标准试件外，还应增加与结构同条件养护的试件 1 组，检测其 28d 的强度。

2.3.3 质量验收

1. 主控项目

（1）水泥进场除全数检验合格证和出厂检验报告外，应对其强度、细度、安定性和凝固时间批样复验。

检验数量：同生产厂家、同批号、同品种、同强度等级、同出厂日期且连续进场的水泥，散装水泥每 500t 为一批，袋装水泥为 200t 为一批，当不足上述数量时，也按一批计，每批抽样不少于 1 次。

检验方法：检验试验报告。

（2）混凝土外加剂全数检验合格证和出厂检验报告外，应对其减水率、凝结时间差、抗压强度比抽样检验。

检验数量：同生产厂家、同批号、同品种、同出厂日期且连续进场的外加剂，每50t为一批，不足50t时，也按一批计，每批至少抽检1次。

检验方法：检查试验报告。

(3) 混凝土配合比设计应符合《城市桥梁工程施工与质量验收规范》(CJJ 2—2008) 第7.3节的规定。

检验数量：同强度等级、同性能混凝土的配合比设计应各检查1次。

检验方法：检查配合比设计选定单、试配试验报告和经审批后的配合比报告单。

(4) 当使用具有潜在碱活性骨料时，混凝土中的总碱含量应符合本节2.3.1第2条的规定和设计要求。

检验数量：每一混凝土配合比进行1次总碱含量计算。

检验方法：检查核算单。

(5) 混凝土强度等级应按现行国家标准《混凝土强度检验评定标准》(GB/T 50107—2010) 的规定检验评定，其结果必须符合设计要求。用于检查混凝土强度的试件，应在混凝土浇筑地点随机抽取。取样与试件留置应符合下列规定：

① 每拌制100盘且不超过100m^3的同配比的混凝土，取样不得少于1次；

② 每工作班拌制的同一配合比的混凝土不足100盘时，取样不得少于1次；

③ 每次取样应至少留置1组标准养护试件，同条件养护试件的留置组数应根据实际需要确定。

检验数量：全数检查。

检验方法：检查试验报告。

（6）抗冻混凝土应进行抗冻性能试验，抗渗混凝土应进行抗渗性能试验。试验方法应符合现行国家标准《普通混凝土长期性能和耐久性能试验方法标准》(GB/T 50082—2009) 的规定。

检验数量：混凝土数量小于 $250m^3$，应制作抗冻或抗渗试件1组（6个）；$250\sim500m^3$，应制作2组。

检验方法：检查试验报告。

2. 一般项目

（1）混凝土掺用的矿物掺和料除全数检查合格证和出厂检验报告外，应对其细度、含水率、抗压强度比等项目抽样检验。

检验数量：同品种、同等级且连续进场的矿物掺和料，每200t为一批，当不足200t时，也按一批计，每批至少抽检1次。

检验方法：检查试验报告。

（2）对细骨料，应抽样检验其颗粒级配、细度模数、含泥量及规定要求的检验项，并应符合《普通混凝土用砂、石质量及检验方法标准》(JGJ 52—2006) 的规定。

检验数量：同产地、同品种、同规格且连续进场的细骨料，每 $400m^3$ 或600t为一批，不足 $400m^3$ 或600t也按一批计，每批至少抽检1次。

检验方法：检查试验报告。

（3）对粗骨料，应抽样检验其颗粒级配、压碎值指标、针片状颗粒含量及规定要求的检验项，并应符合《普通混凝土用砂、石质量及检验方法标准》(JGJ 52—2006) 的规定。

检验数量：同产地、同品种、同规格及连续进场的粗骨料，机械生产的每 $400m^3$ 或600t为一批，不足 $400m^3$ 或

600t 也按一批计；人工生产的每 200m³ 或 300t 为一批，不足 200m³ 或 300t 也按为一批计，每批至少抽检 1 次。

检验方法：检查试验报告。

（4）当拌制混凝土用水采用非饮用水源时，应进行水质检测，并应符合国家现行标准《混凝土用水标准》（JGJ 63—2006）的规定。

检验数量：同水源检查不少于 1 次。

检验方法：检查水质分析报告。

（5）混凝土拌和物的坍落度应符合设计配合比要求。

检验数量：每工作班不少于 1 次。

检验方法：用坍落度仪检测。

（6）混凝土原材料每盘称量允许偏差应符合表 2-20 的规定。

表 2-20　混凝土原材料每盘称量允许偏差

材料名称	允许偏差	
	工地	工厂或搅拌站
水泥和干燥状态的掺和料	±2%	±1%
粗、细骨料	±3%	±2%
水、外加剂	±2%	±1%

注：1. 各种衡器应定期检定，每次使用前应进行零点校核，保证计量准确；
　　2. 当遇雨天或含水率有显著变化时，应增加含水率检测次数，并及时调整水和骨料的用量。

检验数量：每工作班抽查不少 1 次。

检验方法：复称。

2.3.4　安全要点

（1）混凝土的强度达到 2.5MPa 后，方可承受小型施工机械荷载，进行下道工序前，混凝土应达到相应的强度。

（2）在浇筑大面积混凝土时，用真空机吸去表面的泌水和自由水，加速凝结，增加表面强度，立即覆盖一层塑料布和二层草袋。

（3）遇有寒流到来或出现极端气温时，平面部位停止浇筑混凝土。对于闸墩，则采用帆布搭暖棚，里边放取暖炉的方法施工。

（4）对已拆除模板的混凝土，应采取保温材料予以保护。结构混凝土在达到规定强度后才允许承受荷载，施工中不得超载，严禁在其上堆放过量的建筑材料或机具。

（5）用泵车浇筑时，机械摆动臂下不得有人施工。

（6）离地面2m以上浇筑时，不准站在搭头上操作，如无可靠的安全设备时，必须戴好安全带，并扣好保险钩。

（7）使用振动机前应先检查电源电压，输电必须安装漏电开关，保护电源线路是否良好。

（8）电源线不得有接头，机械运转应正常。振动机移动时不能硬拉电线，更不能在钢筋和其他锐利物上拖拉，防止割破、拉断电线而造成触电伤亡事故。

（9）使用振动机的工人应手戴绝缘手套，脚穿绝缘橡胶鞋。

（10）不得从高处向下扔掷模板、工具等物体。

2.4 预应力混凝土

2.4.1 施工要点

（1）高强度钢丝采用镦头锚固时，宜采用液压冷镦。

（2）浇筑混凝土时，对预应力筋锚固区及钢筋密集部位，应加强振捣。后张构件应避免振动器碰撞预应力筋的管道。

（3）预应力钢筋张拉应由工程技术负责人主持，张拉作业人员应经培训考核合格后方可上岗。

（4）张拉设备的校准期限不得超过半年，且不得超过200次张拉作业。张拉设备应配套校准，配套使用。

（5）预应力筋采用应力控制方法张拉时，应以伸长值进行校核。实际伸长值与理论伸长值的差值应符合设计要求；设计无规定时，实际伸长值与理论伸长值之差应控制在6%以内。

（6）预应力材料必须保持清洁，在存放和运输时应避免损伤、锈蚀和腐蚀。预应力筋和金属管道在室外存放时，时间不宜超过6个月。预应力锚具、夹具和连接器应在仓库内配套保管。

2.4.2 质量要点

2.4.2.1 预应力钢筋制作

（1）预应力筋下料应符合下列规定：

① 预应力筋的下料长度应根据构件孔道或台座的长度、锚夹具长度等经过计算确定。

② 预应力筋宜使用砂轮锯或切断机切断，不得采用电弧切割。钢绞线切断前，应在距切口5cm处用绑丝绑牢。

③ 钢丝束的两端均采用墩头锚具时，同一束中各根钢丝下料长度的相对差值，当钢丝束长度小于或等于20m时，不宜大于1/3000；当钢丝束长度大于20m时，不宜大于1/5000，且不得大于5mm。长度不大于6m的先张预应力构件，当钢丝成束张拉时，同束钢丝下料长度的相对差值不得

大于 2mm。

（2）预应力筋由多根钢丝或钢绞线组成时，在同束预应力筋内，应采用强度相等的预应力钢材。编束时，应逐根梳理顺直，不扭转，绑扎牢固，每隔 1m 一道，不得互相缠绞。编束后的钢丝和钢绞线应按编号分类存放。钢丝和钢绞线束移运时支点距离不得大于 3m，端部悬出长度不得大于 1.5m。

2.4.2.2 混凝土施工

（1）拌制混凝土应优先采用硅酸盐水泥、普通硅酸盐水泥，不宜使用矿渣硅酸盐水泥，不得使用火山灰质硅酸盐水泥及粉煤灰硅酸盐水泥。粗骨料应采用碎石，其粒径宜为 5~25mm。

（2）混凝土中的水泥用量不宜大于 $550kg/m^3$。

（3）混凝土中严禁使用含氯化物的外加剂及引气剂或引气型减水剂。

（4）从各种材料引入混凝土中的氯离子最大含量不宜超过水泥用量的 0.06%。超过以上规定时，宜采取掺加阻锈剂、增加保护厚度、提高混凝土密实度等防锈措施。

（5）混凝土施工尚应符合本章 2.3 节的有关规定。

2.4.2.3 预应力施工

（1）预应力筋的张拉控制应力必须符合设计规定。

（2）预应力张拉时，应先调整到初应力（σ_0），该初应力宜为张拉控制应力（σ_{con}）的 10%~15%，伸长值应从初应力时开始量测。

（3）预应力筋的锚固应在张拉控制应力处于稳定状态下进行，锚固阶段张拉端预应力筋的内缩量，不得大于设计规定。当设计无规定时，应符合表 2-21 的规定。

表 2-21 锚固阶段张拉端预应力筋的内缩量允许值 (mm)

锚具类别	内缩量允许值
支承式锚具（镦头锚、带有螺丝端杆的锚具等）	1
锥塞式锚具	5
夹片式锚具	5
每块后加的锚具垫板	1

注：内缩量值系指预应力筋锚固过程中，由于锚具零件之间和锚具与预应力筋之间的相对位移和局部塑性变形造成的回缩量。

(4) 先张法预应力施工应符合下列规定：

① 张拉台座应具有足够的强度和刚度，其抗倾覆安全系数不得小于 1.5，抗滑移安全系数不得小于 1.3。张拉横梁应有足够的刚度，受力后的最大挠度不得大于 2mm。锚板受力中心应与预应力筋合力中心一致。

② 预应力筋连同隔离套管应在钢筋骨架完成后一并穿入就位。就位后，严禁使用电弧焊对梁体钢筋及模板进行切割或焊接。隔离套管内端应堵严。

③ 预应力筋张拉应符合下列要求：

A. 同时张拉多根预应力筋时，各根预应力筋的初始应力应一致。张拉过程中应使活动横梁与固定横梁保持平行。

B. 张拉程序应符合设计要求，设计未规定时，其张拉程序应符合表 2-22 的规定。张拉钢筋时，为保证施工安全，应在超张拉放张至 $0.9\sigma_{con}$ 时安装模板、普通钢筋及预埋件等。

表 2-22 先张法预应力筋张拉程序

预应力筋种类	张 拉 程 序
钢筋	0→初应力→$1.05\sigma_{con}$→$0.9\sigma_{con}$→σ_{con}（锚固）

续表

预应力筋种类	张 拉 程 序
钢丝、钢绞丝	0→初应力→1.05σ_{con}（持荷2min）→0→σ_{con}（锚固）
	对于夹片式等具有自锚性能的锚具： 普通松弛力筋：0→初应力→1.03σ_{con}（锚固）； 低松弛力筋：0→初应力→σ_{con}（持续2min锚固）

注：σ_{con}张拉时的控制应力值，包括预应力损失值。

C. 张拉过程中，预应力筋的断丝、断筋数量不得超过表2-23的规定。

表2-23 先张法预应力筋断丝、断筋控制值

预应力筋种类	项 目	控制值
钢丝、钢绞线	同一构件内断丝数不得超过钢丝总数的	1%
钢筋	断筋	不允许

④ 放张预应力筋时混凝土强度必须符合设计要求。设计未规定时，不得低于设计强度的75%。放张顺序应符合设计要求。设计未规定时，应分阶段、对称、交错地放张。放张前，应将限制位移的模板拆除。

(5) 后张法预应力施工应符合下列规定：

① 预应力管道安装应符合下列要求：

A. 管道应采用定位钢筋牢固地固定于设计位置。

B. 金属管道接头应采用套管连接，连接套管宜采用大一个直径型号的同类管道，且应与金属管道封裹严密。

C. 管道应留压浆孔和溢浆孔；曲线孔道的波峰部位应留排气孔；在最低部位宜留排水孔。

D. 管道安装就位后应立即通孔检查，发现堵塞应及时

疏通。管道经检查合格后应及时将其端面封堵。

E. 管道安装后，需在其附近进行焊接作业时，必须对管道采取保护措施。

② 预应力筋安装应符合下列要求：

A. 先穿束后浇混凝土时，浇筑之前，必须检查管道，并确认完好；浇筑混凝土时应定时抽动、转动预应力筋。

B. 先浇混凝土后穿束时，浇筑后应立即疏通管道，确保其畅通。

C. 混凝土采用蒸汽养护时，养护期内不得装入预应力筋。

D. 穿束后至孔道灌浆完成应控制在下列时间以内，否则应对预应力筋采取防锈措施：

a. 空气湿度大于70%或盐分过大时， 7d；
b. 空气湿度40%～70%时， 15d；
c. 空气湿度小于40%时， 20d。

E. 在预应力筋附近进行电焊时，应对预应力钢筋采取保护措施。

③ 预应力筋张拉应符合下列要求：

A. 混凝土强度应符合设计要求；设计未规定时，不得低于设计强度的75%。且应将限制位移的模板拆除后，方可进行张拉。

B. 预应力筋张拉端的设置，应符合设计要求；当设计未规定时，应符合下列规定：

a. 曲线预应力筋或长度大于或等于25m的直线预应力筋，宜在两端张拉；长度小于25m的直线预应力筋，可在一端张拉。

b. 当同一截面中有多束一端张拉的预应力筋时，张拉端宜均匀交错的设置在结构的两端。

C. 张拉前应根据设计要求对孔道的摩阻损失进行实测，以便确定张拉控制应力，并确定预应力筋的理论伸长值。

D. 预应力筋的张拉顺序应符合设计要求设计；当设计无规定时，可采取分批、分阶段对称张拉。宜先中间，后上、下或两侧。

E. 预应力筋张拉程序应符合表 2-24 的规定。

表 2-24 后张法预应力筋张拉程序

预应力筋种类		张 拉 程 序
钢绞线束	对夹片式等有自锚性能的锚具	普通松弛力筋：0→初应力→1.03σ_{con}（锚固） 低松弛力筋：0→初应力→σ_{con}（持续 2min 锚固）
	其他锚具	0→初应力→1.05σ_{con}（持荷 2min）→σ_{con}（锚固）
钢丝束	对夹片式等有自锚性能的锚具	普通松弛力筋 0→初应力→1.03σ_{con}（锚固）； 低松弛力筋 0→初应力→σ_{con}（持续 2min 锚固）
	其他锚具	0→初应力→1.05σ_{con}（持荷 2min）→0→σ_{con}（锚固）
精轧螺纹钢筋	直线配筋时	0→初应力→σ_{con}（持续 2min 锚固）
	曲线配筋时	0→σ_{con}（持荷 2min）→0（上述程序可反复几次）→初应力→σ_{con}（持续 2min 锚固）

注：1. σ_{con} 为张拉时的控制应力值，包括预应力损失值；

2. 梁的竖向预应力筋可一次张拉到控制应力，持荷 5min 锚固。

F. 张拉过程中预应力筋断丝、滑丝、断筋的数量不得超过表 2-25 的规定。

表 2-25　后张法预应力筋断丝、滑丝、断筋控制值

预应力筋种类	项　目	控制值
钢丝束、钢绞线束	每束钢丝断丝、滑丝	1 根
	每束钢绞线断丝、滑丝	1 丝
	每个断面断丝之和不超过该断面钢丝总数的	1%
钢筋	断筋	不允许

注：1. 钢绞丝断丝系指单根钢绞线内钢丝的断丝；
　　2. 超过表列控制数量时，原则上应更换。当不能更换时，在条件许可下，可采取补救措施，如提高其他钢丝束控制应力值，应满足设计上各阶段极限状态的要求。

④ 张拉控制应力达到稳定后方可锚固，预应力筋锚固后的外露长度不宜小于 30mm，锚具应采用封端混凝土保护，当需较长时间外露时，应采取防锈蚀措施。锚固完毕经检验合格后，方可切割端头多余的预应力筋，严禁使用电弧焊切割。

⑤ 预应力筋张拉后，应及时进行孔道压浆，对多跨连续有连接器的预应力筋孔道，应张拉完一段灌注一段。孔道压浆宜采用水泥浆，水泥浆的强度应符合设计要求；设计无规定时不得低于 30MPa。

⑥ 压浆后应从检查孔抽查压浆的密实情况，如有不实，应及时处理，压浆作业，每一工作班应留取不少于 3 组砂浆试块，标准养护 28d，以其抗压强度作为水泥浆质量的评定依据。

⑦ 压浆过程中及压浆后 48h 内，结构混凝土的温度不得低于 5℃，否则应采取保温措施。当白天气温高于 35℃ 时，压浆宜在夜间进行。

⑧ 埋设在结构内的锚具，压浆后应及时浇筑封锚混凝

土。封锚混凝土的强度等级应符合设计要求,不宜低于结构混凝土强度等级的80%,且不得低于30MPa。

⑨ 孔道内的水泥浆强度达到设计规定后方可吊移预制构件;设计未规定时,不应低于砂浆设计强度的75%。

2.4.3 质量验收

1. 主控项目

(1) 混凝土质量检验应符合本章2.3.3的有关规定。

(2) 预应力筋进场检验应符合《城市桥梁工程施工与质量验收规范》(CJJ 2—2008) 第8.1.2条的规定。

检查数量:按进场的批次抽样检验。

检验方法:检查产品合格证、出厂检验报告和进场试验报告。

(3) 预应力筋用锚具、夹具和连接器进场检验应符合《城市桥梁工程施工与质量验收规范》(CJJ 2—2008) 第8.1.3条的规定。

检查数量:按进场的批次抽样检验。

检验方法:检查产品合格证、出厂检验报告和进场试验报告。

(4) 预应力筋的品种、规格、数量必须符合设计要求。

检查数量:全数检查。

检验方法:观察或用钢尺量、检查施工记录。

(5) 预应力筋拉张和放张时,混凝土强度必须符合设计规定;设计无规定时,不得低于设计强度的75%。

检查数量:全数检查。

检验方法:检查同条件养护试件试验报告。

(6) 预应力筋张拉允许偏差应分别符合表2-26~表2-28的规定。

表 2-26　钢丝、钢绞线先张法允许偏差

项目		允许偏差（mm）	检验频率	检验方法
镦头钢丝同束长度相对差	束长>20m	$L/5000$，且不大于 5	每批抽查 2 束	用钢尺量
	束长 6～20m	$L/3000$，且不大于 4		
	束长<6m	2		
张拉应力值		符合设计要求	全数	查张拉记录
张位伸长率		±6%		
断丝数		不超过总数的 1%		

注：L 为束长（mm）。

表 2-27　钢筋先张法允许偏差

项　目	允许偏差（mm）	检验频率	检验方法
接头在同一平面内的轴线偏位	2，且不大于 1/10 直径	抽查 30%	用钢尺量
中心偏位	4% 短边，且不大于 5		
张拉应力值	符合设计要求	全数	查张拉记录
张位伸长率	±6%		

表 2-28　钢筋后张法允许偏差

项　目		允许偏差（mm）	检验频率	检验方法
管道坐标	梁长方向	30	抽查 30%，每根查 10 个点	用钢尺量
	梁高方向	10		
管道间距	同排	10	抽查 30%，每根查 5 个点	用钢尺量
	上下排	10		

续表

项　目		允许偏差（mm）	检验频率	检验方法
张拉应力值		符合设计要求	全数	查张拉记录
张位伸长率		±6%		
断丝滑丝数	钢束	每束一丝，且每断面不超过钢丝总数的1%		
	钢筋	不允许		

（7）孔道压浆的水泥浆强度必须符合设计规定，压浆时排气孔、排水孔应有水泥浓浆溢出。

检查数量：全数检查。

检验方法：观察、检查压浆记录和水泥浆试件强度试验报告。

（8）锚具的封闭保护应符合本节 2.4.2.3 第 5 条的规定。

检查数量：全数检查。

检验方法：观察、用钢尺量、检查施工记录。

2. 一般项目

（1）预应力筋使用前应进行外观质量检查，不得有弯折，表面不得有裂纹、毛刺、机械损伤、氧化铁锈、油污等。

检查数量：全数检查。

检验方法：观察。

（2）预应力筋用锚具、夹具和连接器使用前应进行外观质量检查，表面不得有裂纹、机械损伤、锈蚀、油污等。

检查数量：全数检查。

检验方法：观察。

（3）预应力混凝土用金属螺旋管使用前应按国家现行标准《预应力混凝土用金属波纹管》（JG 225—2007）的规定进行检验。

检查数量：按进场的批次抽样复验。

检验方法：检查产品合格证、出厂检验报告和进场复验报告。

（4）锚固阶段张拉预应力筋的内缩量，应符合本节2.4.2.3 第 3 条的规定。

检查数量：每工作日抽查预应力筋总数的3%，且不少于3束。

检验方法：用钢尺量、检查施工记录。

2.4.4 安全要点

（1）操作千斤顶和测量伸长值的人员，要严格遵守操作规程，应站在千斤顶侧面操作。油泵开运过程中，不得擅自离开岗位，如需离开，必须把油阀门全部松开或切断电路。

（2）在进行预应力张拉时，任何人员不得站在预应力筋的两端，同时在千斤顶的后面应设立防护装置。

（3）张拉时应认真做到孔道、锚环与千斤顶三对中，以便保证张拉工作顺利进行。

（4）钢丝、钢绞线、热处理钢筋及冷拉Ⅳ级钢筋，严禁采用电弧切割。

（5）采用锥锚式千斤顶张拉钢丝束时，应先使千斤顶张拉缸进油，至压力表略有起动时暂停，检查每根钢丝的松紧进行调整，然后再打紧楔块。

2.5 砌 体

2.5.1 施工要点

（1）在地下水位以下或处于潮湿土壤中的石砌体应采用水泥砂浆砌筑。当遇有侵蚀性水时，水泥种类应按设计规范选择。

（2）在已砌筑的砌体上继续砌筑时，应将已砌筑的砌体表面清扫干净和湿润。

（3）砌体勾缝前应封堵脚手架眼，剔凿瞎缝和窄缝，清除砌体表面粘结的砂浆，灰尘和杂物等，并将砌体表面洒水湿润。

（4）块石砌体勾缝应保持砌筑的自然缝，勾凸缝时，灰缝应整齐，拐弯圆滑流畅，宽度一致，不出毛刺，不得空鼓脱落。

（5）砌体在砌筑和勾缝砂浆初凝后，应立即覆盖洒水，湿润养护7～14d，养护期间不得碰撞、振动或承重。

（6）砌块应干净，无冰雪附着。砂中不得有冰块或冻结团块。遇水浸泡后受冻的砌块不得使用。

（7）砂浆应随拌随用，每次拌和量宜在0.5h内用完。已冻结的砂浆不得使用。

2.5.2 质量要点

2.5.2.1 浆砌石

（1）采用分段砌筑时，相邻段的高差不宜超过1.2m，工作缝位置宜在伸缩缝或沉降缝处。同一砌体当天连续砌筑高度不宜超过1.2m。

（2）浆砌片石施工还应符合下列规定：

① 砌体下部宜选用较大的片石，转角及外缘处应选用较大且方正的片石。

② 砌筑时宜以2～3层片石组成一个砌筑层，每个砌筑层的水平缝应大致找平，竖缝应错开。灰缝宽度不宜大于4cm。

③ 片石应采取坐浆法砌筑，自外边开始。片石应大小搭配、相互错叠、咬接密实，较大的缝隙中应填塞小石块。

④ 砌片石墙必须设置拉结石，拉结石应均匀分布，相互错开，每$0.7m^2$墙面至少应设置一块。

(3) 浆砌块石施工还应符合下列规定：

① 用作镶面的块石，外露面四周应加以修凿，其修凿进深不得小于7cm。镶面丁石的长度不得短于顺石宽度的1.5倍。

② 每层块石的高度应尽量一致，每砌筑0.7～1.0m应找平一次。

③ 砌筑镶面石时，上下层立缝错开的距离应大于8cm。

④ 砌筑填心石时，灰缝应错开。水平灰缝宽度不得大于3cm；垂直灰缝宽度不得大于4cm。较大缝隙中应填塞小块石。

(4) 浆砌料石施工还应符合下列规定：

① 每层镶面石均应先按规定灰缝宽及错缝要求配好石料，再用坐浆法顺序砌筑，并应随砌随填塞立缝。

② 一层镶面石砌筑完毕，方可砌填心石，其高度应与镶面石平，当采用水泥混凝土填心，镶面石可先砌2～3层后再浇筑混凝土。

③ 每层镶面石均应采用一丁一顺砌法，宽度应均匀。相邻两层立缝错开距离不得小于10cm；在丁石的上层和下层不得有立缝；所有立缝均应垂直。

2.5.2.2 **砌体勾缝及养护**

(1) 砌筑时应及时把砌体表面的灰缝砂浆向内剔除

2cm，砌筑完成1～2日内应采用水泥砂浆勾缝。如设计规定不勾缝，则应随砌随将灰缝砂浆刮平。

（2）砌体勾缝形式、砂浆强度等级应符合设计要求。设计无规定时，块石砌体宜采用凸缝或平缝；细料石及粗料石砌体应采用凹缝。勾缝砂浆强度等级不得低于M10。

（3）砌石勾缝宽度应保持均匀，片石勾缝宽宜为3～4cm；块石勾缝宽宜为2～3cm；料石、混凝土预制块勾缝宽宜为1～1.5cm。

（4）料石砌体勾缝应横平竖直、深浅一致，十字缝衔接平顺，不得有瞎缝、丢缝和粘结不牢等现象，勾缝深度应较墙面凹进5mm。

2.5.2.3 冬期施工

（1）当工地昼夜平均气温连续5d低于5℃或最低气温低于-3℃时，应确定砌体进入冬期施工。

（2）砂浆强度未达到设计强度的70%，不得使其受冻。

（3）砂浆宜采用普通硅酸盐水泥，水温不得超过80℃，当使用60℃以上的热水时，宜先将水和砂稍加搅拌后再加水泥，水泥不得加热。

（4）砂浆宜在暖棚内机械拌制，搅拌时间不得小于2min，砂浆的稠度宜较常温适当增大，以4～6cm为宜。

（5）施工中应根据施工方法、环境气温，通过热加工计算确定砂浆砌筑温度。石料、混凝土砌块表面与砂浆的温差不宜大于20℃。

（6）掺加外加剂砌筑承重砌体时，砂浆强度等级应较常温施工提高一级。

（7）在暖棚内砌筑时，应符合下列规定：

① 砂浆的温度不得低于15℃，砌块的温度应在5℃以

上，棚内地面处温度不得低于5℃。

② 砌体保温时间以砂浆达到其抗冻强度的时间为准。

③ 应洒水养护，保持砌体湿润。

(8) 采用抗冻砂浆砌筑时，应符合下列规定：

① 抗冻砂浆宜优先选用硅酸盐水泥或普通硅酸盐水泥和细度模数较大的砂。

② 抗冻砂浆的温度不得低于5℃。

③ 用抗冻砂浆砌筑的砌体，应在砌筑后加以保温覆盖，不得浇水。

④ 抗冻砂浆的抗冻剂掺量可通过试验确定。

⑤ 桥梁支座垫石不宜采用抗冻砂浆。

2.5.3 质量验收

1. 主控项目

(1) 石材的技术性能和混凝土砌块的强度等级应符合设计要求。

同产地石材至少抽取一组试件进行抗压强度试验（每组试件不少于6个）；在潮湿和浸水地区使用的石材，应各增加一组抗冻性能指标和软化系数试验的试件。混凝土砌块抗压强度试验，应符合本章2.3.3的规定。

检查数量：全数检查。

检验方法：检查试验报告。

(2) 砌浆砂浆应符合下列规定：

① 砂、水泥、水和外加剂的质量检验应符合本章2.3.3的规定。

② 砂浆的强度等级必须符合设计要求。

每个构筑物、同类型、同强度等级每 $100m^3$ 砌体为一批，不足 $100m^3$ 的按一批计，每批取样不得少于一次。砂浆强度试件应在砂浆搅拌机出料口随机抽取,同一盘砂浆制作1组试件。

检查数量:全数检查。

检验方法:检查试验报告。

(3)砂浆的饱满度应达到80%以上。

检查数量:每一砌筑段、每步脚手架高度抽查不少于5处。

检验方法:观察。

2. 一般项目

(1)砌体必须分层砌筑,灰缝均匀,缝宽符合要求,咬槎紧密,严禁通缝。

检查数量:全数检查。

检验方法:观察。

(2)预埋件、泄水孔、滤层、防水设施、沉降缝等应符合设计规定。

检查数量:全数检查。

检验方法:观察、用钢尺量。

(3)砌体砌缝宽度、位置应符合表2-29的规定。

表2-29 砌体砌缝宽度、位置

项目		允许值(mm)	检验频率		检验方法
			范围	点数	
表面砌缝宽度	浆砌片石	≤40	每个构筑物、每个砌筑面或两条伸缩缝之间为一检验批	10	用钢尺量
	浆砌块石	≤30			
	浆砌料石	15~20			
三块石料相接处的空隙		≤70			
两层间竖向错缝		≥80			

（4）勾缝应坚固、无脱落，交接处应平顺，宽度、深度应均匀，灰缝颜色应一致，砌体表面应洁净。

检查数量：全数检查。

检查方法：观察。

2.5.4 安全要点

（1）砌筑高度达 1.2m 时应支搭作业平台，在作业平台上码放材料应均匀，不得超载；搭设与拆除脚手架应符合脚手架相关安全技术交底；作业平台的脚手板必须铺满、铺稳；作业平台临边必须设防护栏杆；上下作业平台必须设安全梯、斜道等攀登设施；使用前应经检查、验收，确认合格并形成文件；使用中应随时检查，确认安全。

（2）施工中，作业人员不得在砌体上行走、站立，砌体的内外圈、上下层砌块应咬合紧密、竖缝错开。

（3）砌筑材料应随砌随运，作业平台上应分散码放材料，严禁超过规定荷载。

（4）分段砌筑时，相邻段的高差不宜超过 1.2m；同一砌体当天连续砌筑高度不得超过 1.2m。

（5）不得在砌完的砌体上加工石料或用重锤锤击石料，搬卸石料时不得撞击砌体和石料。

（6）砌体应分层砌筑，各层石块应安放稳固，石块间的砂浆应饱满，粘结牢固，石块不得直接粘靠或留有空隙。砌筑过程中，不得在砌体上用大锤修凿石块。

2.6 基 础

2.6.1 扩大基础

2.6.1.1 施工要点

（1）基础位于旱地上，且无地下水时，基坑顶面应设置防止地面水流入基坑的设施。基坑顶有动荷载时，坑顶边与动荷载间应留有不小于1m宽的护道。遇不良的工程地质与水文地质时，应对相应部位采取加固措施。

（2）当采用集水井排水时，集水井宜设在河流的上游方向。排水设备的能力宜大于总渗水量的1.5～2.0倍。遇粉细砂土质应采取防止泥砂流失的措施。

（3）井点降水应符合下列规定：

①井点降水适用于粉、细砂和地下水位较高、有承压水、挖基较深、坑壁不易稳定的土质基坑。在无砂的黏质土中不宜使用。

②井管可根据土质分别用射水、冲击、旋转及水压钻机成孔。降水曲线应深入基底设计标高以下0.5m。

③施工中应做好地面、周边建（构）筑物沉降及坑壁稳定的观测，必要时应采取防护措施。

2.6.1.2 质量要点

（1）当基础位于河、湖、浅滩中采用围堰进行施工时，施工前应对围堰进行施工设计，并应符合下列规定：

① 围堰顶宜高出施工期间可能出现的最高水位（包括浪高）0.5～0.7m。

② 围堰应减少对现状河道通航、导流的影响。对河流断面被围堰压缩而引起的冲刷，应有防护措施。

③ 围堰应便于施工、维护及拆除。围堰材质不得对现况河道水质产生污染。

④ 围堰应严密，不得渗漏。

（2）基坑内地基承载力必须满足设计要求。基坑开挖完成后，应会同设计、勘探单位实地验槽，确认地基承载力满足设计要求。

(3)当地基承载力不满足设计要求或出现超挖、被水浸泡现象时,应按设计要求处理,并在施工前结合现场情况,编织专项地基处理方案。

(4)回填土方应符合下列规定:

① 填土应分层填筑并压实。

② 基坑在道路范围时,其回填技术要求应符合国家现行标准《城镇道路工程施工与质量验收规范》(CJJ 1—2008)的有关规定。

③ 当回填涉及管线时,管线四周的填土压实度应符合相关管线的技术规定。

2.6.1.3 质量验收

(1)基础施工涉及的模板与支架、钢筋、混凝土、预应力混凝土、砌体质量检验应符合本章 2.1.3、2.2.3、2.3.3、2.4.3、2.5.3 的规定。

(2)一般项目:基坑开挖允许偏差应符合表 2-30 的规定。

表 2-30 基坑开挖允许偏差

项目		允许偏差(mm)	检验频率		检验方法
			范围	点数	
基底高程	土方	0 −20	每座基坑	5	用水准仪测量四角和中心
	石方	+50 −200		5	
轴线偏位		50		4	用经纬仪测量,纵横各2点
基坑尺寸		不小于设计规定		4	用钢尺量每边各1点

(3) 地基检验应符合下列要求：

主控项目：

① 地基承载力应按本节 2.6.1.2 第 2 条的规定进行检验，确认符合设计要求。

检查数量：全数检查。

检验方法：检查地基承载力报告。

② 地基处理应符合专项处理方案要求，处理后的地基必须满足设计要求。

检查数量：全数检查。

检验方法：观察、检查施工记录。

(4) 回填土方应符合下列要求：

① 主控项目。

当年筑路和管线上填方的压实度标准应符合表 2-31 的要求。

表 2-31 当年筑路和管线上填方的压实度标准

项目	压实度	检验频率		检验方法
		范围	点数	
填土上当年筑路	符合国家现行标准《城镇道路工程施工与质量验收规范》（CJJ 1—2008）的有关规定	每个基坑	每层 4 点	用环刀法或灌砂法
管线填土	符合现行有关管线施工标准的规定	每条管线	每层 1 点	

② 一般项目。

A. 除当年筑路和管线上回填土方以外，填方压实度不应小于87%（轻型击实）。检查频率与检验方法同表2-31第1项。

B. 填料应符合设计要求，不得含有影响填筑质量的杂物。基坑填筑应分层回填、分层夯实。

检查数量：全数检查。

检验方法：观察、检查回填压实度报告和施工记录。

（5）一般项目：现浇混凝土基础的质量检验应符合本节2.6.1.3第1条的规定，且应符合下列要求：

① 现浇混凝土基础允许偏差应符合表2-32的要求。

表2-32　现浇混凝土基础允许偏差

项目		允许偏差（mm）	检验频率		检验方法
			范围	点数	
断面尺寸	长、宽	±20	每座基础	4	用钢尺量，长、宽各2点
顶面高程		±10		4	用水准仪测量
基础厚度		+10　0		4	用钢尺量，长、宽向各2点
轴线偏位		15		4	用经纬仪测量，纵、横各2点

② 基础表面不得有孔洞、露筋。

检查数量：全数检查。

检验方法：观察。

（6）一般项目：砌体基础的质量检验应符合本节2.6.1.3第1条的规定，砌体基础允许偏差应符合表2-33的要求。

表 2-33 砌体基础允许偏差

项目		允许偏差（mm）	检验频率		检验方法
			范围	点数	
顶面高程		±25	每座基础	4	用水准仪测量
基础厚度	片石	+30 0		4	用钢尺量，长、宽各 2 点
	料石、砌块	+15 0			
轴线偏位		15		4	用经纬仪测量，纵、横各 2 点

2.6.1.4 安全要点

（1）当基坑受场地限制不能按规定放坡或土质松软、含水量较大基坑坡度不易保持时，应对坑壁采取支护措施。

（2）开挖基坑应符合下列规定：

① 基坑宜安排在枯水或少雨季节开挖。

② 坑壁必须稳定。

③ 基底应避免超挖，严禁受水浸泡或受冻。

④ 当基坑及其周围有地下管线时，必须在开挖前探明现况。对施工损坏的管线，必须及时处理。

⑤ 槽边堆土时，堆土坡脚距基坑顶边线的距离不得小于 1m，堆土高度不得大于 1.5m。

⑥ 基坑挖至标高后应及时进行基础施工，不得长期暴露。

2.6.2 灌注桩

2.6.2.1 施工要点

（1）钻孔施工准备工作应符合下列规定：

① 钻孔场地应符合下列要求；

A. 在旱地上，应清除杂物，平整场地；遇软土应进行处理。

B. 在浅水中，宜用筑岛法施工。

C. 在深水中，宜搭设平台。如水流平稳，钻机可设在船上，船必须锚固稳定。

② 制浆池、储蓄池、沉淀池，宜设在桥的下游，也可设在船上或平台上。

③ 钻孔前应埋设护筒。护筒可用钢或混凝土制作，应坚实、不漏水。当使用旋转钻时，护筒内径应比钻头直径大 20cm；使用冲击钻机时，护筒内径应大 40cm。

④ 护筒顶面宜高出施工水位或地下水位 2m，并宜高出施工地面 0.3m。其高度还应满足孔内泥浆面高度的要求。

⑤ 护筒埋设应符合下列要求：

A. 在岸滩上的埋设深度：黏性土、粉土不得小于 1m；砂性土不得小于 2m。当表面土层松软时，护筒应埋入密实土层中 0.5m 以下。

B. 水中筑岛，护筒应埋入河床面以下 1m 左右。

C. 在水中平台上沉入护筒，可根据施工最高水位、流速、冲刷及地质条件等因素确定沉入深度，必要时应沉入不透水层。

D. 护筒埋设允许偏差：顶面中心偏位宜为 5cm，护筒斜度宜为 1%。

⑥ 在砂类土、碎石土或黏土砂土夹层中钻孔应用泥浆护壁。

⑦ 泥浆宜选用优质黏土、膨润土或符合环保要求的材料制备。

（2）钻孔施工应符合下列规定：

① 钻孔时,孔内水位宜高出护筒底脚 0.5m 以上或地下水位以上 1.5~2m。

② 钻孔时,起落钻头速度应均匀,不得过猛或骤然变速。孔内出土,不得堆积在钻孔周围。

③ 钻孔应一次成孔,不得中途停顿。钻孔达到设计深度后,应对孔位、孔径、孔深和孔形等进行检查。

④ 钻孔中出现异常情况,应进行处理,并应符合下列要求:

A. 坍孔不严重时,可加大泥浆相对密度继续钻进,严重时必须回填重钻。

B. 出现流沙现象时,应增大泥浆相对密度,提高孔内压力或用黏土、大泥块、泥砖投下。

C. 钻孔偏斜、弯曲不严重时,可重新调整钻机在原位反复扫孔,钻孔正直后继续钻进。发生严重偏斜、弯曲、梅花孔、探头石时,应回填重钻。

D. 出现缩孔时,可提高孔内泥浆量或加大泥浆相对密度,采用上下反复扫孔的方法,恢复孔径。

E. 冲击钻孔发生卡钻时,不宜强提,应采用措施,使钻头松动后再提起。

(3) 清孔应符合下列规定:

① 钻孔至设计标高后,应对孔径、孔深进行检查,确认合格后即进行清孔。

② 清孔时,必须保持孔内水头,防止坍孔。

③ 清孔后应对泥浆试样进行性能指示试验。

④ 清孔后的沉渣厚度应符合设计要求。设计未规定时,摩擦桩的沉渣厚度不应大于 300mm,端承桩的沉渣厚度不应大于 100mm。

（4）吊装钢筋笼应符合下列规定：

① 钢筋笼宜整体吊装入孔，需分段入孔时，上下两段应保持顺直。接头应符合本章2.2节的有关规定。

② 应在骨架外侧设置控制保护层厚度的垫块，其间距竖向宜为2m，径向圆周不得少于4处，钢筋笼入孔后，应牢固定位。

③ 在骨架上应设置吊环。为防止骨架起吊变形，可采取临时加固措施，入孔时拆除。

④ 钢筋笼吊放入孔应对中、慢放，防止碰撞孔壁；下放时，应随时观察孔内水位的变化，发现异常应立即停放，检查原因。

2.6.2.2 质量要点

（1）灌注水下混凝土之前，应再次检查孔内泥浆性能指标和孔底沉渣厚度，如超过规定，应进行第二次清孔，符合要求后方可灌注水下混凝土。

（2）水下混凝土的原材料及配合比除应满足《城市桥梁工程施工与质量验收规范》（CJJ 2—2008）第7.2、7.3节的要求以外，还应符合下列规定：

① 水泥的初凝时间，不宜小于2.5h。

② 粗骨料优先选用卵石，如果采用碎石宜增加混凝土配合比的含砂率。粗骨料的最大粒径不得大于导管内径的1/6~1/8和钢筋最小净距的1/4，同时不得大于40mm。

③ 细骨料宜采用中砂。

④ 混凝土配合比的含砂率宜采用0.4~0.5，水胶比宜采用0.5~0.6。经试验，可掺入部分粉煤灰（水泥与掺和料总量不宜小于350kg/m^3，水泥用量不得小于300kg/m^3）。

⑤ 水下混凝土拌和物应具有足够的流动性和良好的和

易性。

⑥ 灌注时坍落度宜为 180～220mm。

⑦ 混凝土的配制强度应比设计强度提高 10%～20%。

(3) 浇筑水下混凝土的导管应符合下列规定：

① 导管内壁应光滑圆顺，直径宜为 20～30cm，节长宜为 2m。

② 导管不得漏水，使用前应试拼、试压，试压的压力宜为孔底静水压力的 1.5 倍。

③ 导管轴线偏差不宜超过孔深的 0.5%，且不宜大于 10cm。

④ 导管采用法兰盘接头宜加锥形活套；采用螺旋丝扣型接头时必须有防止松脱装置。

(4) 水下混凝土施工应符合下列要求：

① 在灌注水下混凝土前，宜向孔底射水（或射风）翻动沉淀物 3～5min。

② 混凝土应连续灌注，中途停顿时间不宜大于 30min。

③ 在灌注过程中，导管的埋置深度宜控制为 2～6m。

④ 灌注混凝土应采用防止钢筋骨架上浮的措施。

⑤ 灌注的桩顶标高应比设计高出 0.5～1m。

⑥ 使用全护筒灌注水下混凝土时，护筒底端应埋于混凝土内不小于 1.5m，随导管提升逐步上拔护筒。

(5) 灌注水下混凝土过程中，发生断桩时，应会同设计、监理根据断桩情况研究处理措施。

2.6.2.3 质量验收

1. 主控项目

(1) 成孔达到设计深度后，必须核实地质情况，确认符合设计要求。

检查数量：全数检查。

检验方法：观察、检查施工记录。

（2）孔径、孔深应符合设计要求。

检查数量：全数检查。

检验方法：观察、检查施工记录。

（3）混凝土抗压强度应符合设计要求。

检查数量：每根桩在浇筑地点制作混凝土试件不得少于2组。

检验方法：检查试验报告。

（4）桩身不得出现断桩、缩径。

检查数量：全数检查。

检验方法：检查桩基无损检测报告。

2．一般项目

（1）钢筋笼制作和安装质量检验应符合本节2.6.1.3第1条的规定，且钢筋笼底端高程偏差不得大于±50mm。

检查数量：全数检查。

检验方法：用水准仪测量。

（2）混凝土灌注桩允许偏差应符合表2-34的规定。

表2-34 混凝土灌注桩允许偏差

项目		允许偏差（mm）	检验频率		检验方法
			范围	点数	
桩位	群桩	100		1	用全站仪检查
	排架桩	50		1	
沉渣厚度	摩擦桩	符合设计要求	每根桩	1	沉淀盒或标准测锤，查灌注前记录
	支承桩	不大于设计要求		1	

161

续表

项目		允许偏差（mm）	检验频率		检验方法
			范围	点数	
垂直度	钻孔桩	≤1%桩长，且不大于500	每根桩	1	用测壁仪或钻杆垂线和钢尺量
	挖孔桩	≤0.5%桩长，且不大于200		1	用垂线和钢尺量

注：此表适用于钻孔和挖孔。

2.6.2.4 安全要点

（1）在特殊条件下需人工挖孔时，应根据设计文件、水文地质条件、现场状况，编织专项施工方案。其护壁结构应经计算确定。施工中应采取防坠落、坍塌、缺氧和有毒、有害气体中毒的措施。

（2）泥浆池周围必须设有防护设施，高度≥1.2m。成孔后，暂时不进行下道工序的孔必须设有安全防护设施，并有专人看守。

（3）配电箱以及其他供电设备不得置于水中或者泥浆中，电线接头要牢固，并且要绝缘，输电线路必须设有漏电开关。

（4）导管安装及混凝土浇筑前，井口必须设有导管卡，搭设工作平台（留出导管位置），并且要求能保证人员的安全。

（5）操作人员要遵守桩机钻孔的安全操作规程，严禁违章作业。

2.6.3 沉井

2.6.3.1 施工要点

就地制作沉井应符合下列规定:

(1) 在旱地制作沉井应将原地面平整、夯实;在浅水中或可能被淹没的旱地、浅滩应筑岛制作沉井;在地下水位很低的地区制作沉井,可先开挖基坑至地下水位以上适当高度(一般为1~1.5m)再制作沉井。

(2) 制作沉井处的地面承载力应符合设计要求。当不能满足承载力要求时,应采取加固措施。

(3) 筑岛制作沉井时,应符合下列要求:

① 筑岛标高应高于施工期间河水的最高水位为0.5~0.7m,当有冰流时,应适当加高。

② 筑岛的平面尺寸,应满足沉井制作及抽垫等施工要求。无围堰筑岛时,应在沉井周围设置不少于2m的护道,临水面坡度宜为1:1.75~1:3。有围堰筑岛时,沉井外缘距围堰的距离应满足公式(2-1),且不得小于1.5m;当不能满足时,应考虑沉井重力对围堰产生的侧压力。

$$b \geqslant H \tan(45° - \varphi/2) \qquad (2-1)$$

式中 b——沉井外缘距围堰的距离(m);

H——筑岛高度(m);

φ——筑岛用土含水饱和时的摩擦角。

③ 筑岛材料应以透水性好、易于压实和开挖的无大块颗粒的砂土或碎石土。

④ 筑岛应考虑水流冲刷对岛体稳定性的影响,并采取加固措施。

⑤ 在斜坡上或在靠近堤防两侧筑岛时,应采取防止滑移的措施。

（4）刃脚部位采用土内模时，宜用黏性土填筑，土模表面应铺 20～30mm 的水泥砂浆，砂浆层表面应涂隔离剂。

（5）沉井分节制作的高度，应根据下沉系数、下沉稳定性，经验算确定。底节沉井的最小高度，应满足拆除支垫或挖除土体时的竖向挠曲强度要求。

（6）混凝土强度达到 25% 时可拆除侧模，混凝土强度达到 75% 时方可拆除刃脚模板。

（7）底节沉井抽垫时，混凝土强度应满足设计文件规定的抽垫要求。抽垫程序应符合设计规定，抽垫后应立即用砂性土回填、捣实。抽垫时应防止沉井偏斜。

2.6.3.2 质量要点

（1）沉井下沉应符合下列规定：

① 在掺水量小，土质稳定的地层中宜采用排水下沉。有涌水翻砂的地层，不宜采用排水下沉。

② 下沉困难时，可采用高压射水、降低井内水位、压重等措施下沉。

③ 沉井应连续下沉，尽量减少中途停顿时间。

④ 下沉时，应自中间向刃脚处均匀对称除土。支承位置处的土，应在最后同时挖除。应控制各井室间的土面高差，并防止内隔墙底部受到土层的顶托。

⑤ 沉井下沉中，应随时调整倾斜和位移。

⑥ 弃土不得靠近沉井，避免对沉井引起偏压。在水中下沉时，应检查河床因冲、淤引起的土面高差，必要时可采用外弃土调整。

⑦ 在不稳定的土层或沙土中下沉时，应保持井内外水位一定的高差，防止翻沙。

⑧ 纠正沉井倾斜和位移应先摸清情况、分析原因,然后采取相应措施,如有障碍物应先排除再纠偏。

(2) 沉井接高应符合下列规定:

① 沉井接高前应调平。接高时应停止除土作业。

② 接高时,井顶露出水面不得小于 150cm,露出地面不得小于 50cm。

③ 接高时应均匀加载,可在刃脚下回填或支垫,防止沉井在接高加载时突然下沉或倾斜。

④ 接高时应清理混凝土界面,并用水湿润。

⑤ 接高后的各节沉井中轴线应一致。

(3) 沉井下沉至设计高程后应清理、平整基底,经检验符合设计要求后,应及时封底。

(4) 水下封底施工应符合本节 2.6.2.2 的有关规定,并应符合下列规定:

① 采用数根导管同时浇筑时,导管数量和位置宜符合表 2-35 的规定。

表 2-35 导管作用范围

导管内径 (mm)	导管作用半径 (m)	导管下口要求埋入深度 (m)
250	1.1 左右	2.0 以上
300	1.3~2.2	
300~500	2.2~4.0	

② 导管底端埋入封底混凝土的深度不宜小于 0.8m。

③ 混凝土顶面的流动坡度宜控制在 1:5 以下。

④ 在封底混凝土上抽水时，混凝土强度不得小于10MPa，硬化时间不得小于3d。

(5) 浮式沉井施工应符合下列规定：

① 沉井制作应符合下列要求：

A. 沉井的底节应做水压试验，其他各节应经水密试验，合格后方可入水。

B. 沉井的气筒应接受压容器的有关规定，经检验合格后方可使用。

C. 沉井的临时性井底，除应做水密试验，确认合格外，还应满足在水下拆除方便的要求。

② 沉井在浮运前，应对所经水域和沉井位置处河床进行探查，确认水域无障碍物，沉井位置的河床平整；应掌握水文、气象及航运等情况；应检查拖运、定位、导向、锚碇等设施状况，确认合格。

③ 浮式沉井底节入水后的初定位置，宜设在墩位上游适当位置。

④ 浮式沉井在悬浮状态下接高应符合下列要求：

A. 沉井悬浮于水中应随时验算沉井的稳定性。

B. 接高时，必须均匀对称地加载，沉井顶面宜高出水面1.5m以上。

C. 应随时测量墩位处河床冲刷情况，必要时应采取防护措施。

D. 带气筒的浮式沉井，气筒应加以保护。

E. 带临时性井底的浮式沉井及双壁浮式沉井，应控制各灌水隔舱间的水头差不得超过设计要求。

⑤ 浮式沉井着床定位应符合下列要求：

A. 着床宜安排在枯水时期、低潮水位和流速平稳时进行。

B. 着床前应对锚碇设备进行检查和调整，确保沉井着床位置准确。

C. 着床前应探明墩位处河床情况，确认符合设计要求。

D. 着床位置，应根据河床高差、冲淤情况、地层及沉井入土下沉深度等因素研究确定，宜向河床较高位置偏移适当尺寸。

E. 沉井着床后，应尽快下沉，使沉井保持稳定。

2.6.3.3　质量验收

（1）沉井制作质量检验应符合本节 2.6.1.3 第 1 条的规定，且应符合下列要求：

①主控项目。

A. 钢壳沉井的钢材及其焊接质量应符合设计要求和相关标准规定。

检查数量：全数检查。

检验方法：检查钢材出厂合格证、检验报告、复验报告和焊接检验报告。

B. 钢壳沉井气筒必须按受压容器的有关规定制造，并经水压（不得低于工作压力的 1.5 倍）试验合格后方可投入使用。

检查数量：全数检查。

检验方法：检查制作记录、检查试验报告。

② 一般项目。

A. 混凝土沉井制作允许偏差应符合表 2-36 的规定。

B. 混凝土沉井壁表面应无孔洞、露筋、蜂窝、麻面和宽度超过 0.15mm 的收缩裂缝。

表 2-36 混凝土沉井制作允许偏差

项目		允许偏差（mm）	检验频率		检验方法
			范围	点数	
沉井尺寸	长、宽	±0.5%边长，大于24m时±120	每座	2	用钢尺量长、宽各1点
	半径	±0.5%半径，大于12m时±60		4	用钢尺量，每侧1点
对角线长度差		1%理论值，且不大于80		2	用钢尺量，圆井量两个直径
井壁厚度	混凝土	+40 −30		4	用钢尺量，每侧1点
	钢壳和钢筋混凝土	±15			
平整度		8		4	用2m直尺、塞尺量，每侧各1点

检查数量：全数检查。

检验方法：观察。

(2) 沉井浮运应符合下列要求：

主控项目：

① 预制浮式沉井在下水、浮运前，应进行水密试验，合格后方可下水。

检查数量：全数检查。

检验方法：检查试验报告。

② 钢壳沉井底节应进行水压试验，其余各节应进行水密检查，合格后方可下水。

检查数量：全数检查。

检验方法：检查试验报告。

（3）沉井下沉应符合下列要求：

① 主控项目。

就地浇筑沉井首节下沉应在井壁混凝土达到设计强度后进行，其上各节达到设计强度的75%后方可下沉。

检查数量：全数检查。

检验方法：每节沉井下沉前检查同条件养护试件试验报告。

② 一般项目。

A. 就地制作沉井下沉就位允许偏差应符合表2-37的规定。

表2-37 就地制作沉井下沉就位允许偏差

项目	允许偏差（mm）	检验频率		检验方法
		范围	点数	
底面、顶面中心位置	$H/50$	每座	4	用经纬仪测量纵横向各2点
垂直度	$H/50$		4	用经纬仪测量
平面扭角	1°		2	经纬仪检验纵、横轴线交点

注：H为沉井高度（mm）。

B. 浮式沉井下沉就位允许偏差应符合表2-38的规定。

C. 下沉后内壁不得渗漏。

检查数量：全数检查。

检验方法：观察。

（4）清基后基底地质条件检验应符合本节2.6.1.3第3

条的规定。

表 2-38　浮式沉井下沉就位允许偏差

项目	允许偏差（mm）	检验频率范围	检验频率点数	检验方法
底面、顶面中心位置	$H/50+250$	每座	4	用经纬仪测量纵横向各2点
垂直度	$H/50$	每座	4	用经纬仪测量
平面扭角	$2°$	每座	2	经纬仪检验纵、横轴线交点

注：H 为沉井高度（mm）。

（5）封底填充混凝土应符合本节 2.6.1.3 第 1 条的规定，且应符合下列要求：

一般项目：

① 沉井在软土中沉至设计高程并清基后，待 8h 内累计下沉小于 10 mm 时，方可封底。

检查数量：全数检查。

检验方法：水准仪测量。

② 沉井应在封底混凝土强度达到设计要求后方可进行抽水填充。

检查数量：全数检查。

检验方法：抽水前检查同条件养护试件强度试验报告。

2.6.3.4　安全要点

（1）施工现场应划定作业区，应设栏杆并设安全标志，非工作人员不得入内。

（2）施工场地应平整、坚实、无障碍物，能满足施工机具的作业要求。

（3）沉井下沉前，应对其附近的堤防、建（构）筑物采取有效的防护措施，并应在下沉过程中加强观测。

（4）在河、湖中的沉井施工前，应调查洪汛、凌汛、河床冲刷、通航及漂流物等情况，制定防汛及相应的安全措施。

（5）沉井下沉，采用人工挖掘时，劳动组织要合理，井内人员不宜过多。在刃脚处挖掘，应对称均匀掘进，并保持沉井均匀下沉。

（6）沉井的制作高度不宜使重心离地太高，以不超过沉井短边或直径的长度为宜。

（7）拆除沉井垫板应在沉井混凝土达到设计强度后进行。抽拔垫板时，应有专人统一指挥，分区、分层、同步、对称进行。

（8）用吊斗出土时，斗梁与吊钩应封绑牢固，并应经常检查斗梁、斗门等磨损情况，损伤部位应更换或加固。吊斗升降时，井顶指挥人员应通知井下人员暂时避开。

2.6.4 承台

2.6.4.1 施工要点

（1）承台施工前应检查基桩位置，确认符合设计要求，如偏差超过检验标准，应会同设计、监理工程师制定措施并实施后，方可施工。

（2）承台混凝土宜连续浇筑成型。分层浇筑时，接缝应按施工缝处理。

（3）水中高桩承台采用套箱法施工时，套箱应架设在可靠的支承上，并具有足够的强度、刚度和稳定性。套箱顶面高程应高于施工期间的最高水位。套箱应拼装严密，不漏水。套箱底板与基桩之间缝隙应堵严。套箱下沉就位后，应及时浇筑水下混凝土封底。

2.6.4.2 质量要点

(1) 在基坑无水情况下浇筑钢筋混凝土承台,如设计无要求,基底应浇筑10cm厚混凝土垫层。

(2) 在基坑有渗水情况下浇筑钢筋混凝土承台,应有排水措施,基坑不得积水。如设计无要求,基底可铺10cm厚碎石,并浇筑5~10cm厚混凝土垫层。

2.6.4.3 质量验收

现浇混凝土承台质量检验,应符合本节2.6.1.3第1条的规定,且应符合下列规定:

一般项目:

(1) 混凝土承台允许偏差应符合表2-39的规定。

表2-39 混凝土承台允许偏差

项目		允许偏差（mm）	检验频率		检验方法
			范围	点数	
断面尺寸	长、宽	+20	每座	4	用钢尺量,长、宽各2点
承台厚度		0 +10		4	用钢尺量
顶面高程		±10		4	用水准仪测量四角
轴线偏位		15		4	用经纬仪测量,纵、横各2点
预埋件位置		10	每件	2	经纬仪放线,用钢尺量

(2) 承台表面应无孔洞、露筋、缺棱掉角、蜂窝、麻面和宽度超过0.15mm的收缩裂缝。

检查数量:全数检查。

检验方法：观察、用读数放大镜观测。

2.6.4.4　安全要点

（1）在承台施工中，必须制定安全操作规则和安全检查制度，严格执行，随时检查，并有必要的安全保护设施。凡从事电工、电焊工等特种作业的人员，必须接受特种作业安全培训，通过考试合格持证才能上岗操作，以避免发生各类事故。

（2）应设置承台基坑临边防护，并保证夜间施工有充足的照明。

（3）承台混凝土应在无水条件下浇筑，可根据地质、地下水位和水深条件因地制宜地采用排或防水措施。

2.7　墩　　台

2.7.1　现浇混凝土墩台、盖梁

2.7.1.1　施工要点

（1）钢管混凝土墩台柱应采用补偿收缩混凝土，一次连续浇筑完成。钢管的焊制与防腐应符合本章 2.10 节的有关规定。

（2）盖梁为悬臂梁时，混凝土浇筑应从悬臂端开始；预应力钢筋混凝土盖梁拆除底模时间应符合设计要求；如设计无规定，预应力孔道压浆强度应达到设计强度后，方可拆除底模板。

（3）在交通繁华路段施工盖梁宜采用整体组装模板、快装组合支架。

2.7.1.2　质量要点

（1）重力式混凝土墩台施工应符合下列规定：

① 墩台混凝土浇筑前应对基础混凝土顶面做凿毛处理，清除锚筋污锈。

② 墩台混凝土宜水平分层浇筑，每次浇筑高度宜为1.5～2m。

③ 墩台混凝土分块浇筑时，接缝应与墩台截面尺寸较小的一边平行，邻层分块接缝应错开，接缝宜做成企口形。分块数量，墩台水平截面积在200m²内不得超过2块；在300m²以内不得超过3块。每块面积不得小于50m²。

（2）柱式墩台施工应符合下列规定：

① 模板、支架除应满足强度、刚度外，稳定计算中应考虑风力影响。

② 墩台柱与承台基础接触面应凿毛处理，清楚钢筋污锈。浇筑墩台柱混凝土时，应铺同配合比的水泥砂浆一层。墩台柱的混凝土宜一次连续浇筑完成。

③ 柱身高度内有系梁连接时，系梁应与柱间同步浇筑。V形墩柱混凝土应对称浇筑。

④ 采用预制混凝土管做柱身外模时，预制管安装应符合下列要求：

A. 基础面宜采用凹槽接头，凹槽深度不得小于5cm。

B. 上下管节安装就位后，应采用四根竖方木对称设置在管柱四周并绑扎牢固，防止撞击错位。

C. 混凝土管柱外模应设斜撑，保证浇筑时的稳定。

D. 管接口应采用水泥砂浆密封。

2.7.1.3　质量验收

（1）墩台施工涉及的模板与支架、钢筋、混凝土、预应力混凝土、砌体质量检验应符合本章2.1.3、2.2.3、2.3.3、2.4.3、2.5.3的规定。

(2) 现浇混凝土墩台质量检验应符合本节 2.7.1.3 第 1 条的规定,且应符合下列规定:

① 主控项目。

A. 钢管混凝土柱的钢管制作质量检验应符合《城市桥梁工程施工与质量验收规范》(CJJ 2—2008)第 10.7.3 条第 2 款的规定。

B. 混凝土与钢管应紧密结合,无空隙。

检查数量:全数检查。

检验方法:手锤敲击检查或检查超声波检测报告。

② 一般项目。

A. 现浇混凝土墩台允许偏差应符合表 2-40 的规定。

表 2-40 现浇混凝土墩台允许偏差

项目		允许偏差(mm)	检验频率		检验方法
			范围	点数	
墩台身尺寸	长	+15 0	每个墩台或每个节段	2	用钢尺量
	厚	±10 −8		4	用钢尺量,每侧上、下各1点
顶面高程		±10		4	用水准仪测量
轴线偏位		10		4	用经纬仪测量,纵、横各2点
墙面垂直度		≤0.25%H,且不大于25		2	用经纬仪测量或垂线和钢尺量
墙面平整度		8		4	用2m直尺、塞尺量
节段间错台		5		4	用钢尺和塞尺量

续表

项目	允许偏差 (mm)	检验频率		检验方法
		范围	点数	
预埋件位置	5	每件	4	经纬仪放线，用钢尺量

注：H 为墩台高度（mm）。

B. 现浇混凝土柱允许偏差应符合表 2-41 的规定。

表 2-41 现浇混凝土柱允许偏差

项目		允许偏差 (mm)	检验频率		检验方法
			范围	点数	
断面尺寸	长、宽（直径）	±5	每根柱	2	用钢尺量，长、宽各1点，圆柱量2点
顶面高程		±10		1	用水准仪测量
垂直度		≤0.2%H，且不大于15		2	用经纬仪测量或垂线和钢尺量
轴线偏位		8		2	用经纬仪测量
平整度		5		2	用2m直尺、塞尺量
节段间错台		3		4	用钢板尺和塞尺量

注：H 为柱高（mm）。

C. 现浇混凝土挡墙允许偏差应符合表 2-42 的规定。

表 2-42 现浇混凝土挡墙允许偏差

项目		允许偏差 (mm)	检验频率		检验方法
			范围	点数	
墙身尺寸	长	±5	每10m墙长度	3	用钢尺量
	厚	±5		3	用钢尺量

续表

项目	允许偏差（mm）	检验频率		检验方法
		范围	点数	
顶面高程	±5	每10m墙长度	3	用水准仪测量
垂直度	≤0.15%H，且不大于10		3	用经纬仪测量或垂线和钢尺量
轴线偏位	10		1	用经纬仪测量
直顺度	10		1	用10m小线、钢尺量
平整度	8		3	用2m直尺、塞尺量

注：H 为挡墙高度（mm）。

D. 混凝土表面应无孔洞、露筋、蜂窝、麻面。

检查数量：全数检查。

检验方法：观察。

(3) 现浇混凝土盖梁质量检验应符合本节 2.7.1.3 第 1 条的规定，且应符合下列规定：

① 主控项目。

现浇混凝土盖梁不得出现超过设计规定的受力裂缝。

检查数量：全数检查。

检验方法：观察。

② 一般项目。

A. 现浇混凝土盖梁允许偏差应符合表 2-43 的规定。

B. 盖梁表面应无孔洞、露筋、蜂窝、麻面。

检查数量：全数检查。

检验方法：观察。

表 2-43 现浇混凝土盖梁允许偏差

项目		允许偏差（mm）	检验频率		检验方法
			范围	点数	
盖梁尺寸	长	+20 -10	每个盖梁	2	用钢尺量，两侧各1点
	宽	+10 0		3	用钢尺量，两端及中间各1点
	高	±5			
盖梁轴线偏位		8		4	用经纬仪测量，纵横各2点
盖梁顶面高程		0 -5		3	用水准仪测量，两端及中间各1点
平整度		5		2	用2m直尺、塞尺量
支座垫石预留位置		10	每个	4	用钢尺量，纵横各2点
预埋件位置	高程	±2	每件	1	用水准仪测量
	轴线	5		1	经纬仪放线，用钢尺量

2.7.1.4 安全要点

（1）浇筑前检查立柱模板加强肋是否牢固。

（2）立柱模板加强肋的槽钢是否与相邻加强肋和模板焊接成一个整体，形成一个整体受力框架，连接处焊缝饱满、牢固。在使用过程中，在模板拼装前，施工人员必须认真检查各焊接部位，检查是否有脱焊现象，模板是否有变形。如有，必须进行补焊和整修，不能修复的模板禁止使用。

（3）模板连接螺栓、螺帽、对拉螺杆必须紧固到位。

（4）模板连接螺栓、对拉螺杆要选用优质材料，螺母、扣件板都要加厚或采用叠加螺母和扣件板方式，保证受力点能承受较大的承压力。各种螺杆、螺母要检查螺纹质量，如有损坏和脱丝,必须进行更换。

(5) 模板的拼装要保证模板间连接紧凑,各连接件紧固到位,并要求每个设计的连接点连接螺栓必须保证全部进行连接,不能漏空眼、漏连接。

(6) 模板安装要进行定位固定。立柱模板风缆的作用是仅对模板起一个定位和校准作用。在模板安装时要保证模板定位的准确,保证模板安装的竖直,要防止风缆绳承受倾斜的模板拉力和承受模板和混凝土以外的倾斜压力,如输送泵管道不能着力在模板上,应另搭设承重支架。模板的风缆索要避开吊车的作业范围,要避开混凝土运输车辆的通行工作位置,防止吊装混凝土时对风缆索的碰撞。

2.7.2 重力式砌体墩台

2.7.2.1 施工要点

(1) 墩台砌筑前,应清理基础,保持洁净,并测量放线,设置线杆。

(2) 砌筑墩台镶面石应从曲线部分或角部开始。

2.7.2.2 质量要点

(1) 墩台砌体应采用坐浆法分层砌筑,竖缝均应错开,不得贯通。

(2) 桥墩分水体镶面石的抗压强度不得低于设计要求。

(3) 砌筑的石料和混凝土预制块应清洗干净,保持湿润。

2.7.2.3 质量验收

一般项目:墩台砌体质量检验应符合本节 2.7.1.3 第 1 条的规定,砌筑墩台允许偏差应符合表 2-44 的规定。

表 2-44 砌筑墩台允许偏差

项目		允许偏差（mm）		检验频率		检验方法
		浆砌块石	浆砌料石、砌块	范围	点数	
墩台尺寸	长	+20 -10	+10 0	每个墩台身	3	用钢尺量3个断面
	厚	±10	+10 0		3	用钢尺量3个断面
顶面高程		±15	±10		4	用水准仪测量
轴线偏位		15	10		4	用经纬仪测量，纵、横各2点
墙面垂直度		≤0.5%H,且不大于20	≤0.3%H,且不大于15		4	用经纬仪测量或垂线和钢尺量
墙面平整度		30	10		4	用2m直尺、塞尺量
水平缝平直		—	10		4	用10m小线、钢尺量
墙面坡度		符合设计要求	符合设计要求		4	用坡度板量

注：H 为墩台高度（mm）。

2.7.2.4 安全要点

（1）夜间施工应有足够的照明。便携式照明应采用 36V（含）以下的安全电压，固定照明灯具距平台不得低于 2.5m。

（2）作业前必须检查工具，锤头必须安装牢固，作业时应戴防护目镜、护腿、鞋盖等防护用品。

（3）不准在砌体顶上做画线、刮缝及清扫墙面或检查大角垂直等工作。严禁在砌体顶上行走，砌筑作业面下方不得有人。

（4）不准在砌体顶或脚手架上修改石材，以免振动墙体而影响质量或石片掉落伤人，石块不得往下掷。

（5）如遇雨天及每天下班时，要做好防雨措施，以防雨水冲走砂浆，致使砌体倒塌。

2.7.3 台背填土

2.7.3.1 施工要点

（1）台背填土不得使用含杂质、腐殖物或冻土块的土类。宜采用透水性土。

（2）台背、锥坡应同时回填，并应按设计宽度一次填齐。

（3）轻型桥台台背填土应待盖板和支撑梁安装完成后，两台对称均匀进行。

（4）刚构应两端对称均匀回填。

（5）柱式桥台台背填土宜在柱侧对称均匀地进行。

2.7.3.2 质量要点

（1）台背填土宜与路基填土同时进行，宜采用机械碾压。台背0.8~1m范围内宜回填砂石、半刚性材料，并采用小型压实设备或人工夯实。

（2）拱桥台背填土应在主拱施工前完成；拱桥台背填土长度应符合设计要求。

（3）回填土均应分层夯实，填土压实度应符合国家现行标准《城镇道路工程施工与质量验收规范》（CJJ 1—2008）

的有关规定。

2.7.3.3 质量验收

台背填土质量检验应符合国家现行标准《城镇道路工程施工与质量验收规范》（CJJ 1—2008）的有关规定，且应符合下列规定：

（1）主控项目。

① 台身、挡墙混凝土强度达到设计强度的75%以上时，方可回填土。

检查数量：全数检查。

检验方法：观察、检查同条件养护试件试验报告。

② 拱桥台背填土应在承受拱圈水平推力前完成。

检查数量：全数检查。

检验方法：观察。

（2）一般项目。台背填土的长度，台身顶面处不应小于桥台高度加2m，底面不应小于2m；拱桥台背填土长度不应小于台高的3～4倍。

检查数量：全数检查。

检验方法：观察、用钢尺量、检查施工记录。

2.7.3.4 安全要点

（1）台背回填视野小，必须派专人指挥车辆；停车时禁止停放在坡道上。

（2）采用机械碾压时，注意不要撞上人或物，停靠在安全处。

（3）结构物强度达到设计强度的75%方可填筑，应同时在结构物两侧及基本相同的标高上进行，特别要防止对结构物形成单侧施压。当回填顶面宽度小于0.5m时，无法采用小型压实机具夯实的情况下，可选用无砂大孔混凝土回填或者满槽浆砌片石。

（4）回填时应对原地表进行处理，积水应清理干净，基底承载力应满足设计要求，达不到设计要求时须进行换填处理。

（5）台背回填完成前加强安全防护措施，防止人员坠入坑内造成人员伤亡。

2.8 支　　座

2.8.1　施工要点

（1）当实际支座安装温度与设计要求不同时，应通过计算设置支座顺桥方向的预偏量。

（2）支座安装平面位置和顶面高程必须正确，不得偏斜、脱空、不均匀受力。

（3）支座滑动面上的聚四氟乙烯滑板和不锈钢板位置应正确，不得有划痕、碰伤。

（4）墩台帽、盖梁上的支座垫石和挡块宜二次浇筑，确保其高程和位置的准确，垫石混凝土的强度必须符合设计要求。

2.8.2　质量要点

2.8.2.1　板式橡胶支座

（1）支座安装前应将垫石顶面清理干净，采用干硬性水泥砂浆抹平，顶面标高应符合设计要求。

（2）梁板安放时应位置准确，且与支座密贴。如就位不准或与支座不密贴时，必须重新起吊，采取垫钢板等措施，并应使支座位置控制在允许偏差内。不得用撬棍移动梁、板。

2.8.2.2　盆式橡胶支座

（1）当支座上、下座板与梁底和墩台顶采用螺栓连接时，螺栓预留孔尺寸应符合设计要求，安装前应清理干净，采用环氧砂浆灌注；当采用电焊连接时，预埋钢垫板应锚固可靠、位置准确。墩顶预埋钢板下的混凝土宜分2次浇筑，且一端灌入，另端排气，预埋钢板不得出现空鼓。焊接时应采取防止烧坏混凝土的措施。

（2）现浇梁底部预埋钢板或滑板应根据浇筑时气温、预应力筋张拉、混凝土收缩和徐变对梁长的影响设置相对于设计支承中心的预偏值。

（3）活动支座安装前应采用丙酮或酒精液体清洗其各相对滑移面，擦净后在聚四氟乙烯板顶面满注硅脂。重新组装时应保持精度。

（4）支座安装后，支座与墩台顶钢垫板间应密贴。

2.8.2.3　球形支座

（1）支座出厂时，应由生产厂家将支座调平，并拧紧连接螺栓，防止运输安装过程中发生转动和倾覆。支座可根据设计需要预设转角和位移，但需在厂内装配时调整好。

（2）支座安装前应开箱检查配件清单、检验报告、支座产品合格证及支座安装养护细则。施工单位开箱后不得拆卸、转动连接螺栓。

（3）当下支座板与墩台采用螺栓连接时，应先用钢楔块将下支座板四角调平，高程、位置应符合设计要求，用环氧砂浆灌注地脚螺栓孔及支座底面垫层。环氧砂浆硬化后，方可拆除四角钢楔，并用环氧砂浆填满楔块位置。

（4）当下支座板与墩台采用焊接连接时，应采用对称、间断焊接方法将下支座板与墩台上预埋钢板焊接。焊接时应采取防止烧伤支座和混凝土的措施。

（5）当梁体安装完毕，或现浇混凝土梁体达到设计强度后，在梁体预应力张拉之前，应拆除上、下支座板连接板。

2.8.3 质量验收

1. 主控项目

（1）支座应进行进场检验。

检查数量：全数检查。

检验方法：检查合格证、出厂性能试验报告。

（2）支座安装前，应检查跨距、支座栓孔位置和支座垫石顶面高程、平整度、坡度、坡向，确认符合设计要求。

检查数量：全数检查。

检验方法：用经纬仪和水准仪与钢尺量测。

（3）支座与梁底及垫石之间必须密贴，间隙不得大于0.3mm。垫层材料和强度应符合设计要求。

检查数量：全数检查

检验方法：观察或用塞尺检查、检查垫层材料产品合格证。

（4）支座锚栓的埋置深度和外露长度应符合设计要求。支座锚栓应在其位置调整准确后固结，锚栓与孔之间隙必须填捣密实。

检查数量：全数检查。

检验方法：观察。

（5）支座的粘结灌浆和润滑材料应符合设计要求。

检查数量：全数检查。

检验方法：检查粘结灌浆材料的配合比通知单、检查润滑材料的产品合格证、进场验收记录。

2. 一般项目

支座安装允许偏差应符合表 2-45 的规定。

表 2-45　支座安装允许偏差

项目	允许偏差（mm）	检验频率		检验方法
		范围	点数	
支座高程	±5	每个支座	1	用水准仪测量
支座偏位	3		2	用经纬仪、钢尺量

2.8.4　安全要点

（1）在支座安装前，应检查支座连接状况是否正常，但不得任意松动上、下支座连接螺栓。

（2）凿毛支座就位部位的支承垫石表面，清除预留锚栓孔中的杂物，安装灌浆用模板，并用水将支承垫石表面浸湿，灌浆用模板可采用预制钢模，底面设一层 4mm 厚橡胶防漏条，通过膨胀螺栓固定在支承垫石顶面。用钢楔块楔入支座四角，找平支座，并将支座底面调整到设计标高。

（3）在安装支座时，作业人员必须佩戴安全帽和安全带，而且安全带必须系在预埋在梁体上的湿接缝钢筋（钢筋要牢固结实）。

（4）作业人员下到盖梁上安装支座时，必须通过吊篮下吊至盖梁的位置。

（5）梁支点承压不均匀，支座出现脱空或过大压缩变形时应进行调整。

（6）支座各部应保持完整、清洁，及时清除支座周围的垃圾杂物，冬季清除积雪和冰块，保证支座正常工作。同时应经常清扫污水，排除墩、台帽积水，要防止橡胶支座接触油脂，对梁底及墩、台帽上的残存机油等应进行清洗。防止因橡胶老化、变质而失去作用。

2.9 混凝土梁（板）

2.9.1 支架上浇筑

2.9.1.1 施工要点

（1）支架底部应有良好的排水措施，不得被水浸泡。

（2）浇筑混凝土时应采取防止支架不均匀下沉的措施。

2.9.1.2 质量要点

（1）在固定支架上浇筑施工应符合下列规定：

① 支架的地基承载力应符合要求，必要时，应采取加强处理或其他措施。

② 应有简便可行的落架拆模措施。

③ 各种支架和模板安装后，宜采取预压方法消除拼装间隙和地基沉降等非弹性变形。

④ 安装支架时，应根据梁体和支架的弹性、非弹性变形，设置预拱度。

（2）在移动模架上浇筑时，模架长度必须满足分段施工要求，分段浇筑的工作缝，应设在零弯矩点或其附近。

2.9.1.3 质量验收

（1）混凝土梁（板）施工中涉及模板与支架、钢筋、混凝土、预应力混凝土的质量检验应符合本章 2.1.3、2.2.3、2.3.3、2.4.3 的有关规定。

（2）支架上浇筑梁（板）质量检验应符合本节 2.9.1.3 第 1 条的规定，且应符合下列规定：

① 主控项目。结构表面不得出现超过设计规定的受力裂缝。

检查数量：全数检查。

检验方法:观察或用读数放大镜观测。

② 一般项目。

a. 整体浇筑钢筋混凝土梁、板允许偏差应符合表 2-46 的规定。

表 2-46 整体浇筑钢筋混凝土梁、板允许偏差

检查项目		规定值或允许偏差(mm)	检查频率		检查方法
			范围	点数	
轴线偏位		10	每跨	3	用经纬仪测量
梁板顶面高程		±10		3~5	用水准仪测量
断面尺寸(mm)	高	+5 −10		1~3 个断面	用钢尺量
	宽	±30			
	顶、底、腹板厚	+10 0			
长度		+5 −10		2	用钢尺量
横坡(%)		±0.15		1~3	用水准仪测量
平整度		8		顺桥向每侧面每 10m 测 1 点	用 2m 直尺、塞尺量

b. 结构表面应无孔洞、露筋、蜂窝、麻面和宽度超过 0.15mm 的收缩裂缝。

检查数量:全数检查。

检验方法:观察、用读数放大镜观测。

2.9.1.4 安全要点

(1) 平台倒料口设活动栏杆时,倒料人员不得站在倒料口处将活动栏杆复位。

（2）浇筑混凝土时，应设模板工监护，发现模板和支架、支撑出现位移、变形和异常声响，必须立即停止浇筑，施工人员撤离危险区域。排险必须在施工负责人的指挥下进行。排险结束后必须确认安全，方可恢复施工。

（3）现场电气接线与拆卸必须由电工负责，并应符合相关安全技术交底的具体要求。混凝土浇筑过程中，应设电工值班。

（4）使用插入式振动器进入模板仓内振捣时，应对缆线加强保护，防止磨损漏电。照明必须使用12V电压。

2.9.2 悬臂浇筑

2.9.2.1 施工要点

（1）顶板底层横向钢筋宜采用通长筋。如挂篮下限位器、下锚带、斜拉杆等部位影响下一步操作需切断钢筋时，应待该工序完工后，将切断的钢筋连好再补孔。

（2）当梁段与桥墩设计为非刚性连接时，浇筑悬臂段混凝土前，应先将墩顶梁段与桥墩临时固结。

（3）桥墩两侧梁段悬臂施工应对称、平衡。平衡偏差不得大于设计要求。

（4）悬臂浇筑混凝土时，宜从悬臂前端开始，最后与前段混凝土连接。

2.9.2.2 质量要点

（1）挂篮组装后，应全面检查安装质量，并应按设计荷载做载重试验，以消除非弹性变形。

（2）墩顶梁段和附近梁段可采用托架或膺架为支架就地浇筑混凝土。托架、膺架应经过设计，计算其弹性及非弹性变形。

（3）连续梁（T构）的合龙、体系转换和支座反力调整

应符合下列规定:

① 合龙段的长度宜为 2m。

② 合龙前应观测气温变化与梁端高程及悬臂端间距的关系。

③ 合龙前应按设计规定,将两悬臂端合龙口予以临时连接,并将合龙跨一侧墩的临时锚固放松或改成活动支座。

④ 合龙前,在两端悬臂预加压重,并于浇筑混凝土过程中逐步撤除,以使悬臂端挠度保持稳定。

⑤ 合龙宜在一天中气温最低时进行。

⑥ 合龙段的混凝土强度宜提高一级,以尽早施加预应力。

⑦ 连续梁的梁跨体系转换,应在合龙段及全部纵向连续预应力筋张拉、压浆完成,并解除各墩临时固结后进行。

⑧ 梁跨体系转换时,支座反力的调整应以高程控制为主,反力作为校核。

2.9.2.3 质量验收

悬臂浇筑预应力混凝土梁质量检验应符合本节 2.9.1.3 第 1 条的规定,且应符合下列规定:

① 主控项目。

A. 悬臂浇筑必须对称进行,桥墩两侧平衡偏差不得大于设计规定,轴线挠度必须在设计规定范围内。

检查数量:全数检查。

检验方法:检查监控量测记录。

B. 梁体表面不得出现超过设计规定的受力裂缝。

检查数量:全数检查。

检验方法:观察或用读数放大镜观测。

C. 悬臂合龙时,两侧梁体的高差必须在设计允许范围内。

检查数量：全数检查。

检验方法：用水准仪测量、检查测量记录。

② 一般项目。

A. 悬臂浇筑预应力混凝土梁允许偏差应符合表2-47的规定。

表2-47 悬臂浇筑预应力混凝土梁允许偏差

检查项目		允许偏差（mm）	检验频率		检验方法
			范围	点数	
轴线偏位	$L \leqslant 100m$	10	节段	2	用全站仪/经纬仪测量
	$L > 100m$	$L/10000$			
顶面高程	$L \leqslant 100m$	±20	节段	2	用水准仪测量
	$L > 100m$	$±L/5000$			
	相邻节段高差	10		3～5	用钢尺量
断面尺寸	高	+5 −10	节段	1个断面	用钢尺量
	宽	±30			
	顶、底、腹板厚	+10 0			
合龙后同跨对称点高程差	$L \leqslant 100m$	20	每跨	5～7	用水准仪测量
	$L > 100m$	$L/5000$			
横坡（%）		±0.15	节段	1～2	用水准仪测量
平整度		8	检查竖直、水平两个方向，每侧面每10m梁长	1	用2m直尺、塞尺量

注：L 为桥梁跨度（mm）。

B. 梁体线形平顺，相邻梁段接缝处无明显折弯和错台，梁体表面无孔洞、露筋、蜂窝、麻面和宽度超过 0.15mm 的收缩裂缝。

检查数量：全数检查。

检验方法：观察、用读数放大镜观测。

2.9.2.4 安全要点

（1）挂篮结构主要设计参数应符合下列规定：

① 挂篮质量与梁段混凝土的质量比值宜控制为 0.3～0.5，特殊情况下不得超过 0.7。

② 允许最大变形（包括吊带变形的总和）为 20mm。

③ 施工、行走时的抗倾覆安全系数不得小于 2。

④ 自锚固系统的安全系数不得小于 2。

⑤ 斜拉水平限位系统和上水平限位安全系数不得小于 2。

（2）在梁段混凝土浇筑前，应对挂篮（托架或膺架）、模板、预应力筋管道、钢筋、预埋件、混凝土材料、配合比、机械设备、混凝土接缝处理情况进行全面检查，经签认后方准浇筑。

（3）连续梁悬臂浇筑施工时，要有保证梁体施工稳定的措施。

（4）桥墩两侧梁段悬臂施工进度应对称、平衡，实际不平衡偏差不得超过设计要求值。

（5）悬臂浇筑段前端底板和桥面的标高，应根据挂篮前端的垂直变形及预拱度设置，施工过程中要对实际高程进行监测，如与设计值有较大出入时，应会同有关部门查明原因进行调整。

（6）梁段混凝土达到要求的强度后，方可按规定进行预应力筋的张拉、压浆。

（7）梁段混凝土的拆模时间，应根据混凝土强度及施工安排确定。混凝土应尽量采用早强措施，使混凝土的强度及早达到预施应力的强度要求，缩短施工周期，加快施工进度。

2.9.3 装配式梁（板）施工

2.9.3.1 施工要点

（1）构件移运及堆放应符合下列规定：

① 构件运输和堆放时，梁式构件应竖立放置，并应采取斜撑等防止倾覆的措施；板式构件不得倒置。支撑位置应与吊点位置在同一竖直线上。

② 使用平板拖车或超长拖车运输大型构件时，车长应能满足支承间的距离要求，支点处应设活动转盘。运输道路应平整。

③ 堆放构件的场地应平整、坚实。

④ 构件应按吊运及安装次序顺序堆放。

⑤ 构件堆放时，应放置在垫木上，吊环向上，标志向外。混凝土养护期未满的，应继续洒水养护。

⑥ 水平分层堆放构件时，其堆放高度应按构件强度、地面承载力等条件确定。层与层之间应以垫木隔开，各层垫木的位置应在吊点处，上下层垫木必须在一条竖直线上。

⑦ 雨期和冰冻地区的春融期间，必须采取措施防止地面下沉，造成构件断裂。

（2）简支梁的架设应符合下列规定：

① 施工现场内运输通道应畅通，吊装场地应平整、坚实。在电力架空线路附近作业时，必须采取相应的安全技术

措施。风力 6 级（含）以上时，不得进行吊装作业。

② 起重机架梁应符合下列要求：

A. 起重机工作半径和高度的范围内不得有障碍物。

B. 严禁起重机斜拉斜吊，严禁轮胎起重机吊重物行驶。

C. 使用双机抬吊同一构件时，吊车臂杆应保持一定距离，必须设专人指挥。每一单机必须按降效 25% 作业。

③ 门式吊梁车架梁应符合下列要求：

A. 吊梁车吊重能力应大于 1/2 梁重，轮距应为主梁间距的 2 倍。

B. 导梁长度不得小于桥梁跨径的 2 倍另加 5~10m 引梁，导梁高度宜小于主梁高度，在墩顶设垫块使导梁顶面与主梁顶面保持水平。

C. 构件堆放场或预制场宜设在桥头引道上，桥头引道应填筑到主梁顶高，引道与主梁或导梁接头处应砌筑坚实平整。

D. 吊梁车起吊或落梁时应保持前后吊点升降速度一致，吊梁车负载时应慢速行驶，保持平稳，在导梁上行驶速度不宜大于 5m/min。

④ 跨墩龙门吊架梁应符合下列要求：

A. 跨墩龙门架应根据梁的质量、跨度、高度专门设计拼装。

B. 门架应跨越桥墩及运梁便线（或预制梁堆场），应高出桥墩顶面 4m 以上。

C. 跨墩龙门吊纵移时应空载，吊梁时门架应固定，安梁小车横移就位。

D. 运梁便线应设在桥墩一侧，跨过桥墩及便线沿桥两侧铺设龙门吊轨道；轨道基础应坚实、平整，枕木中心距50cm，铺设重轨，轨道应直顺，两侧龙门轨道应等高。

E. 龙门吊架梁时，应将两台龙门吊对准架梁位置，大梁运至门架下垂直起吊，小车横移至安装位置落梁就位。

F. 两台龙门吊抬梁起落速度、高度及横向移梁速度应保持一致，不得出现梁体倾斜、偏转和斜拉、斜吊现象。

⑤ 穿巷式架桥机架梁应符合下列要求：

A. 架桥机宜在桥头引道上拼装导梁及龙门架，经检验、试运转、试吊后推移进入架梁桥孔。

B. 架桥机悬臂推移时应平稳，后端加配重，其抗倾覆安全系数不得低于1.5。风荷载较大时应采取防止横向失稳的措施。

C. 架桥机就位后，前、中、后支腿及左右两根导梁应校平、支垫牢固。

D. 桥梁构件堆放场或预制场宜设在桥头引道上，沿引道运梁上桥，大梁运进两导梁间起重龙门下，两端同时吊起，两台龙门抬吊大梁沿导梁同步纵移到架梁桥孔，龙门固定，起重小车横移到架梁位置落梁就位。

E. 龙门架吊梁在导梁上纵移时，起重小车应停在龙门架跨中。纵移大梁时前后龙门吊应同步。起重小车吊梁时应垂直起落，不得斜拉。前后龙门吊上的起重小车抬梁横移速度应一致，保持大梁平稳不得受扭。

2.9.3.2 质量要点

（1）构件预制应符合下列规定：

① 场地应平整、坚实，并采取必要的排水措施。

② 预制台座应坚固、无沉陷，台座表面应光滑平整，在 2m 长度上平整度的允许偏差为 2mm。气温变化大时应设伸缩缝。

③ 模板应根据施工图设置起拱。预应力混凝土梁、板设置起拱时，应考虑梁体施加预应力后的上拱度，预设起拱应折减或不设，必要时可设反拱。

④ 采用平卧重叠法浇筑构件混凝土时，下层构件顶面应设隔离层。上层构件须待下层构件混凝土强度达到 5MPa 后方可浇筑。

（2）构件吊运时混凝土的强度不得低于设计强度的 75%，后张预应力构件孔道压浆强度应符合设计要求或不低于设计强度的 75%。

2.9.3.3 质量验收

预制安装梁（板）质量检验应符合本节 2.9.1.3 第 1 条的规定，且应符合下列规定：

① 主控项目。

A. 结构表面不得出现超过设计规定的受力裂缝。

检查数量：全数检查。

检验方法：观察或用读数放大镜观测。

B. 安装时，结构强度及预应力孔道砂浆强度必须符合设计要求。设计未要求时，必须达到设计强度的 75%。

检查数量：全数检查。

检验方法：检查试件强度试验报告。

② 一般项目。

A. 预制梁、板允许偏差应符合表 2-48 的规定。

表 2-48 预制梁、板允许偏差

项目		允许偏差（mm）		检验频率		检验方法
		梁	板	范围	点数	
断面尺寸	宽	0 -10	0 -10	每个构件	5	用钢尺量，端部、L/4 处和中间各 1 点
	高	±5	—		5	
	顶、底、腹板厚	+5	+5		5	
长度		0 -10	0 -10		4	用钢尺量，两侧上、下各 1 点
侧向弯曲		L/1000 且不大于 10	L/1000 且不大于 10		2	沿构件全长拉线，用钢尺量，左右各 1 点
对角线长度差		15	15		1	用钢尺量
平整度		8			2	用 2m 直尺、塞尺量

注：L 为构件长度（mm）。

B. 梁、板安装允许偏差应符合表 2-49 的规定。

表 2-49 梁、板安装允许偏差

项目		允许偏差（mm）	检验频率		检验方法
			范围	点数	
平面位置	顺桥纵轴线方向	10	每个构件	1	用经纬仪测量
	垂直桥纵轴线方向	5		1	
焊接横隔梁相对位置		10	每处	1	用钢尺量
湿接横隔梁相对位置		20	每个构件	1	
伸缩缝宽度		+10 -5		1	
支座板	每块位置	5		2	用钢尺量，纵、横各 1 点
	每块边缘高差	1		2	

续表

项目	允许偏差(mm)	检验频率 范围	检验频率 点数	检验方法
焊缝长度	不小于设计要求	每处	1	抽查焊缝的10%
相邻两构件支点处顶面高差	10	每个构件	2	用钢尺量
块体拼装立缝宽度	+10 −5	每个构件	1	用钢尺量
垂直度	1.2‰	每孔2片梁	2	用垂线和钢尺量

C.混凝土表面应无孔洞、露筋、蜂窝、麻面和宽度超过0.15mm的收缩裂缝。

检查数量：全数检查。

检验方法：观察、读数放大镜观测。

2.9.3.4 安全要点

（1）构件吊点的位置应符合设计要求，设计无要求时，应经计算确定。构件的吊环应竖直。吊绳与起吊构件的交角小于60°时应设置吊梁。

（2）构件移运、停放的支承位置应与吊点位置一致，并应支承稳固。在顶起构件时应随时置好保险垛。

（3）吊移板式构件时，不得吊错板梁的上、下面，防止折断。

（4）每根大梁就位后，应及时设置保险垛或支撑，将梁固定并用钢板与已安装好的大梁预埋横向连接钢板焊接，防止倾倒。

2.10 钢　　梁

2.10.1　施工要点

（1）钢梁现场安装应做充分的准备工作，并应符合下列规定：

① 安装前应对临时支架、支承、吊车等临时结构和钢梁结构本身在不同受力状态下的强度、刚度、和稳定性进行验算。

② 安装前应按构件明细表核对进场的杆件和零件，查验产品出厂合格证、钢材质量证明书。

③ 对杆件进行全面质量检查，对装运过程中产生缺陷和变形的杆件，应进行矫正。

④安装前应对桥台、墩顶面高程、中线及各孔跨径进行复测，误差在允许偏差内方可安装。

⑤ 安装前应根据跨径大小、河流情况、起吊能力选择安装方法。

（2）现场涂装应符合下列规定：

① 防腐涂料应有良好的附着性、耐蚀性，其底漆应具有良好的封孔性能。钢梁表面处理的最低等级应为 Sa2.5。

② 上翼缘板顶面和剪刀连接器均不得涂装，在安装前应进行除锈、防腐蚀处理。

③ 涂装前应先进行除锈处理。首层底漆于除锈后 4h 内开始，8h 内完成。涂装时的环境温度和相对湿度应符合涂料说明书的规定，当产品说明书无规定时，环境温度宜在 5~38℃，相对湿度不得大于 85%；当相对湿度大于 75%时应在 4h 内涂完。

④ 涂料、涂装层数和涂层厚度应符合设计要求；涂层干漆膜总厚度应符合设计要求。当规定层数达不到最小干漆膜总厚度时，应增加涂层层数。

⑤ 涂装应在天气晴朗、4级（不含）以下风力时进行，夏季避免阳光直射。涂装时构件表面不应有结露，涂装后4h内应采取防护措施。

(3) 落梁就位应符合下列规定：

① 钢梁就位前应清理支座垫石，其标高及平面位置应符合设计要求。

② 固定支座与活动支座的精确位置应按设计图并考虑安装温度、施工误差等确定。

③ 落梁前后应检查其建筑拱度和平面尺寸、校正支座位置。

④ 连续梁落梁步骤应符合设计要求。

2.10.2 质量要点

(1) 钢梁应由具有相应资质的企业制造，并应符合国家现行标准《辐射型货物和（或）车辆检查系统》（GB/T 19211—2015）的有关规定。

(2) 钢梁出厂前必须进行试装，并应按设计和有关规范的要求验收。

(3) 钢梁出厂前，安装企业应对钢梁质量和应交付的文件进行验收，确认合格。

(4) 钢梁制造企业应向安装企业提供下列文件：

① 产品合格证；

② 钢材和其他材料质量证明书和检验报告；

③ 施工图，拼装简图；

④ 工厂高强度螺栓摩擦面抗滑移系数试验报告；

⑤ 焊缝无损检验报告和焊缝重大修补记录；

⑥ 产品试板的试验报告；

⑦ 工厂试拼装记录；

⑧ 杆件发运和包装清单。

（5）钢梁安装应符合下列规定：

① 钢梁安装前应清除杆件上的附着物，摩擦面应保持干燥、清洁。安装中应采取措施防止杆件产生变形。

② 在满布支架上安装钢梁时，冲钉和粗制螺栓总数不得少于孔眼总数的 1/3，其中冲钉不得多于 2/3。孔眼较少的部位，冲钉和粗制螺栓不得少于 6 个或将全部孔眼插入冲钉和粗制螺栓。

③ 用悬臂和半悬臂法安装钢梁时，连接处所需冲钉数量应按所承受荷载计算确定，且不得少于孔眼总数的 1/2，其余孔眼布置精制螺栓。冲钉和精制螺栓应均匀安放。

④ 高强度螺栓栓合梁安装时，冲钉数量应符合上述规定，其余孔眼布置高强度螺栓。

⑤ 安装用的冲钉直径宜小于设计孔径 0.3mm，冲钉圆柱部分的长度应大于板束厚度；安装用的精制螺栓直径宜小于设计孔径 0.4mm；安装用的粗制螺栓直径小于设计孔径 1.0mm。冲钉和螺栓宜选用 Q345 碳素结构钢制造。

⑥ 吊装杆件时，必须等杆件完全固定后方可摘除吊钩。

⑦ 安装过程中，每完成一个节间应测量其位置、高程和预拱度，不符合要求应及时校正。

（6）高强度螺栓连接应符合下列规定：

① 安装前应复验出厂所附摩擦面试件的抗滑移系数，合格后方可进行安装。

② 高强度螺栓连接副使用前应进行外观检查并应在同

批内配套使用。

③ 使用前,高强度螺栓连接副应按出厂批号复验扭矩系数,其平均值和标准偏差应符合设计要求。设计无要求时扭矩系数平均值应为 0.11～0.15,其标准偏差应小于或等于 0.01。

④ 高强度螺栓应顺畅穿入孔内,不得强行敲入,穿入方向应全桥一致。被栓合的板束表面应垂直于螺栓轴线,否则应在螺栓垫圈下面加斜坡垫板。

⑤ 施拧高强度螺栓时,不得采用冲击拧紧、间断拧紧方法。拧紧后的节点板与钢梁间不得有间隙。

⑥ 当采用扭矩法施拧高强度螺栓时,初拧、复拧和终拧应在同一工作班内完成。初拧扭矩应由试验确定,可取终拧值的 50%。扭矩法的终拧扭矩值应按下式计算:

$$T_c = K \cdot P_c \cdot d \tag{2-2}$$

式中 T_c——终拧扭矩(kN·mm);

K——高强度螺栓连接副的扭矩系数平均值;

P_c——高强度螺栓的施工预拉力(kN);

d——高强度螺栓公称直径(mm)。

⑦ 当采用扭角法施拧高强度螺栓时,可按国家现行标准《铁路钢桥高强度螺栓连接施工规定》(TBJ 214—1992)的有关规定执行。

⑧ 施拧高强度螺栓连接副采用的扭矩扳手,应定期进行标定,作业前应进行校正,其扭矩误差不得大于使用扭矩值的 ±5%。

(7) 高强度螺栓终拧完毕必须当班检查。每栓群应抽查总数的 5%,且不得少于 2 套。抽查合格率不得小于 80%,否则应继续抽查,直至合格率达到 80% 以上。对螺栓拧紧度不足者应补拧，对超拧者应更换、重新施拧并检查。

（8）焊缝连接应符合下列规定：

① 首次焊接之前必须进行焊接工艺评定试验。

② 焊工和无损检测员必须经考试合格取得资格证书后，方可从事资格证书中认定范围内的工作，焊工停焊时间超过6个月，应重新考核。

③ 焊接环境温度，低合金钢不得低于5℃，普通碳素结构钢不得低于0℃，焊接环境湿度不宜高于80%。

④ 焊接前应进行焊缝除锈，并应在除锈后24h内进行焊接。

⑤ 焊接前，对厚度25mm以上的低合金钢预热温度宜为80～120℃，预热范围宜为焊缝两侧50～80mm。

⑥ 多层焊接宜连续施焊，并应控制层间温度。每一层焊缝焊完后应及时清除药皮、熔渣、溢流和其他缺陷后，再焊下一层。

⑦ 钢梁杆件现场焊缝连接应按设计要求的顺序进行。设计无要求时，纵向应从跨中向两端进行，横向应从中线向两侧对称进行。

⑧ 现场焊接应设防风设施，遮盖全部焊接处。雨天不得焊接，箱形梁内进行CO_2气体保护焊时，必须使用通风防护设施。

（9）焊接完毕，所有焊缝必须进行外观检查。外观检查合格后应在24h后按规定进行无损检验，确认合格。

（10）焊缝外观质量应符合表2-50的规定。

（11）采用超声波探伤检验时，其内部质量分级应符合表2-51的规定。焊缝超声波探伤范围和检验等级应符合表2-52的规定。

表 2-50　焊缝外观质量标准

项目	焊缝种类	质量标准（mm）
气孔	横向对接焊缝	不允许
	纵向对接焊缝、主要角焊缝	直径小于 1.0，每米不多于 2 个，间距不小于 20
	其他焊缝	直径小于 1.5，每米不多于 3 个，间距不小于 20
咬边	受拉杆件横向对接焊缝及竖加劲肋角焊缝（腹板侧受拉区）	不允许
	受压杆件横向对接焊缝及竖加劲肋角焊缝（腹板侧受压区）	≤0.3
	纵向对接焊缝及主要角焊缝	≤0.5
	其他焊缝	≤1.0
焊脚余高	主要角焊缝	+2.0 / 0
	其他角焊缝	+2.0 / −1.0
焊波	角焊缝	≤2.0（任意 25mm 范围内高低差）
余高	对接焊缝	≤3.0（焊缝宽 b≤12 时）
		≤4.0（12<b≤25 时）
		≤$4b/25$（b>25 时）
余高铲磨后表面	横向对接焊缝	不高于母材 0.5
		不低于母材 0.3
		粗糙度 R_a50

注：1. 手工角焊缝全长 10% 区段内焊脚余高允许误差为 $^{+3.0}_{-1.0}$。
　　2. 焊脚余高指角焊缝斜面相对于设计理论值的误差。

表 2-51 焊缝超声波探伤内部质量等级

项目	质量等级	适用范围
对接焊缝	Ⅰ	主要杆件受拉横向对接焊缝
	Ⅱ	主要杆件受压横向对接焊缝、纵向对接焊缝
角焊缝	Ⅲ	主要角焊缝

表 2-52 焊缝超声波探伤范围和检验等级

项目	探伤数量	探伤部位（mm）	板厚（mm）	检验等级
Ⅰ、Ⅱ级横向对接焊缝	全部焊缝	全长	10～45	B
			>46～56	B（双面双侧）
Ⅱ级纵向对接焊缝		两端各 1000	10～45	B
			>46～56	B（双面双侧）
Ⅱ级角焊缝		两端螺栓孔部位并延长 500，板梁主梁及纵、横梁跨中加探 1000	10～45	B
			>46～56	B（双面双侧）

（12）当采用射线探伤检验时，其数量不得少于焊缝总数的 10%，且不得少于 1 条焊缝。探伤范围应为焊缝两端各 250～300mm；当焊缝长度大于 1200mm 时，中部应加探 250～300mm；焊缝的射线探伤应符合现行国家标准《金属熔化焊焊接接头射线照相》（GB/T 3323—2005）的规定，射线照相质量等级应为 B 级；焊缝内部质量应为Ⅱ级。

2.10.3 质量验收

（1）钢梁制作质量检验应符合下列规定：

① 主控项目。

A. 钢材、焊接材料、涂装材料应符合国家现行标准规定和设计要求。

全数检查出厂合格证和厂方提供的材料性能试验报告，并按国家现行标准规定抽样复验。

B. 高强度螺栓连接副等紧固件及其连接应符合国家现行标准规定和设计要求。

全数检查出厂合格证和厂方提供的性能试验报告，并按出厂批每批抽取 8 副做扭矩系数复验。

C. 高强度螺栓的栓接板面（摩擦面）除锈处理后的抗滑移系数应符合设计要求。

全数检查出厂检验报告，并对厂方每出厂批提供的 3 组试件进行复验。

D. 焊缝探伤检验应符合设计要求和本节 2.10.2 第 9、11、12 条的有关规定。

检查数量：超声波：100%；射线：10%。

检验方法：检查超声波和射线探伤记录或报告。

E. 涂装检验应符合下列要求：

a. 涂装前钢材表面不得有焊渣、灰尘、油污、水和毛刺等。钢材表面除锈等级和粗糙度应符合设计要求。

检查数量：全数检查。

检验方法：观察、用现行国家标准《涂覆涂料前钢材表面处理 表面清洁度的目视评定 第 1 部分：未涂覆过的钢材表面和全面清除原有涂层后的钢材表面的锈蚀等级和处理等级》（GB/T 8923.1—2011）规定的标准图片对照检查。

b. 涂装遍数应符合设计要求，每一涂层的最小厚度不应小于设计要求厚度的 90%，涂装干膜总厚度不得小于设计要求厚度。

检查数量：按设计规定数量检查，设计无规定时，每

10m² 检测 5 处,每处的数值为 3 个相距 50mm 测点涂层干漆膜厚度的平均值。

检验方法:用干膜测厚仪检查。

c. 热喷铝涂层应进行附着力检查。

检查数量:按出厂批每批构件抽查 10%,且同类构件不少于 3 件,每个构件检测 5 处。

检验方法:在 15mm×15mm 涂层上用刀刻画平行线,两线距离为涂层厚度的 10 倍,两条线内的涂层不得从钢材表面翘起。

② 一般项目。

a. 焊缝外观质量应符合本节 2.10.2 第 10 条的规定。

检查数量:同类部件抽查 10%,且不少于 3 件;被抽查的部件中,每一类型焊缝按条数抽查 5%,且不少于 1 条;每条检查 1 处,总抽查数应不少于 5 处。

检验方法:观察,用卡尺或焊缝量规检查。

b. 钢梁制作允许偏差应分别符合表 2-53~表 2-55 的规定。

表 2-53 钢板梁制作允许偏差

名称		允许偏差(mm)	检验频率		检验方法
			范围	点数	
梁高 h	主梁梁高 $h \leqslant 2m$	±2	每件	4	用钢尺测量两端腹板处高度,每端 2 点
	主梁梁高 $h > 2m$	±4			
	横梁	±1.5			
	纵梁	±1.0			

续表

名称		允许偏差（mm）	检验频率		检验方法
			范围	点数	
跨度		±8	每件	2	测量两支座中心距
全长		±15			用全站仪或钢尺测量
纵梁长度		+0.5 −1.5			用钢尺量两端角铁背至背之间距离
横梁长度		±1.5			
纵、横梁旁弯		3		1	梁立置时在腹板一侧主焊缝100mm处拉线测量
主梁拱度	不设拱度	+3 0			梁卧置时在下盖板外侧拉线测量
	设拱度	+10 −3			
两片主梁拱度差		4		1	用水准仪测量
主梁腹板平面度		≤h/350，且不大于8		1	用钢板尺和塞尺量（h为梁高）
纵、横梁腹板平面度		≤h/500，且不大于5			
主梁、纵横梁盖板对腹板的垂直度	有孔部位	0.5		5	用直角尺和钢尺量
	其余部位	1.5			

表 2-54 钢桁梁节段制作允许偏差

项目	允许偏差(mm)	检验频率		检查方法
		范围	点数	
节段长度	±5	每节段	4~6	用钢尺量
节段高度	±2		4	
节段宽度	±3			
节间长度	±2	每节间	2	
对角线长度差	3			
桁片平面度	3	每节段	1	沿节段全长拉线,用钢尺量
挠度	±3			

表 2-55 钢箱形梁制作允许偏差

项目		允许偏差(mm)	检验频率		检验方法
			范围	点数	
梁高 h	h≤2m	±2	每件	2	用钢尺量两端腹板处高度
	h>2m	±4			
跨度 L		±(5+0.15L)			用钢尺量两支座中心距,L 按米计
全长		±15			用全站仪或钢尺量
腹板中心距		±3			用钢尺量
盖板宽度 b		±4			
横断面对角线长度差		4			用钢尺量
旁弯		3+0.1L			沿全长拉线,用钢尺量,L 按米计
拱度		+10 -5			用水平仪或拉线用钢尺量

续表

项目	允许偏差（mm）	检验频率		检验方法
		范围	点数	
支点高度差	5	每件	2	用水平仪或拉线用钢尺量
腹板平面度	$\leqslant h'/250$，且不大于 8			用钢板尺和塞尺量
扭曲	每米$\leqslant 1$，且每段$\leqslant 10$			置于平台，四角中三角接触平台，用钢尺量另一角与平台间隙

注：1. 分段分块制造的箱形梁拼接处，梁高及腹板中心距允许偏差按施工文件要求办理；
2. 箱形梁其余各项检查方法可参照板梁检查方法；
3. h' 为盖板与加筋肋或加筋肋与加筋肋之间的距离。

③ 焊钉焊接后应进行弯曲试验检查，其焊缝和热影响区不得有肉眼可见的裂纹。

检查数量：每批同类构件抽查 10%，且不少于 3 件；被抽查构件中，每件检查焊钉数量的 1%，但不得少于 1 个。

检查方法：观察、焊钉弯曲 30°后用角尺量。

④ 焊钉根部应均匀，焊脚立面的局部未熔合或不足 360°的焊脚应进行修补。

检查数量：按总焊钉数量抽查 1%，且不得少于 10 个。
检查方法：观察。
（2）钢梁现场安装检验应符合下列规定：
① 主控项目。

a. 高强度螺栓接连质量检验应符合本节 2.10.3 第 1 条的规定，其扭矩偏差不得超过±10%。

检查数量：抽查 5%，且不少于 2 个。

检查方法：用测力扳手。

b. 焊缝探伤检验应符合本节 2.10.3 第 1 条的规定。

② 一般项目。

a. 钢梁安装允许偏差应符合表 2-56 的规定。

表 2-56 钢梁安装允许偏差

项目		允许偏差(mm)	检验频率		检验方法
			范围	点数	
轴线偏位	钢梁中线	10	每件或每个安装段	2	用经纬仪测量
	两孔相邻横梁中线相对偏差	5			
梁底标高	墩台处梁底	±10		4	用水准仪测量
	两孔相邻横梁相对高差	5			

b. 焊缝外观质量检验应符合本节 2.10.3 第 1 条的规定。

2.10.4 安全要点

（1）焊工作业时必须使用带有滤光镜的头罩或手持防护面罩，戴耐火的防护手套，穿焊接防护服，穿绝缘、阻燃、抗热防护鞋；露天焊接作业，焊接设备应设防护棚；清除焊渣时应戴护目镜；焊接作业现场应按消防部门的规定配置消防器材。

（2）焊接作业现场应通风良好，能及时排除有害气体、灰尘、烟雾；焊接作业现场应设安全标志，非作业人员不得入内；焊接辐射区，有他人作业时，应用不可燃屏板隔离。

（3）作业时不得使用受潮焊条；更换焊条必须戴绝缘手套；合开关时必须戴干燥的绝缘手套，且不得面向开关；焊接作业现场周围 10m 范围内不得堆放易燃易爆物品，不能满足时，必须采取隔离措施。

（4）钢梁上的各种电动机械和电缆线、照明线路等，必须保持绝缘良好，应有专人值班进行管理。

（5）装拆脚手架、上紧螺栓、铆合等作业，应上下交替进行，避免双层作业。杆件拼装对孔时，应用冲钉探孔、严禁用手伸入检查。

（6）架梁用的扳手、小工具、冲钉及螺栓等物应使用工具袋装好，严禁抛掷。多余的料具要及时清理，并堆放在安全地点。

2.11 拱部与拱上结构

2.11.1 石料及混凝土预制块砌筑拱圈
2.11.1.1 施工要点

（1）砌筑程序应符合下列规定：

① 跨径小于 10m 的拱圈，当采用满布式拱架砌筑时，可从两端拱脚起顺序向拱顶方向对称、均衡地砌筑，最后在拱顶合龙。当采用拱式拱架砌筑时，宜分段、对称先砌拱脚和拱顶段。

② 跨径 10～25m 的拱圈，必须分段砌筑，先对称地砌拱脚和拱顶段，再砌 1/4 跨径段，最后砌封顶段。

③ 跨径大于 25m 的拱圈，砌筑程序应符合设计要求。宜采用分段砌筑或分环分段相结合的方法砌筑。必要时可采

用预压载,边砌边卸载的方法砌筑。分环砌筑时,应待下环封拱砂浆强度达到设计强度的70%以上后,再砌筑上环。

(2) 空缝的设置和填塞应符合下列规定:

① 砌筑拱圈时,应在拱脚和各分段点设置空缝。

② 空缝的宽度在拱圈外露面应与砌缝一致,空缝内腔可加宽至30~40mm。

③ 空缝填塞应在砌筑砂浆强度达到设计强度的70%后进行,应采用M20以上半干硬水泥砂浆分层填塞。

④ 空缝可由拱脚逐次向拱顶对称填塞,也可同时填塞。

2.11.1.2 质量要点

(1) 拱石和混凝土预制块强度等级以及砌体所用水泥砂浆的强度等级,应符合设计要求。当设计对砌筑砂浆强度无规定时,拱圈跨度小于或等于30m,砌筑砂浆强度不得低于M10;拱圈跨度大于30m,砌筑砂浆强度不得低于M15。

(2) 拱石加工,应按砌缝和预留空缝的位置和宽度,统一规划,并应符合下列规定:

① 拱石应立纹破料,按样板加工,石面平整。

② 拱石砌筑面应成辐射状,除拱顶石和拱座附近的拱石外,每排拱石沿拱圈内弧宽度应一致。

③ 拱座可采用五角石,拱座平面应与拱轴线垂直。

④ 拱石两相邻排间的砌缝,必须错开10cm以上。同一排上下层拱石的砌缝可不错开。

⑤ 当拱圈曲率较小、灰缝上下宽度之差在30%以内时,可采用矩形石砌筑拱圈;拱圈曲率较大时应将石料与拱轴平行面加工成上大、下小的梯形。

⑥ 拱石的尺寸应符合下列要求:

A. 宽度(拱轴方向),内弧边不得小于20cm;

B. 高度（拱圈厚度方向）应为内弧宽度的 1.5 倍以上；

C. 长度（拱圈宽度方向）应为内弧宽度的 1.5 倍以上。

（3）混凝土预制块形状、尺寸应符合设计要求。预制块提前预制时间，应以控制其收缩量在拱圈封顶以前完成为原则，并应根据养护方法确定。

2.11.1.3 质量验收

（1）拱部与拱上结构施工中涉及模板和拱架、钢筋、混凝土、预应力混凝土、砌体的质量检验应符合本章 2.1.3、2.2.3、2.3.3、2.4.3、2.5.3 的有关规定。

（2）砌筑拱圈质量检验应符合本节 2.11.1.3 第 1 条的规定，且应符合下列规定：

① 主控项目。砌筑程序、方法应符合设计要求和本节 2.11.1 的有关规定。

检查数量：全数检查。

检验方法：观察、钢尺量、检查施工记录。

② 一般项目。

A. 砌筑拱圈允许偏差应符合表 2-57 的规定。

表 2-57 砌筑拱圈允许偏差

检测项目	允许偏差 (mm)		检验频率		检验方法
			范围	点数	
轴线与砌体外平面偏差	有镶面	+20 −10	每跨	5	用经纬仪测量，拱脚、拱顶、$L/4$ 处
	无镶面	+30 −10			
拱圈厚度	+3%设计厚度 0				用钢尺量，拱脚、拱顶、$L/4$ 处

续表

检测项目	允许偏差(mm)		检验频率		检验方法
			范围	点数	
镶面石表面错台	粗料石、砌块	3	每跨	10	用钢板尺和塞尺量
	块石	5			
内弧线偏离设计弧线	$L \leqslant 30m$	20		5	用水准仪测量，拱脚、拱顶、$L/4$处
	$L > 30m$	$L/1500$			

注：L为跨径。

B. 拱圈轮廓线条清晰圆滑，表面整齐。

检查数量：全数检查。

检验方法：观察。

2.11.1.4 安全要点

（1）拱架制作与安装，应按设计要求，具有足够的强度、刚度和稳定性。拱架须经验算，必须经试验或预压，并满足防洪、流水、排水、航运等安全要求。采用土牛拱架时，应采取相应的安全措施，保证拱圈砌筑的安全。

（2）拱石加工或砌筑石拱时，除按规定穿戴安全防护用品外，并应注意锤头或飞石伤人，作业人员应保持一定的安全距离。

（3）圬工（石、砖及混凝土预制块）拱桥施工前，拱架支立安装方法、拆落拱架程序、机械设备等，均应经检查符合安全技术规定，方可施工。

（4）拱圈封拱合龙时圬工强度应符合设计要求，当设计无要求时，填缝的砂浆强度应达到设计强度的50%及以上；当封拱合龙前用千斤顶施压调整应力时，拱圈砂浆必须达到设计强度。

2.11.2 拱架上浇筑混凝土拱圈

2.11.2.1 施工要点

(1) 跨径小于 16m 的拱圈或拱肋混凝土，应按拱圈全宽从拱脚向拱顶对称、连续浇筑，并在混凝土初凝前完成。当预计不能在限定时间内完成时，则应在拱脚预留一个隔缝并最后浇筑隔缝混凝土。

(2) 跨径大于或等于 16m 的拱圈或拱肋，宜分段浇筑。分段位置，拱式拱架宜设置在拱架受力反弯点、拱架节点、拱顶及拱脚处；满布式拱架宜设置在拱顶、1/4 跨径、拱脚及拱架节点等处。各段的接缝面应与拱轴线垂直，各分段点应预留间隔槽，其宽度宜为 0.5~1m。当预计拱架变形较小时，可减少或不设间隔槽，应采取分段间隔浇筑。

(3) 分段浇筑程序应对称于拱顶进行，且应符合设计要求。

(4) 各浇筑段的混凝土应一次连续浇筑完成，因故中断时，应将施工缝凿成垂直于拱轴线的平面或台阶式接合面。

2.11.2.2 质量要点

(1) 间隔槽混凝土，应待拱圈分段浇筑完成，其强度达到 75% 设计强度，且结合面按施工缝处理后，由拱脚向拱顶对称浇筑。拱顶及两拱脚间隔槽混凝土应在最后封拱时浇筑。

(2) 分段浇筑钢筋混凝土拱圈（拱肋）时，纵向不得采用通长钢筋，钢筋接头应安设在后浇的几个间隔槽内，并应在浇筑间隔槽混凝土时焊接。

(3) 浇筑大跨径拱圈（拱肋）混凝土时，宜采用分环（层）分段方法浇筑，也可纵向分幅浇筑，中幅先行浇筑合龙，达到设计要求后，再横向对称浇筑合拢其他幅。

2.11.2.3　质量验收

现浇混凝土拱圈质量检验应符合本节 2.11.1.3 第 1 条的规定，且应符合下列规定：

（1）主控项目。

① 混凝土应按施工设计要求的顺序浇筑。

检查数量：全数检查。

检验方法：观察、检查施工记录。

② 拱圈不得出现超过设计规定的受力裂缝。

检查数量：全数检查。

检验方法：观察或用读数放大镜观测。

（2）一般项目。

① 现浇混凝土拱圈允许偏差应符合表 2-58 的规定。

表 2-58　现浇混凝土拱圈允许偏差

项目		允许偏差（mm）	检验频率 范围	检验频率 点数	检验方法
轴线偏位	板拱	10	每跨每肋	5	用经纬仪测量，拱脚、拱顶、$L/4$ 处
	肋拱	5			
内弧线偏离设计弧线	跨径 $L \leq 30\text{m}$	20			用水准仪测量，拱脚、拱顶、$L/4$ 处
	跨径 $L > 30\text{m}$	$L/1500$			
断面尺寸	高度	± 5			用钢尺量，拱脚、拱顶、$L/4$ 处
	顶、底、腹板厚	$+10$ 0			
拱肋间距		± 5			用钢尺量
拱宽	板拱	± 20			用钢尺量，拱脚、拱顶、$L/4$ 处
	肋拱	± 10			

注：L 为跨径。

② 拱圈外形轮廓应清晰、圆顺，表面平整，无孔洞、露筋、蜂窝、麻面和宽度大于 0.15mm 的收缩裂缝。

检查数量：全数检查。

检验方法：观察、用读数放大镜观测。

2.11.2.4 安全要点

（1）拱圈混凝土浇筑过程中应随时观测支架、拱架变形情况，发现变形超过规定，必须立即停止浇筑，采取安全技术措施，并验收合格后，方可继续浇筑。

（2）拱桥上施工采用外吊架临边防护时，在拱圈结构施工中应同步完成临边防护设施的预留孔或预埋件，在拱圈完成并达到规定强度后，设置临边防护设施。

（3）高处作业必须搭设作业平台，搭设与拆除脚手架应符合脚手架安全技术交底具体要求；作业平台的脚手板必须铺满、铺稳；作业平台临边必须设防护栏杆；使用中应随时检查，确认安全；使用前应经检查、验收，确认合格并形成文件；上下作业平台必须设安全梯、斜道等攀登设施。

（4）拱圈（拱肋）封拱合拢时混凝土强度应符合设计要求，设计无规定时，各段混凝土强度应达到设计强度的 75%；当封拱合拢前用千斤顶施加压力的方法调整拱圈应力时，拱圈（包括已浇间隔槽）的混凝土强度应达到设计强度。

2.11.3 劲性骨架浇筑混凝土拱圈

2.11.3.1 施工要点

（1）劲性骨架混凝土拱圈（拱肋）浇筑前应进行加载程序设计，计算出各施工阶段钢骨架以及钢骨架与混凝土组合结构的变形、应力，并在施工过程中进行监控。

（2）分环多工作面浇筑劲性骨架混凝土拱圈（拱肋）

时，各工作面的浇筑顺序和速度应对称、均衡，对应工作面应保持一致。

2.11.3.2 质量要点

（1）分环浇筑劲性骨架混凝土拱圈（拱肋）时，两个对称的工作段必须同步浇筑，且两段浇筑顺序应对称。

（2）当采用斜拉扣索法连续浇筑劲性骨架混凝土拱圈（拱肋）时，应设计扣索的张拉与放松程序，施工中应监控拱圈截面应力和变形，混凝土应从拱脚向拱顶对称连续浇筑。

2.11.3.3 质量验收

劲性骨架混凝土拱圈质量检验应符合本节 2.11.1.3 第 1 条的规定，且应符合下列规定：

（1）主控项目。混凝土应按施工设计要求的顺序浇筑。

检查数量：全数检查。

检验方法：观察、检查施工记录。

（2）一般项目。

A. 劲性骨架制作及安装允许偏差应符合表 2-59 和表 2-60 的规定。

表 2-59 劲性骨架制作允许偏差

检查项目	允许偏差（mm）	检查频率 范围	检查频率 点数	检验方法
杆件截面尺寸	不小于设计要求	每段	2	用钢尺量两端
骨架高、宽	±10	每段	5	用钢尺量两端、中间、$L/4$ 处
内弧偏离设计弧线	10	每段	3	用样板量两端、中间
每段的弧长	±10	每段	2	用钢尺量两侧

表 2-60 劲性骨架安装允许偏差

检查项目		允许偏差 (mm)	检查频率		检验方法
			范围	点数	
轴线偏位		$L/6000$	每跨每肋	5	用经纬仪测量,每肋拱脚、拱顶、$L/4$处
高程		$\pm L/3000$		3+各接头点	用水准仪测量,拱脚、拱顶及各接头点
对称点相对高差	允许	$L/3000$		各接头点	用水准仪测量
	极值	$L/1500$,且反向			

注:L 为跨径。

B. 劲性骨架混凝土拱圈允许偏差应符合表 2-61 的规定。

表 2-61 劲性骨架混凝土拱圈允许偏差

检查项目		允许偏差 (mm)		检查频率		检查方法
				范围	点数	
轴线偏位		$L\leqslant 60m$	10	每跨每肋	5	用经纬仪测量,拱脚、拱顶、$L/4$处
		$L=200m$	50			
		$L>200m$	$L/4000$			
高程		$\pm L/3000$				用水准仪测量,拱脚、拱顶、$L/4$处
对称点相对高差	允许	$L/3000$				
	极值	$L/1500$,且反向				
断面尺寸		± 10				用钢尺量拱脚、拱顶、$L/4$处

注:1. L 为跨径;

2. L 在 60~200m 之间时,轴线偏位允许偏差内插。

C. 拱圈外形圆顺，表面平整，无孔洞、露筋、蜂窝、麻面和宽度大于 0.15mm 的收缩裂缝。

检验数量：全数检查。

检验方法：观察、用读数放大镜观测。

2.11.3.4 安全要点

（1）拱圈混凝土浇筑过程中，应随时跟踪监测，出现异常应及时按监控方案调整，使拱轴线位置符合设计要求。

（2）作业平台的脚手板必须铺满、铺稳。搭设与拆除脚手架应符合脚手架安全技术要求。

（3）当采用水箱压载分环浇筑劲性骨架混凝土拱圈（拱肋）时，应严格控制拱圈（拱肋）的竖向和横向变形，防止骨架局部失稳。

（4）施工前应根据设计文件和现场环境条件规定拱圈混凝土浇筑方法、程序和监控方法。并对劲性骨架的强度、刚度和稳定性进行验算，确认符合施工各阶段的要求。

2.11.4 钢管混凝土拱

2.11.4.1 施工要点

（1）钢管拱肋制作时，应符合下列规定：

① 拱肋钢管的种类、规格应符合设计要求，应在工厂加工，具有产品合格证。

② 钢管拱肋加工的分段长度应根据材料、工艺、运输、吊装等因素确定。在制作前，应根据温度和焊接变形的影响，确定合拢节段的尺寸，并绘制施工详图，精确放样。

③ 弯管宜采用加热顶压方式，加热温度不得超过 800℃。

④ 拱肋节段焊接强度不应低于母材强度。所有焊缝均应进行外观检查；对接焊缝应 100% 进行超声波探伤，其质

量应符合设计要求和国家现行标准的规定。

⑤ 在钢管拱肋上应设置混凝土压注孔、倒流截止阀、排气孔及扣点、吊点节点板。

⑥ 钢管拱肋外露面应按设计要求做长效防护处理。

（2）钢管拱肋安装应符合下列规定：

① 节段间环焊缝的施焊应对称进行，并应采用定位板控制焊缝间隙，不得采用堆焊。

② 合拢口的焊接或栓接作业应选择在环境温度相对稳定的时段内快速完成。

2.11.4.2 质量要点

（1）管内混凝土宜采用泵送顶升压注施工，由两拱脚至拱顶对称均衡地连续压注完成。

（2）大跨径拱肋钢管混凝土应根据设计加载程序，宜分环、分段并隔仓由拱脚向拱顶对称均衡压注。压注过程中拱肋变位不得超过设计规定。

（3）钢管混凝土应具有低泡、大流动性、收缩补偿、延缓初凝和早强的性能。

（4）钢管混凝土压注前应清洗管内污物，润湿管壁，先泵入适量水泥浆再压注混凝土，直至钢管顶端排气孔排出合格混凝土时停止。压注混凝土完成后应关闭倒流截止阀。

（5）钢管混凝土的质量检测办法应以超声波检测为主，人工敲击为辅。

（6）钢管混凝土的泵送顺序应按设计要求进行，宜先钢管后腹箱。

2.11.4.3 质量验收

钢管混凝土拱质量检验应符合本节 2.11.1.3 第 1 条的规定，且应符合下列规定：

① 主控项目。

A. 钢管内混凝土应饱满,管壁与混凝土紧密结合。

检查数量:按检验方案确定。

检验方法:观察出浆孔混凝土溢出情况、检查超声波检测报告。

B. 防护涂料规格和层数,应符合设计要求。

检查数量:涂装遍数全数检查;涂层厚度每批构件抽查10%,且同类构件不少于3件。

检验方法:观察、用干膜测厚仪检查。

② 一般项目。

A. 钢管拱肋制作与安装允许偏差应符合表2-62的规定。

表 2-62 钢管拱肋制作与安装允许偏差

检查项目		允许偏差 (mm)	检查频率		检查方法
			范围	点数	
钢管直径		±D/500,且±5	每跨 每肋 每段	3	用钢尺量
钢管中距		±5		3	用钢尺量
内弧偏离设计弧线		8		3	用样板量
拱肋内弧长		0 −10		1	用钢尺分段量
节段端部平面度		3		1	拉线、塞尺量
竖杆节间长度		±2		1	用钢尺量
轴线偏位		L/6000		5	用经纬仪测量,端、中、L/4处
高程		±L/3000		5	用水准仪测量,端、中、L/4处
对称点相对高差	允许	L/3000		1	用水准仪测量各接头点
	极值	L/1500,且反向			
拱肋接缝错边		≤0.2壁厚,且不大于2	每个	2	用钢板尺和塞尺量

注:1. D为钢管直径(mm);
  2. L为跨径。

B. 钢管混凝土拱肋允许偏差应符合表 2-63 的规定。

表 2-63　钢管混凝土拱肋允许偏差

检查项目	允许偏差（mm）		检查频率		检查方法
			范围	点数	
轴线偏位	$L\leqslant 60{\rm m}$	10	每跨每肋	5	用经纬仪测量，拱脚、拱顶、$L/4$ 处
	$L=200{\rm m}$	50			
	$L>200{\rm m}$	$L/4000$			
高程	$\pm L/3000$			5	用水准仪测量，拱脚、拱顶、$L/4$ 处
对称点相对高差	允许	$L/3000$		1	用水准仪测量各接头点
	极值	$L/1500$，且反向			

注：L 为跨径。

C. 钢管混凝土拱肋线形圆顺，无折弯。

检查数量：全数检查。

检验方法：观察。

2.11.4.4　安全要点

（1）钢管拱肋成拱过程中，应同时安装横向连系，未安装连系的不得多于一个节段，否则应采取临时横向稳定措施。

（2）钢管拱肋安装采用斜拉扣索悬拼法施工时，扣索采用钢绞线或高强钢丝束时，安全系数应大于 2。

（3）做好钢管保温工作，尽量减小内外温差，防止混凝土和钢管之间产生空隙，影响拱的承载力。

（4）管内混凝土达到设计强度之前不得拆除支架，管内混凝土达到设计强度后，应将混凝土灌注管外漏部分切除，并将从该处切除下来的钢板焊回原位并打磨光滑。所有混凝土灌注管、混凝土排气管露出部分应加设加劲板,以保证灌注过程的安全可靠。

2.11.5 中下承式吊杆、系杆拱

2.11.5.1 施工要点

钢筋混凝土或钢管混凝土拱肋施工应符合本节 2.11.2~2.11.4 的有关规定。

2.11.5.2 质量要点

(1) 钢吊杆、系杆及锚具的材料、规格和各项技术性能必须符合国家现行标准规定和设计要求。

(2) 锚垫板平面必须与孔道轴线垂直。

2.11.5.3 质量验收

中下承式拱吊杆和柔性系杆拱质量检验应符合本节 2.11.1.3 第 1 条的规定,且应符合下列规定:

① 主控项目。

A. 吊杆、系杆及其锚具的材质、规格和技术性能应符合国家现行标准和设计规定。

检查数量:全数检查或按检验方案确定。

检验方法:检查产品合格证和出厂检验报告、检查进场验收记录和复验报告。

B. 吊杆、系杆防护必须符合设计要求和本章 2.10.3 第 1 条的有关规定。

检查数量:涂装遍数全数检查;涂层厚度每批构件抽查 10%,且同类构件不少于 3 件。

检验方法:观察、检查施工记录;用干膜测厚仪检查。

② 一般项目。

A. 吊杆的制作与安装允许偏差应符合表 2-64 的规定。

表 2-64 吊杆的制作与安装允许偏差

检查项目		允许偏差（mm）	检验频率		检查方法
			范围	数量	
吊杆长度		±l/1000，且±10	每吊杆每吊点	1	用钢尺量
吊杆拉力	允许	应符合设计要求		1	用测力仪（器）检查每吊杆
	极值	下承式拱吊杆拉力偏差20%			
吊点位置		10		1	用经纬仪测量
吊点高程	高程	±10		1	用水准仪测量
	两侧高差	20			

注：l 为吊杆长度。

B. 柔性系杆张拉应力和伸长率应符合表 2-65 的规定。

表 2-65 柔性系杆张拉应力和伸长率

检查项目	规定值	检验频率		检查方法
		范围	数量	
张拉应力（MPa）	符合设计要求	每根	1	查油压表读数
张拉伸长率（%）	符合设计规定		1	用钢尺量

2.11.5.4 安全要点

（1）钢吊杆、系杆防护必须符合设计和国家现行标准的规定。

（2）混凝土浇筑前，应对截止阀、输送管的布管及接头等进行检查，混凝土输送泵进行试运转正常后方可开机工作。

（3）拱上作业为高空作业，施工人员必须遵守《建筑施工高处作业安全技术规范》（JGJ 80—2016）的有关规定。

（4）应当在施工现场危险区域设置安全警示标志，并在夜间施工时设置警示灯。

2.11.6 拱上结构施工

2.11.6.1 施工要点

（1）在砌筑拱圈上砌筑拱上结构应符合下列规定：

① 当拱上结构在拱架卸架前砌筑时，合龙砂浆达到设计强度的 30% 即可进行。

② 当先卸架后砌拱上结构时，应待合龙砂浆达到设计强度的 70% 方可进行。

③ 当采用分环砌筑拱圈时，应待上环合龙砂浆达到设计强度的 70% 方可砌筑拱上结构。

④ 当采用预施压力调整拱圈应力时，应待合龙砂浆达到设计强度后方可砌筑拱上结构。

（2）在支架上浇筑的混凝土拱圈，其拱上结构施工应符合下列规定：

① 拱上结构应在拱圈及间隔槽混凝土浇筑完成且混凝土强度达到设计强度以后进行施工。设计无规定时，可达到设计强度的 30% 以上；如封拱前需在拱顶施加预压力，应达到设计强度的 75% 以上。

② 立柱或横墙底座应与拱圈（拱肋）同时浇筑，立柱上端施工缝应设在横梁承托底面上。

③ 相邻腹拱的施工进度应同步。

④ 桥面系的梁与板宜同时浇筑。

⑤ 两相邻伸缩缝间的桥面板应一次连续浇筑。

2.11.6.2 质量要点

拱桥的拱上结构，应按照设计规定程序施工。如设计无规定，可由拱脚至拱顶平衡、对称加载，使施工过程中的拱轴线与设计拱轴线尽量吻合。

2.11.6.3 质量验收

拱上结构质量检验应符合本节 2.11.1.3 第 1 条的规定。

主控项目：拱上结构施工时间和顺序应符合设计和施工设计规定。

检查数量：全数检查。

检验方法：观察、检查试件强度试验报告。

2.11.6.4 安全要点

（1）装配式拱桥的拱上结构施工，应待现浇接头和合龙缝混凝土强度达到设计强度的 75% 以上，且卸落支架后进行。

（2）采用无支架施工的大、中跨径的拱桥，其拱上结构宜利用缆索吊装施工。

2.12 顶进箱涵

2.12.1 工作坑和滑板

2.12.1.1 施工要点

（1）箱涵顶进宜避开雨期施工，如需跨雨期施工，必须编制专项防洪排水方案。

（2）顶进箱涵施工前，应调查下列内容：

① 调查现况铁道、道路路基填筑、路基中地下管线等情况及所属单位对施工的要求。

② 穿越铁路、道路运行及设施状况。

③ 施工现场现况道路的交通状况，施工期间交通疏导方案的可行性。

（3）开挖工作坑应与修筑后背统筹安排，当采用钢板桩作后背时，应先沉桩再开挖工作坑和填筑后背土。

2.12.1.2 质量要点

（1）工作坑边坡应视土质情况而定，两侧边坡宜为 1：0.75～1：1.5，靠铁路路基一侧的边坡宜缓于 1：1.5；工作坑距最外侧铁路中心线不得小于 3.2m。

（2）工作坑的平面尺寸应满足箱涵预制与顶进设备安装需要。前端顶板外缘至路基坡脚不宜小于1m；后端顶板外缘与后背间净距不宜小于1m；箱涵两侧距工作坑坡脚不宜小于1.5m。

（3）土层中有水时，工作坑开挖前应采取降水措施，将地下水位降至基底0.5m以下，并疏干后方可开挖。工作坑开挖时不得扰动地基，不得超挖。工作坑底应密实平整，并有足够的承载力。基底允许承载力不宜小于0.15MPa。

（4）修筑工作坑滑板，应满足预制箱涵主体结构所需强度，并应符合下列规定：

① 滑板中心线应与箱涵设计中心线一致。

② 滑板与地基接触面应有防滑措施，宜在滑板下设锚梁。

③ 为减少箱涵顶进中扎头现象，宜将滑板顶面做成前高后低的仰坡，坡度宜为3‰。

④ 滑板两侧宜设方向墩。

2.12.1.3 质量验收

（1）箱涵施工涉及模板与支架、钢筋、混凝土质量检验应符合本章2.1.3、2.2.3、2.3.3的有关规定。

（2）滑板质量检验应符合本节2.12.1.3第1条的规定，且应符合下列规定：

① 主控项目：滑板轴线位置、结构尺寸、顶面坡度、锚梁、方向墩等应符合施工设计要求。

检查数量：全数检查。

检验方法：观察、检查施工记录。

② 一般项目：滑板允许偏差应符合表2-66的规定。

表 2-66 滑板允许偏差

项目	允许偏差 (mm)	检验频率		检验方法
		范围	点数	
中线偏位	50	每座	4	用经纬仪测量纵、横各 1 点
高程	+5 0		5	用水准仪测量
平整度	5		5	用 2m 直尺、塞尺量

2.12.1.4 安全要点

（1）施工现场采取降水措施时，不得造成影响区建（构）筑物沉降、变形。降水过程中应进行监测，发现问题应及时采取措施。

（2）工作坑应根据线路平面、现场地形，在保证通行的铁路、道路行车安全的前提下选择挖方数量少、顶进长度短的位置。

（3）工作坑滑板应具有足够的强度、刚度和稳定性，必要时可在滑板上层配置钢筋网，以防顶进时滑板开裂。

（4）工作坑边缘顶四周应设置防护栏杆及明显警示性标志，且夜间应增设预警红灯，预防人、机误入伤害。

（5）机具、材料、弃土等应堆放在基坑顶部周边安全距离以外。

2.12.2 箱涵预制与顶进

2.12.2.1 施工要点

（1）箱涵防水层施工应符合本章 2.13.2 的有关规定。箱涵顶面防水层还应施作水泥混凝土保护层。

（2）顶进箱涵的后背，必须有足够的强度、刚度和稳定性。墙后填土，宜利用原状土，或用砂砾、灰土（水泥土）夯填密实。

（3）安装顶柱（铁），应与顶力轴线一致，并与横梁垂直，应做到平、顺、直。当顶程长时，可在 4～8m 处加横梁一道。

（4）顶进应与观测密切配合，随时根据箱涵顶进轴线和高程偏差，及时调整侧刃脚切土宽度和船头坡吃土高度。

2.12.2.2 质量要点

（1）箱涵预制除应符合本章第 2.12.2.1、2.12.2.2、2.12.2.3 节的有关规定外，还应符合下列规定：

① 箱涵侧墙的外表面前端 2m 范围内应向两侧各加宽 1.5～2cm，其余部位不得出现正误差。

② 工作坑滑板与预制箱涵底板间应铺设润滑隔离层。

③ 箱涵底板底面前端 2～4m 范围内宜设高 5～10cm 般头坡。

④ 箱涵前端周边宜设钢刃脚。

⑤ 箱涵混凝土达到设计强度后方可拆除顶板底模。

（2）顶进设备及其布置应符合下列规定：

① 应根据计算的最大顶力确定顶进设备，千斤顶的顶力可按额定顶力的 60%～70% 计算。

② 高压油泵及其控制阀等工作压力应与千斤顶匹配。

③ 液压系统的油管内径应按工作压力和计算流量选定，回油管路主油管的内径不得小于 10mm，分油管的内径不得小于 6mm。

④ 油管应清洗干净，油路布置合理，密封良好，液压油脂应过滤。

⑤ 顶进过程中，当液压系统发生故障时应立即停止运转，严禁在工作状态下检修。

(3) 顶进应具备以下条件：

① 主体结构混凝土必须达到设计强度，防水层及防护层应符合设计要求。

② 顶进后背和顶进设备安装完成，经试运转合格。

③ 线路加固方案完成，并经主管部门验收确认。

④ 线路监测、抢修人员及设备等应到位。

2.12.2.3 质量验收

(1) 预制箱涵质量检验应符合本节 2.12.1.3 第 1 条的规定，且应符合下列规定：

一般项目

① 箱涵预制允许偏差应符合表 2-67 的规定。

表 2-67 箱涵预制允许偏差

项目		允许偏差（mm）	检验频率		检验方法
			范围	点数	
断面尺寸	净空宽	±30	每座每节	6	用钢尺量，沿全长中间及两端的左、右各1点
	净空高	±50		6	用钢尺量，沿全长中间及两端的上、下各1点
厚度		±10		8	用钢尺量，每端顶板、底板及两侧壁各1点
长度		±50		4	用钢尺量，两侧上、下各一点
侧向弯曲		$L/1000$		2	沿构件全长拉线、用钢尺量，左、右各1点
轴线偏位		10		2	用经纬仪测量

续表

项目	允许偏差（mm）	检验频率 范围	检验频率 点数	检验方法
垂直度	≤0.15%H，且不大于10	每座每节	4	用经纬仪测量或垂线和钢尺量，每侧2点
两对角线长度差	75	每座每节	1	用钢尺量顶板
平整度	5	每座每节	8	用2m直尺、塞尺量（两侧内墙各4点）
箱体外形	符合本节2.12.2.2第1条的规定	每座每节	5	用钢尺量，两端上、下各1点，距前端2m处1点

② 混凝土结构表面应无孔洞、露筋、蜂窝、麻面和缺棱掉角等缺陷。

检查数量：全数检查。

检验方法：观察。

（2）箱涵顶进质量检验应符合下列规定：

一般项目

① 箱涵顶进允许偏差应符合表2-68的规定。

表2-68 箱涵顶进允许偏差

项目		允许偏差（mm）	检验频率 范围	检验频率 点数	检验方法
轴线偏位	$L<15m$	100	每座每节	2	用经纬仪测量，两端各1点
轴线偏位	$15m≤L≤30m$	200	每座每节	2	用经纬仪测量，两端各1点
轴线偏位	$L>30m$	300	每座每节	2	用经纬仪测量，两端各1点

续表

项目		允许偏差(mm)	检验频率		检验方法
			范围	点数	
高程	$L<15\text{m}$	+20 −100	每座每节	2	用水准仪测量,两端各1点
	$15\text{m}\leqslant L\leqslant 30\text{m}$	+20 150			
	$L>30\text{m}$	+20 −200			
相邻两端高差		50		1	用钢尺量

注：表中 L 为箱涵沿顶进轴线的长度（m）。

② 分节顶进的箱涵就位后，接缝处应直顺、无渗漏。

检查数量：全数检查。

检验方法：观察。

2.12.2.4 安全要点

（1）列车或车辆通过时严禁挖土，人员应撤离至土方可能坍塌范围以外。当挖土或顶进过程中发生塌方，影响行车安全时，必须停止顶进，迅速组织抢修加固。

（2）挖运土方与顶进作业应循环交替进行，严禁同时进行。

（3）箱涵的钢刃脚应切土顶进。如设有中平台时，上下两层不得挖通，平台上不得积存土方。

（4）箱涵顶进前应检查验收桥涵主体结构的混凝土强度、后背，应符合设计要求。应检查顶进设备并做预顶试验。

（5）在顶进过程中，应对原线路加固系统、桥体各部位、顶力系统和后背进行测量监控。

2.13 桥 面 系

2.13.1 排水设施
2.13.1.1 施工要点

汇水槽、泄水口顶面高程应低于桥面铺装层 10～15mm。

2.13.1.2 质量要点

泄水管下端至少应伸出构筑物底面 100～150mm。泄水管宜通过竖向管道直接引至地面或雨水管线，其竖向管道应采用抱箍、卡环、定位卡等预埋件固定的结构物上。

2.13.1.3 质量验收

1. 主控项目

桥面排水设施的设置应符合设计要求，泄水管应畅通无阻。

检查数量：全数检查。

检验方法：观察。

2. 一般项目

（1）桥面泄水口应低于桥面铺装层 10～15mm。

检查数量：全数检查。

检验方法：观察。

（2）泄水管安装应牢固可靠，与铺装层及防水层之间应结合密实，无渗漏现象；金属泄水管应进行防腐处理。

检查数量：全数检查。

检验方法：观察。

（3）桥面泄水口位置允许偏差应符合表 2-69 的规定。

表 2-69　桥面泄水口位置允许偏差

项目	允许偏差（mm）	检验频率		检验方法
		范围	点数	
高程	0 −10	每孔	1	用水准仪测量
间距	±100		1	用钢尺量

2.13.1.4　安全要点

安装截、落水管均在桥面下施工，桥面距离地面较高，必须配备登高设备，同时人员操作属于高空作业，必须装备安全设施防止坠落发生。

2.13.2　桥面防水层

2.13.2.1　施工要点

（1）桥面应采用柔性防水，不宜单独铺设刚性防水层。桥面防水层使用的涂料、卷材、胶粘剂及辅助材料必须符合环保要求。

（2）桥面防水层应在现浇桥面结构混凝土或垫层混凝土达到设计要求强度，经验收合格后方可施工。

（3）桥面防水层应直接铺设在混凝土表面上，不得在二者间加铺砂浆找平层。

（4）防水基层面应坚实、平整、光滑、干燥，阴、阳角处应按规定半径做成圆弧。施工防水层前应将浮尘及松散物质清除干净，并应涂刷基层处理剂。基层处理剂应使用与卷材或涂料性质配套的材料。涂层应均匀、全面覆盖，待渗入基层且表面干燥后方可施作卷材或涂膜防水层。

（5）防水卷材和防水涂膜均应具有高延伸率、高抗拉强度、良好的弹塑性、耐高温和低温与抗老化性能。防水卷材及防水涂料应符合国家现行标准和设计要求。

（6）桥面采用热铺沥青混合料作磨耗层时，应使用可耐140℃～160℃高温的高聚物改性沥青等防水卷材及防水涂料。

（7）桥面防水层应采用满贴法；防水层总厚度和卷材或胎体层数应符合设计要求；缘石、地袱、变形缝、汇水槽和泄水口等部位应按设计和防水规范细部要求作局部加强处理。防水层与汇水槽、泄水口之间必须粘结牢固、封闭严密。

（8）防水层完成后应加强成品保护，防止压破、刺穿、划痕损坏防水层，并及时经验收合格后铺设桥面铺装层。

（9）防水层严禁在雨天、雪天和5级（含）以上大风天气施工。气温低于是－5℃时不宜施工。

2.13.2.2 质量要点

（1）涂膜防水层施工应符合下列规定：

① 基层处理剂干燥后，方可涂防水涂料，铺贴胎体增强材料。涂膜防水层应与基层粘结牢固。

② 涂膜防水层的胎体材料，应顺流水方向搭接，搭接宽度长边不得小于50mm，短边不得小于70mm，上下层胎体搭接缝应错开1/3幅宽。

③ 下层干燥后，方可进行上层施工。每一涂层应厚度均匀、表面平整。

（2）卷材防水层施工应符合下列规定：

① 胶粘剂应与卷材和基层处理剂相互匹配，进场后应取样检验合格后方可使用。

② 基层处理剂干燥后，方可涂胶粘剂，卷材应与基层

粘结牢固，各层卷材之间也应相互粘结牢固。卷材铺贴应不皱不折。

③ 卷材应顺桥方向铺贴，应自边缘最低处开始，顺流水方向搭接，长边搭接宽度宜为 70～80mm，短边搭接宽度宜为 100mm，上下层搭接缝错开距离不应小于 300mm。

（3）防水粘结层施工应符合下列规定：

① 防水粘结材料的品种、规格、性能应符合设计要求和国家现行标准规定。

② 粘结层宜采用高黏度的改性沥青、环氧沥青防水涂料。

③ 防水粘结层施工时的环境温度和相对湿度应符合防水粘结材料产品说明书的要求。

④ 施工时严格控制防水粘结层材料的加热温度和洒布温度。

2.13.2.3 质量验收

1. 主控项目

（1）防水材料的品种、规格、性能、质量应符合设计要求和相关标准规定。

检查数量：全数检查。

检验方法：检查材料合格证、进场验收记录和质量检验报告。

（2）防水层、粘结层与基层之间应密贴，结合牢固。

检查数量：全数检查。

检验方法：观察、检查施工记录。

2. 一般项目

（1）混凝土桥面防水层粘结质量和施工允许偏差应符合表 2-70 的规定。

表 2-70 混凝土桥面防水层粘结质量和施工允许偏差

项目	允许偏差（mm）	检验频率		检验方法
		范围	点数	
卷材接茬搭接宽度	不小于规定	每20延米	1	用钢尺量
防水涂膜厚度	符合设计要求；设计未规定时±0.1	每200m²	4	用测厚仪检测
粘结强度（MPa）	不小于设计要求，且≥0.3（常温），≥0.2(气温≥35℃)	每200m²	4	拉拔仪(拉拔速度：10mm/min)
抗剪强度（MPa）	不小于设计要求，且≥0.4（常温），≥0.3(气温≥35℃)	1组	3个	剪切仪(剪切速度：10mm/min)
剥离强度（N/mm）	不小于设计要求，且≥0.3（常温），≥0.2(气温≥35℃)	1组	3个	90°剥离仪（剪切速度：100mm/min)

（2）钢桥面防水粘层结层质量应符合表 2-71 的规定。

表 2-71 钢桥面防水粘层结层质量

项目	允许偏差（mm）	检验频率		检验方法
		范围	点数	
钢桥面清洁度	符合设计要求	全部		GB 8923 规定标准图片对照检查
粘结层厚度	符合设计要求	每洒布段	6	用测厚仪检测
粘结层与基层结合力（MPa）	不小于设计要求	每洒布段	6	用拉拨仪检测
防水层总厚度	不小于设计要求	每洒布段	6	用测厚仪检测

（3）防水材料铺装或涂刷外观质量和细部做法应符合下列要求：

① 卷材防水层表面平整，不得有空鼓、脱层、裂缝、翘边、油包、气泡和皱褶等现象；

② 涂料防水层的厚度应均匀一致，不得有漏涂处；

③ 防水层与泄水口、汇水槽接合部位应密封，不得有漏封处。

检查数量：全数检查。

检验方法：观察。

2.13.2.4 安全要点

（1）防水卷材采用热熔粘接时，现场应配有灭火器材，周围 30m 范围内不得有易燃物。

（2）桥面防水施工宜在桥栏杆安装完成并验收合格后进行。需在栏杆安装前施工时，必须在桥梁临边侧设防护设施。

（3）装卸盛溶剂（如苯、汽油等）的容器，必须配软垫，搬运时不得猛推、猛撞。取用溶剂后，容器盖必须及时盖严。

（4）严禁非作业人员进入防水作业区，涂料作业操作人员应站位于上风向。

（5）操作人员作业时应穿软底鞋、工作服应扎紧袖口，并佩戴手套和鞋盖。涂刷处理剂和粘接剂时必须戴防护口罩和防护眼镜。

（6）施工场所保证良好的通风，每次喷涂完毕都应采用特定的清洗剂对喷枪进行清洗。空气压缩机的安全阀不能随意调节，压力必须在允许范围内，停喷时应及时将安全阀锁住。

2.13.3 桥面铺装层

2.13.3.1 施工要点

（1）沥青混合料桥面铺装层施工应符合下列规定：

① 在水泥混凝土桥面上铺筑沥青铺装层应符合下列要求：

A. 铺装前应在桥面防水层上撒布一层沥青石屑保护层，或在防水粘结层上撒布一层石屑保护层，并用轻碾慢压。

B. 沥青铺装宜采用双层式，底层宜采用高温稳定性较好的中料式密级配热拌沥青混合料，表层应采用防滑面层。

C. 铺装宜采用轮胎或钢筒式压路机碾压。

② 在钢桥面上铺筑沥青铺装层应符合下列要求：

A. 铺装材料应防水性能良好；具有高温抗流动变形和低温抗裂性能；具有较好的抗疲劳性能和表面抗滑性能；与钢板粘结良好，具有较好的抗水平剪切、重复荷载和蠕变变形能力。

B. 桥面铺装宜采用改性沥青，其压实设备和工艺应通过试验确定。

C. 桥面铺装宜在无雨、少雾季节、干燥状态下施工。施工气温不得低于15℃。

D. 桥面铺筑沥青铺装层前应涂刷防水粘结层。涂防水粘结层前应磨平焊缝、除锈、除污，涂防锈层。

E. 采用浇注式沥青混凝土铺筑桥面时，可不设防水粘结层。

（2）水泥混凝土桥面铺装层施工应符合下列规定：

① 铺装层的厚度、配筋、混凝土强度等应符合设计要求，结构厚度误差不得超过—20mm。

② 铺装层的基面（裸梁或防水层保护层）应粗糙、干净，并于铺装前湿润。

③ 桥面钢筋网应位置准确、连续。

④ 铺装层表面应作防滑处理。

⑤ 水泥混凝土施工工艺及钢纤维混凝土铺装的技术要求应符合国家现行标准《城镇道路工程施工与质量验收规范》（CJJ 1—2008）的有关规定。

（3）人行天桥塑胶混合料面层铺装应符合下列规定：

① 人行天桥塑胶混合料的品种、规格、性能应符合设计要求和国家现行标准的规定。

② 施工时的环境温度和相对湿度应符合材料产品说明书的要求，风力超过 5 级（含）、雨天和雨后桥面未干燥时，严禁铺装施工。

③ 塑胶混合料均应计量准确，严格控制拌和时间。拌和均匀的胶液应及时运到现场铺装。

④ 塑胶混合料必须采用机械搅拌，应严格控制材料的加热温度和洒布温度。

⑤ 人行天桥塑胶铺装宜在桥面全宽度内，两条伸缩缝之间，一次连续完成。

⑥ 塑胶混合料面层终凝之前严禁行人通行。

2.13.3.2 质量要点

（1）桥面防水层经验收合格后应及时进行桥面铺装层施工。雨天和雨后桥面未干燥时，不得进行桥面铺装层施工。

（2）铺装层应在纵向 100cm、横向 40cm 范围内，逐渐降坡，与汇水槽、泄水口平顺相接。

2.13.3.3 质量验收

1. 主控项目

（1）桥面铺装层材料的品种、规格、性能、质量应符合设计要求和相关标准规定。

检查数量：全数检查。

检验方法：检查材料合格证、进场验收记录和质量检验报告。

（2）水泥混凝土桥面铺装层的强度和沥青混凝土桥面铺装层的压实度应符合设计要求。

检查数量和检验方法应符合国家现行标准《城镇道路工程施工与质量验收规范》（CJJ 1—2008）的有关规定。

（3）塑胶面层铺装的物理性能应符合表2-72的规定。

表2-72 合成材料跑道面层物理性能

项　目	指　标	
	渗水型	非渗水型
冲击吸收（%）	35～50	35～50
垂直变形（mm）	0.6～2.5	0.6～2.5
抗滑值（BPN，20℃）≥	47	47
拉伸强度（MPa）≥	0.4	0.5
拉断伸长率（%）≥	40	40
阻燃（级）	I	I

2. 一般项目

（1）桥面铺装面层允许偏差应符合表2-73～表2-75的规定。

表2-73 水泥混凝土桥面铺装面层允许偏差

项目	允许偏差	检验频率		检验方法
		范围	点数	
厚度	±5mm	每20延米	3	用水准仪对比浇筑前后标高
横坡	±0.15%		1	用水准仪测量1个断面

续表

项目	允许偏差	检验频率		检验方法
		范围	点数	
平整度	符合城市道路面层标准	按城市道路工程检测规定执行		
抗滑构造深度	符合设计要求	每200m	3	铺砂法

注：跨度小于20m时，检验频率按20m计算。

表2-74 沥青混凝土桥面铺装面层允许偏差

项目	允许偏差	检验频率		检验方法
		范围	点数	
厚度	±5mm	每20延米	3	用水准仪对比浇筑前后标高
横坡	±0.3%		1	用水准仪测量1个断面
平整度	符合城市道路面层标准	按城市道路工程检测规定执行		
抗滑构造深度	符合设计要求	每200m	3	铺砂法

注：跨度小于20m时，检验频率按20m计算。

表2-75 人行天桥塑胶桥面铺装面层允许偏差

项目	允许偏差	检验频率		检验方法
		范围	点数	
厚度	不小于设计要求	每铺装段、每次拌和料量	1	取样法：按GB/T 14833附录B
平整度	±3mm	每20m^2	1	用3m直尺、塞尺检查
坡度	符合设计要求	每铺装段	3	用水准仪测量主梁纵轴高程

注："阻燃性的测定"由业主、设计商定。

(2) 外观检查应符合下列要求：

① 水泥混凝土桥面铺装面层表面应坚实、平整、无裂

缝，并应有足够的粗糙度；面层伸缩缝应直顺，灌缝应密实；

② 沥青混凝土桥面铺装层表面应坚实、平整、无裂纹、松散、油包、麻面；

③ 桥面铺装层与桥头路接茬应紧密、平顺。

检查数量：全数检查。

检验方法：观察。

2.13.3.4 安全要点

（1）吊装网片时，必须4～6人配合作业，要给司机明确的信号及手势，不得猛放，以防落物伤人。吊装区域要设置警戒线，无关人员不得进入。

（2）铁锤敲打钢筋时作业人员要保持一定的安全距离，用力不得过猛。

（3）在浇筑混凝土前检查安全防护是否到位，若发现隐患要及时向现场管理人员反应，不得冒险作业。

（4）施工现场必须做好交通安全工作。交通繁忙的路口应设立标志，并有专人指挥。夜间施工，路口、模板及基准线桩附近应设置警示灯或反光标志。

2.13.4 桥梁伸缩装置

2.13.4.1 施工要点

（1）选择伸缩装置应符合下列规定：

① 伸缩装置与设计伸缩量应相匹配；

② 具有足够强度，能随与设计标准相一致的荷载；

③ 城市桥梁伸缩装置应具有良好的防水、防噪声性能；

④ 安装、维护、保养、更换简便。

（2）填充式伸缩装置施工应符合下列规定：

① 预留槽宜为50cm宽、5cm深，安装前预留槽基面和

侧面应进行清洗和烘干。

② 梁端伸缩缝处应粘固止水密封条。

③ 填料填充前应在预留槽基面上涂刷底胶，热拌混合料应分层摊铺在槽内并捣实。

④ 填料顶面应略高于桥面，并撒布一层黑色碎石，用压路机碾压成型。

（3）橡胶伸缩装置应符合下列规定：

① 安装橡胶伸缩装置应尽量避免预压工艺。橡胶伸缩装置在5℃以下气温不宜安装。

② 安装前应对伸缩装置预留槽进行修整，使其尺寸、高程符合设计要求。

③ 锚固螺栓位置应准确，焊接必须牢固。

④ 伸缩装置安装合格后应及时浇筑两侧过渡段混凝土，并与桥面铺装接顺，每侧混凝土宽度不宜小于0.5m。

（4）齿形钢板伸缩装置施工应符合下列规定：

① 底层支撑角钢应与梁端锚固筋焊接。

② 支撑角钢与底层钢板焊接时，应采取防止钢板局部变形措施。

③ 齿形钢板宜采用整块钢板齿仿形切割成型，经加工后对号入座。

④ 安装顶部齿形钢板，应按安装时气温经计算确定定位值。齿形钢板与底层钢板端部焊缝应采用间隔跳焊，中部塞孔焊应间隔分层满焊，焊接后齿形钢板与底层钢板应密贴。

⑤ 齿形钢板伸缩装置宜在梁端伸缩缝处采用U形铝板或橡胶板止水带防水。

（5）模数式伸缩装置施工应符合下列规定：

① 模数式伸缩装置在工厂组装成型后运至工地，应按

国家现行标准《公路桥梁伸缩装置通用技术条件》(JT/T 327—2016)对成品进行验收,合格后方可安装。

② 伸缩装置安装时其间隙量定位值应由厂家根据施工时气温在工厂完成,用定位卡固定。如需在现场调整间隙量应在厂家专业人员指导下进行,调整定位并固定后应及时安装。

③ 伸缩装置应使用专用车辆运输,按厂家标明的吊点进行吊装,防止变形。现场堆放场地应平整,并避免雨淋曝晒和防尘。

④ 安装前应按设计和产品说明书要求检查锚固筋规格和间距、预留槽尺寸,确认符合设计要求,并清理预留槽。

⑤ 分段安装的长伸缩装置需现场焊接时,宜由厂家专业人员施焊。

⑥ 伸缩装置中心线与梁段间隙中心线应对正重合。伸缩装置顶面各点高程应与桥面横断面高程对应一致。

⑦ 伸缩装置的边梁和支承箱应焊接锚固,并应在作业中采取防止变形措施。

⑧ 过渡段混凝土与伸缩装置相接处应粘固密封条。

⑨ 混凝土达到设计强度后,方可拆除定位卡。

2.13.4.2 质量要点

(1) 伸缩装置安装前应检查修正梁端预留缝的间隙,缝宽应符合设计要求,上下必须贯通,不得堵塞。伸缩装置应锚固可靠,浇筑锚固段(过渡段)混凝土时应采取措施防止堵塞梁端伸缩缝隙。

(2) 伸缩装置安装前应对照设计要求、产品说明,对成品进行验收,合格后方可使用。安装伸缩装置时应按安装时气温确定安装定位值,保证设计伸缩量。

(3) 伸缩装置宜采用后嵌法安装,即先铺桥面层,再切割出预留槽安装伸缩装置。

2.13.4.3 质量验收

1. 主控项目

(1) 伸缩装置的形式和规格必须符合设计要求,缝宽应根据设计规定和安装时的气温进行调整。

检查数量:全数检查。

检验方法:观察、钢尺量测。

(2) 伸缩装置安装时焊接质量和焊缝长度应符合设计要求和规范规定,焊缝必须牢固,严禁用点焊连接。大型伸缩装置与钢梁连接处的焊缝应做超声波检测。

检查数量:全数检查。

检验方法:观察、检查焊缝检测报告。

(3) 伸缩装置锚固部位的混凝土强度应符合设计要求,表面应平整,与路面衔接应平顺。

检查数量:全数检查。

检验方法:观察、检查同条件养护试件强度试验报告。

2. 一般项目

(1) 伸缩装置安装允许偏差应符合表2-76的规定。

表2-76 伸缩装置安装允许偏差

项目	允许偏差(mm)	检验频率		检验方法
		范围	点数	
顺桥平整度	符合道路标准	每条缝	每车道1点	按道路检验标准检测
相邻板差	2			用钢板尺和塞尺量
缝宽	符合设计要求			用钢尺量,任意选点
与桥面高差	2			用钢板尺和塞尺量
长度	符合设计要求		2	用钢尺量

(2) 伸缩装置应无渗漏、无变形，伸缩缝应无阻塞。

检查数量：全数检查。

检验方法：观察。

2.13.4.4　安全要点

(1) 桥面上不得将施工材料、设备等随意堆放，以免放置不当掉落伤人，禁止向下抛掷材料、杂物等。

(2) 焊工高处作业时，必须符合下列要求：

① 与电线的距离不得小于 2.5m；

② 必须使用标准的防火安全带，并系在可靠的构架上；

③ 必须在伸缩缝正下方 5m 外设置护栏，并设专人值守；

④ 必须清除伸缩缝下方区域易燃、易爆物品；

⑤ 焊机必须放置平稳、牢固，设良好的接地保护装置。

2.13.5　防护设施

2.13.5.1　施工要点

(1) 栏杆和防撞、隔离设施应在桥梁上部结构混凝土的浇筑支架卸落后施工，其线形应流畅、平顺，伸缩缝必须全部贯通，并与主梁伸缩缝相对应。

(2) 防护设施采用混凝土预制构件安装时，砂浆强度应符合设计要求，当设计无规定时，宜采用 M20 水泥砂浆。

(3) 护栏、防护网宜在桥面、人行道铺装完成后安装。

2.13.5.2　质量要点

(1) 预制混凝土栏杆采用榫槽连接时，安装就位后应用硬塞块固定，灌浆同结。塞块拆除时，灌浆材料强度不得低于设计强度的 75%。采用金属栏杆时，焊接必须牢固，毛刺应打磨平整,并及时除锈防腐。

(2)防撞墙必须与桥面混凝土预埋件、预埋筋连接牢固,并应在施作桥面防水层前完成。

2.13.5.3 质量验收

1. 主控项目

(1)混凝土栏杆、防撞护栏、防撞墩、隔离墩的强度应符合设计要求,安装必须牢固、稳定。

检查数量:全数检查。

检验方法:观察、检验混凝土试件强度试验报告。

(2)金属栏杆、防护网的品种、规格应符合设计要求,安装必须牢固。

检查数量:全数检查。

检查方法:观察、用钢尺量、检查产品合格证、检查进场检验记录、用焊缝量规检查。

2. 一般项目

(1)预制混凝土栏杆允许偏差应符合表 2-77 的规定。栏杆安装允许偏差应符合表 2-78 的规定。

表 2-77 预制混凝土栏杆允许偏差

项目		允许偏差(mm)	检验频率		检验方法
			范围	点数	
断面尺寸	宽	±4	每件(抽查 10%,且不少于 5 件)	1	用钢尺量
	高			1	
长度		0 −10		1	用钢尺量
侧向弯曲		$L/750$		1	沿构件全长拉线,用钢尺量(L 为构件长度)

表 2-78 栏杆安装允许偏差

项目		允许偏差（mm）	检验频率		检验方法
			范围	点数	
直顺度	扶手	4	每跨侧	1	用10m线和钢尺量
垂直度	栏杆柱	3	每柱（抽查10%）	2	用垂线和钢尺量，顺、横桥轴方向各1点
栏杆间距		±3	每柱（抽查10%)	1	用钢尺量
相邻栏杆扶手高差	有柱	4	每处（抽查10%）	1	
	无柱	2			
栏杆平面偏位		4	每30m	1	用经纬仪和钢尺量

注：现场浇筑的栏杆、扶手和钢结构栏杆、扶手的允许偏差可按本款执行。

(2) 金属栏杆、防护网必须按设计要求作防腐处理，不得漏涂、剥落。

检查数量：抽查5%。

检验方法：观察、用涂层测厚检查。

(3) 防撞护栏、防撞墩、隔离墩允许偏差应符合表2-79的规定。

表 2-79 防撞护栏、防撞墩、隔离墩允许偏差

项目	允许偏差（mm）	检验频率		检验方法
		范围	点数	
直顺度	5	每20m	1	用20m线和钢尺量
平面偏位	4	每20m	1	经纬仪放线，用钢尺量
预埋件位置	5	每件	2	经纬仪放线，用钢尺量
断面尺寸	±5	每20m	1	用钢尺量

续表

项目	允许偏差（mm）	检验频率		检验方法
		范围	点数	
相邻高差	3	抽查20%	1	用钢板尺和钢尺量
顶面高程	±10	每20m	1	用水准仪测量

（4）防护网安装允许偏差应符合表2-80的规定。

表2-80 防护网安装允许偏差

项目	允许偏差（mm）	检验频率		检验方法
		范围	点数	
防护网直顺度	5	每10m	1	用10m线和钢尺量
立柱垂直度	5	每柱（抽查20%）	2	用垂线和钢尺量，顺、横桥轴方向各1点
立柱中距	±10	每处（抽查20%）	1	用钢尺量
高度	±5			

（5）防护网安装后，网面应平整，无明显翘曲、凹凸现象。

检查数量：全数检查。

检验方法：观察。

（6）混凝土结构表面不得有孔洞、露筋、蜂窝、麻面、缺棱、掉角等缺陷，线形应流畅平顺。

检查数量：全数检查。

检验方法：观察。

（7）防护设施伸缩缝必须全部贯通，并与主梁伸缩缝相对应。

检查数量：全数检查。

检查方法：观察。

2.13.5.4 安全要点

（1）高处上下交叉作业时，必须在上下两层中间设密铺棚板或其他隔离设施。

（2）高处作业面上的材料应堆放平稳，工具应随时放入工具袋内，传递物要安全可靠，严禁抛掷。

（3）悬空施工时必须使用安全防护用品，保证立拆模板过程、混凝土浇筑过程人员悬空施工安全。

（4）施工过程防止模板混凝土附属材料的坠落，防止高空坠物伤人。

2.13.6 人行道

2.13.6.1 施工要点

（1）人行道结构应在栏杆、地袱完成后施工，且在桥面铺装层施工前完成。

（2）人行道下铺设其他设施时，应在其他设施验收合格后，方可进行人行道铺装。

2.13.6.2 质量要点

人行道施工应符合国家现任标准及《城镇道路工程施工与质量验收规范》（CJJ 1—2008）的有关规定。

2.13.6.3 质量验收

1. 主控项目

人行道结构材质和强度应符合设计要求。

检查数量：全数检查。

检查方法：检查产品合格证和试件强度试验报告。

2. 一般项目

人行道铺装允许偏差应符合表2-81的规定。

表 2-81 人行道铺装允许偏差

项目	允许偏差（mm）	检验频率		检验方法
		范围	点数	
人行道边缘平面偏位	5	每20m一个断面	2	用 20m 线和钢尺量
纵向高程	+10 0		2	用水准仪测量
接缝两侧高差	2		2	
横坡	±0.3%		3	
平整度	5		3	用 3m 直尺、塞尺量

2.13.6.4　安全要点

悬臂式人行道构件必须在主梁横向连接或拱上建筑完成后方可安装。人行道板必须在人行道梁锚固后方可铺设。

2.14　附属结构

2.14.1　桥头搭板

2.14.1.1　施工要点

（1）现浇桥头搭板基底应平整、密实，在砂土上浇筑应铺 3~5cm 厚水泥砂浆垫层。

（2）预制桥头搭板安装时应在与地梁、桥台接触面铺 2~3cm 厚水泥砂浆，搭板应安装稳固不翘曲。预制板纵向留灌浆槽，灌浆应饱满，砂浆达到设计强度后方可铺筑路面。

2.14.1.2　质量要点

现浇和预制桥头搭板，应保证桥梁伸缩缝贯通、不堵塞，且与地梁、桥台锚固牢固。

2.14.1.3　质量验收

一般项目

（1）桥头搭板允许偏差应符合表 2-82 的规定。

表 2-82　混凝土桥头搭板（预制或现浇）允许偏差

项目	允许偏差（mm）	检验频率 范围	检验频率 点数	检验方法
宽度	±10	每块	2	用钢尺量
厚度	±5	每块	2	用钢尺量
长度	±10	每块	2	用钢尺量
顶面高程	±2	每块	3	用水准仪测量，每端3点
轴线偏位	10	每块	2	用经纬仪测量
板顶纵坡	±0.3%	每块	3	用水准仪测量，每端3点

（2）混凝土搭板、枕梁不得有蜂窝、露筋，板的表面应平整，板边缘应直顺。

检查数量：全数检查。

检验方法：观察。

（3）搭板、枕梁支承处接触严密、稳固，相邻板之间的缝隙应嵌填密实。

检查数量：全数检查。

检验方法：观察。

2.14.1.4　安全要点

（1）作业前必须检查设备技术状态和安全设施是否完好，试转正常后方可准作业。

（2）在浇筑混凝土过程中必须对模板、支撑进行巡视看护，观察模板、支撑的位移和变形情况，发现异常时必须及时采取稳固措施。

3 管道工程

3.1 土石方与地基处理

3.1.1 沟槽开挖与支护

3.1.1.1 施工要点

(1) 对有地下水影响的土方施工,应根据工程规模、工程地质、水文地质、周围环境等要求,制订施工降排水方案,方案应包括以下主要内容:

① 降排水量计算;

② 降排水方法的选定;

③ 排水系统的平面和竖向布置,观测系统的平面布置以及抽水机械的选型和数量;

④ 降水井的构造,井点系统的组合与构造,排放管渠的构造、断面和坡度;

⑤ 电渗排水所采用的设施及电极;

⑥ 沿线地下和地上管线、周边构(建)筑物的保护和施工安全措施。

(2) 降水井的平面布置应符合下列规定:

① 在沟槽两侧应根据计算确定采用单排或双排降水井,在沟槽端部,降水井外延长度应为沟槽宽度的1~2倍;

② 在地下水补给方向可加密,在地下水排泄方向可减少。

（3）沟槽断面的选择与确定应符合下列规定：

① 槽底宽、槽深、分层开挖高度、各层边坡及层间留台宽度等，应方便管道结构施工，确保施工质量和安全，并尽可能减少挖方和占地；

② 做好土（石）方平衡调配，尽可能避免重复挖运；大断面深沟槽开挖时，应编制专项施工方案；

③ 沟槽外侧应设置截水沟及排水沟，防止雨水浸泡沟槽。

（4）管道交叉处理应符合下列规定：

① 应满足管道间最小净距的要求，且按有压管道避让无压管道、支管道避让干线管道、小口径管道避让大口径管道的原则处理；

② 新建给排水管道与其他管道交叉时，应按设计要求处理；施工过程中对既有管道进行临时保护时，所采取的措施应征求有关单位意见；

③ 新建给排水管道与既有管道交叉部位的回填压实度应符合设计要求，并应使回填材料与被支承管道贴紧密实。

（5）沟槽开挖与支护的施工方案主要内容应包括：

① 沟槽施工平面布置图及开挖断面图；

② 沟槽形式、开挖方法及堆土要求；

③ 无支护沟槽的边坡要求；有支护沟槽的支撑形式、结构、支拆方法及安全措施；

④ 施工设备机具的型号、数量及作业要求；

⑤ 不良土质地段沟槽开挖时采取的护坡和防止沟槽坍塌的安全技术措施；

⑥ 施工安全、文明施工、沿线管线及构（建）筑物保护要求等。

(6) 采用坡度板控制槽底高程和坡度时，应符合下列规定：

① 坡度板选用有一定刚度且不易变形的材料制作，其设置应牢固；

② 对于平面上呈直线的管道，坡度板设置的间距不宜大于 15m；对于曲线管道，坡度板间距应加密；井室位置、折点和变坡点处，应增设坡度板；

③ 坡度板距槽底的高度不宜大于 3m。

(7) 采用撑板支撑应经计算确定撑扳构件的规格尺寸，且应符合下列规定：

① 木撑板构件规格应符合下列规定：

A. 撑板厚度不宜小于 50mm，长度不宜小于 4m；

B. 横梁或纵梁宜为方木，其断面不宜小于 150mm×150mm；

C. 横撑宜为圆木，其梢径不宜小于 100mm；

② 撑板支撑的横梁、纵梁和横撑布置应符合下列规定：

A. 每根横梁或纵梁不得少于 2 根横撑；

B. 横撑的水平间距宜为 1.5～2.0m；

C. 横撑的垂直间距不宜大于 1.5m；

D. 横撑影响下管时，应有相应的替撑措施或采用其他有效的支撑结构；

③ 撑板支撑应随挖土及时安装；

④ 在软土或其他不稳定土层中采用横排撑板支撑时，开始支撑的沟槽开挖深度不得超过 1.0m；开挖与支撑交替进行，每次交替的深度宜为 0.4～0.8m；

⑤ 横梁、纵梁和横撑的安装应符合下列规定：

A. 横梁应水平，纵梁应垂直，且与撑板密贴，连接牢固；

B. 横撑应水平，与横梁或纵梁垂直，且支紧、牢固；

C. 采用横排撑板支撑，遇有柔性管道横穿沟槽时，管道下面的撑板上缘应紧贴管道安装；管道上面的撑板下缘距管道顶面不宜小于 100mm；

D. 承托翻土板的横撑必须加固，翻土板的铺设应平整，与横撑的连接应牢固。

（8）采用钢板桩支撑，应符合下列规定：

① 构件的规格尺寸经计算确定；

② 通过计算确定钢板桩的入土深度和横撑的位置与断面；

③ 采用型钢作横梁时，横梁与钢板桩之间的缝应采用木板垫实，横梁、横撑与钢板桩连接牢固。

（9）拆除撑板应符合下列规定：

① 支撑的拆除应与回填土的填筑高度配合进行，且在拆除后应及时回填；

② 对于设置排水沟的沟槽，应从两座相邻排水井的分水线向两端延伸拆除；

③ 对于多层支撑沟槽，应待下层回填完成后再拆除其上层槽的支撑；

④ 拆除单层密排撑板支撑时，应先回填至下层横撑底面，再拆除下层横撑，待回填至半槽以上，再拆除上层横撑；一次拆除有危险时，宜采取替换拆撑法拆除支撑。

（10）拆除钢板桩应符合下列规定：

① 在回填达到规定要求高度后，方可拔除钢板桩；

② 钢板桩拔除后应及时回填桩孔；

③ 回填桩孔时应采取措施填实；采用砂灌回填时，非

湿陷性黄土地区可冲水助沉；有地面沉降控制要求时，宜采取边拔桩边注浆等措施。

（11）铺设柔性管道的沟槽，支撑的拆除应按设计要求进行。

3.1.1.2 质量要点

（1）沟槽开挖至设计高程后应由建设单位会同设计、勘察、施工、监理单位共同验槽；发现岩、土质与勘察报告不符或有其他异常情况时，由建设单位会同上述单位研究处理措施。

（2）沟槽支护应根据沟槽的土质、地下水位、沟槽断面、荷载条件等因素进行设计；施工单位应按设计要求进行支护。

（3）设计降水深度在基坑（槽）范围内不应小于基坑（槽）底面以下 0.5m。

（4）降水深度必要时应进行现场抽水试验，以验证并完善降排水方案。

（5）采取明沟排水施工时，排水井宜布置在沟槽范围以外，其间距不宜大于 150m。

（6）施工降排水终止抽水后，降水井及拔除井点管所留的孔洞，应及时用砂石等填实；地下水静水位以上部分，可采用黏土填实。

（7）沟槽底部的开挖宽度，应符合设计要求。设计无要求时，可按公式（3-1）计算确定：

$$B = D_0 + 2(b_1 + b_2 + b_3) \quad (3-1)$$

式中 B——管道沟槽底部的开挖宽度（mm）；

D_0——管外径（mm）；

b_1——管道一侧的工作面宽度（mm），可按表 3-1

选取;

b_2——有支撑要求时,管道一侧的支撑厚度,可取 150~200mm;

b_3——现场浇筑混凝土或钢筋混凝土管渠一侧模板的厚度(mm)。

表 3-1 管道一侧的工作面宽度

管道的外径 D_0 (mm)	管道一侧的工作面宽度 b_1 (mm)		
	混凝土类管道		金属类管道、化学建材管道
$D_0 \leqslant 500$	刚性接口	400	300
	柔性接口	300	
$500 < D_0 \leqslant 1000$	刚性接口	500	400
	柔性接口	400	
$1000 < D_0 \leqslant 1500$	刚性接口	600	500
	柔性接口	500	
$1500 < D_0 \leqslant 3000$	刚性接口	800~1000	700
	柔性接口	600	

注:1. 槽底需设排水沟时,b_1 应适当增加;

2. 管道有现场施工的外防水层时,b_1 宜取 800mm;

3. 采用机械回填管道侧面时,b_1 需满足机械作业的宽度要求。

(8)地质条件良好、土质均匀、地下水位低于沟槽底面高程,且开挖深度在 5m 以内、沟槽不设支撑时,沟槽边坡最陡坡度应符合表 3-2 的规定。

表 3-2 深度在 5m 以内的沟槽边坡的最陡坡度

土的类别	边坡坡度(高:宽)		
	坡顶无荷载	坡顶有静载	坡顶有动载
中密的砂土	1:1.00	1:1.25	1:1.50

续表

土的类别	边坡坡度（高：宽）		
	坡顶无荷载	坡顶有静载	坡顶有动载
中密的碎石类土（充填物为砂土）	1：0.75	1：1.00	1：1.25
硬塑的粉土	1：0.67	1：0.75	1：1.00
中密的碎石类土（充填物为黏性土）	1：0.50	1：0.67	1：0.75
硬塑的粉质黏土、黏土	1：0.33	1：0.50	1：0.67
老黄土	1：0.10	1：0.25	1：0.33
软土（经井点降水后）	1：1.25	—	—

（9）沟槽的开挖应符合下列规定：

① 沟槽的开挖断面应符合施工组织设计（方案）的要求。槽底原状地基土不得扰动，机械开挖时槽底预留200～300mm土层由人工开挖至设计高程，整平；

② 槽底不得受水浸泡或受冻，槽底局部扰动或受水浸泡时，宜采用天然级配砂砾石或石灰土回填；槽底扰动土层为湿陷性黄土时，应按设计要求进行地基处理；

③ 槽底土层为杂填土、腐蚀性土时，应全部挖除并按设计要求进行地基处理；

④ 槽壁平顺，边坡坡度符合施工方案的规定；

⑤ 在沟槽边坡稳固后设置供施工人员上下沟槽的安全梯。

3.1.1.3 质量验收

（1）沟槽开挖应符合下列规定：

① 主控项目。

A. 原状地基土不得扰动、受水浸泡或受冻。

检查方法：观察，检查施工记录。

B. 地基承载力应满足设计要求；

检查方法：观察，检查地基承载力试验报告。
② 一般项目。
A. 沟槽开挖的允许偏差应符合表 3-3 的规定。

表 3-3 沟槽开挖的允许偏差

序号	检查项目	允许偏差（mm）		检查数量		检查方法
				范围	点数	
1	槽底高程	土方	±20	两井之间	3	用水准仪测量
		石方	+20、−200			
2	槽底中线每侧宽度	不小于规定		两井之间	6	挂中线用钢尺量测，每侧计3点
3	沟槽边坡	不陡于规定		两井之间	6	用坡度尺量测，每侧计3点

（2）沟槽支护应符合现行国家标准《建筑地基工程施工质量验收标准》(GB 50202—2018) 的相关规定，对于撑板、钢板桩支撑还应符合下列规定：
① 主控项目。
A. 支撑方式、支撑材料符合设计要求。
检查方法：观察，检查施工方案。
B. 支护结构强度、刚度、稳定性符合设计要求。
检查方法：观察，检查施工方案、施工记录。
② 一般项目。
A. 横撑不得妨碍下管和稳管。
检查方法：观察。
B. 支撑构件安装应牢固、安全可靠，位置正确。
检查方法：观察。
C. 支撑后，沟槽中心线每侧的净宽不应小于施工方案设计要求。

检查方法：观察，用钢尺量测。

D. 钢板桩的轴线位移不得大于50mm，垂直度不得大于1.5％。

检查方法：观察，用小线、垂球量测。

3.1.1.4 安全要点

（1）建设单位应向施工单位提供施工影响范围内地下管线（构筑物）及其他公共设施资料，施工单位应采取措施加以保护。

（2）沟槽的开挖、支护方式应根据工程地质条件、施工方法、周围环境等要求进行技术经济比较，确保施工安全和环境保护要求。

（3）施工单位应采取有效措施控制施工降排水对周边环境的影响。

（4）沟槽每侧临时堆土或施加其他荷载时，应符合下列规定：

① 不得影响建(构)筑物、各种管线和其他设施的安全；

② 不得掩埋消火栓、管道闸阀、雨水口、测量标志以及各种地下管道的井盖，且不得妨碍其正常使用；

③ 堆土距沟槽边缘不小于0.8m，且高度不应超过1.5m；沟槽边堆置土方不得超过设计堆置高度。

（5）沟槽挖深较大时，应确定分层开挖的深度，并符合下列规定：

① 人工开挖沟槽的槽深超过3m时应分层开挖，每层的深度不超过2m；

② 人工开挖多层沟槽的层间留台宽度：放坡开槽时不应小于0.8m，直槽时不应小于0.5m，安装井点设备时不应小于1.5m；

③ 采用机械挖槽时，沟槽分层的深度按机械性能确定。

（6）沟槽支撑应符合以下规定：

① 支撑应经常检查，发现支撑构件有弯曲、松动、移位或劈裂等迹象时，应及时处理；雨期及春季解冻时期应加强检查；

② 拆除支撑前，应对沟槽两侧的建筑物、构筑物和槽壁进行安全检查，并应制订拆除支撑的作业要求和安全措施；

③ 施工人员应由安全梯上下沟槽，不得攀登支撑。

3.1.2 地基处理

3.1.2.1 施工要点

（1）槽底局部超挖或发生扰动时，处理应符合下列规定：

① 超挖深度不超过 150mm 时，可用挖槽原土回填夯实，其压实度不应低于原地基土的密实度；

② 槽底地基土壤含水量较大，不适于压实时，应采取换填等有效措施。

（2）排水不良造成地基土扰动时，可按以下方法处理：

① 扰动深度在 100mm 以内，宜填天然级配砂石或砂砾处理；

② 扰动深度在 300mm 以内，但下部坚硬时，宜填卵石或块石，再用砾石填充空隙并找平表面。

（3）柔性管道处理宜采用砂桩、搅拌桩等复合地基。

3.1.2.2 质量要点

（1）管道地基应符合设计要求，管道天然地基的强度不能满足设计要求时应按设计要求加固。

（2）设计要求换填时，应按要求清槽，并经检查合格；回填材料应符合设计要求或有关规定。

(3) 灰土地基、砂石地基和粉煤灰地基施工前必须按本节 3.1.2.2 第 1 条的规定验槽并处理。

(4) 采用其他方法进行管道地基处理时，应满足国家有关规范规定和设计要求。

3.1.2.3 质量验收

主控项目

(1) 原状地基土不得扰动、受水浸泡或受冻。

检查方法：观察，检查施工记录。

(2) 地基承载力应满足设计要求。

检查方法：观察，检查地基承载力试验报告。

(3) 压实度、厚度满足设计要求。

检查方法：按设计或规定要求进行检查，检查检测记录、试验报告。

3.1.2.4 安全要点

电动夯实机械的电源线必须完好无损并安装漏电保护器，操作时应戴绝缘手套，一人操作，一人扶持电源线辅助，停用时立即切断电源。

施工现场设置警示牌，禁止行人和车辆随意通行。

3.1.3 沟槽回填

3.1.3.1 施工要点

(1) 沟槽回填管道应符合以下规定：

① 压力管道水压试验前，除接口外，管道两侧及管顶以上回填高度不应小于 0.5m；水压试验合格后，应及时回填沟槽的其余部分；

② 无压管道在闭水或闭气试验合格后应及时回填。

(2) 管道沟槽回填应符合下列规定：

① 沟槽内砖、石、木块等杂物清除干净；

② 沟槽内不得有积水；

③ 保持降排水系统正常运行，不得带水回填。

（3）井室、雨水口及其他附属构筑物周围回填应符合下列规定：

① 井室周围的回填，应与管道沟槽回填同时进行；不便同时进行时，应留台阶形接茬；

② 井室周围回填压实时应沿井室中心对称进行，且不得漏夯；

③ 回填材料压实后应与井壁紧贴；

④ 路面范围内的井室周围，应采用石灰土、砂、砂砾等材料回填，其回填宽度不宜小于400mm；

⑤ 严禁在槽壁取土回填。

（4）回填土或其他回填材料运入槽内时不得损伤管道及其接口，并应符合下列规定：

① 根据每层虚铺厚度的用量将回填材料运至槽内，且不得在影响压实的范围内堆料；

② 管道两侧和管顶以上500mm范围内的回填材料，应由沟槽两侧对称运入槽内，不得直接回填在管道上；回填其他部位时，应均匀运入槽内，不得集中推入；

③ 需要拌和的回填材料，应在运入槽内前拌和均匀，不得在槽内拌和。

（5）刚性管道沟槽回填的压实作业应符合下列规定：

① 回填压实应逐层进行，且不得损伤管道；

② 管道两侧和管顶以上500mm范围内胸腔夯实，应采用轻型压实机具，管道两侧压实面的高差不应超过300mm；

③ 管道基础为土弧基础时，应填实管道支撑角范围内腋角部位；压实时，管道两侧应对称进行，且不得使管道位

移或损伤；

④ 同一沟槽中有双排或多排管道的基础底面位于同一高程时，管道之间的回填压实应与管道与槽壁之间的回填压实对称进行；

⑤ 同一沟槽中有双排或多排管道但基础底面的高程不同时，应先回填基础较低的沟槽；回填至较高基础底面高程后，再按上一款规定回填；

⑥ 分段回填压实时，相邻段的接茬应呈台阶形，且不得漏夯；

⑦ 采用轻型压实设备时，应夯夯相连；采用压路机时，碾压的重叠宽度不得小于 200mm；

⑧ 采用压路机、振动压路机等压实机械压实时，其行驶速度不得超过 2km/h；

⑨ 接口工作坑回填时底部凹坑应先回填压实到管底，然后与沟槽同步回填。

（6）柔性管道的沟槽回填作业应符合下列规定：

① 回填前，检查管道有无损伤或变形，有损伤的管道应修复或更换；

② 管内径大于 800mm 的柔性管道，回填施工时应在管内设有竖向支撑；

③ 管基有效支承角范围应采用中粗砂填充密实，与管壁紧密接触，不得用土或其他材料填充；

④ 管道半径以下回填时应采取防止管道上浮、位移的措施；

⑤ 管道回填时间宜在一昼夜中气温最低时段，从管道两侧同时回填，同时夯实；

⑥ 沟槽回填从管底基础部位开始到管顶以上 500mm 范

围内，必须采用人工回填；管顶500mm以上部位，可用机械从管道轴线两侧同时夯实；每层回填高度应不大于200mm；

⑦ 管道位于车行道下，铺设后即修筑路面或管道位于软土地层以及低洼、沼泽、地下水位高地段时，沟槽回填宜先用中、粗砂将管底腋角部位填充密实后，再用中、粗砂分层回填到管顶以上500mm；

⑧ 回填作业的现场试验段长度应为一个井段或不少于50m，因工程因素变化改变回填方式时，应重新进行现场试验。

(7) 柔性管道回填至设计高程时，应在12~24h内测量并记录管道变形率，管道变形率应符合设计要求；设计无要求时，钢管或球墨铸铁管道变形率应不超过2%，化学建材管道变形率应不超过3%；当超过时，应采取下列处理措施：

① 当钢管或球墨铸铁管道变形率超过2%，但不超过3%时；化学建材管道变形率超过3%，但不超过5%时；应采取下列处理措施：

A. 挖出回填材料至露出管径85%处，管道周围内应人工挖掘以避免损伤管壁；

B. 挖出管节局部有损伤时，应进行修复或更换；

C. 重新夯实管道底部的回填材料；

D. 选用适合回填材料按本节3.1.3.1第6条的规定重新回填施工，直至设计高程；

E. 按规定重新检测管道的变形率。

② 钢管或球墨铸铁管道的变形率超过3%时，化工建材管道变形率超过5%时，应挖出管道，并会同设计单位研究处理。

3.1.3.2 质量要点

(1) 给排水管道铺设完毕并经检验合格后,应及时回填沟槽。回填前,应符合下列规定:

① 预制钢筋混凝土管道的现浇筑基础的混凝土强度、水泥砂浆接口的水泥砂浆强度不应小于 5MPa;

② 现浇钢筋混凝土管渠的强度应达到设计要求;

③ 混合结构的矩形或拱形管渠,砌体的水泥砂浆强度应达到设计要求;

④ 井室、雨水口及其他附属构筑物的现浇混凝土强度或砌体水泥砂浆强度应达到设计要求;

⑤ 回填时采取防止管道发生位移或损伤的措施;

⑥ 化工建材管道或管径大于 900mm 的钢管、球墨铸铁管等柔性管道在沟槽回填前,应采取措施控制管道的竖向变形;

⑦ 雨期应采取措施防止管道漂浮。

(2) 除设计有要求外,回填材料应符合下列规定:

① 采用土回填时,应符合下列规定:

A. 槽底至管顶以上 500mm 范围内,土中不得含有机物、冻土以及大于 50mm 的砖、石等硬块;在抹带接口处、防腐绝缘层或电缆周围,应采用细粒土回填;

B. 冬期回填时管顶以上 500mm 范围以外可均匀掺入冻土,其数量不得超过填土总体积的 15%,且冻块尺寸不得超过 100mm;

C. 回填土的含水量,宜按土类和采用的压实工具控制在最佳含水率±2%范围内;

② 采用石灰土、砂、砂砾等材料回填时,其质量应符合设计要求或有关标准规定。

(3) 每层回填土的虚铺厚度,应根据所采用的压实机具按表 3-4 的规定选取。

表 3-4 每层回填土的虚铺厚度

压实机具	虚铺厚度（mm）
木夯、铁夯	≤200
轻型压实设备	200～250
压路机	200～300
振动压路机	≤400

（4）回填作业每层土的压实遍数，按压实度要求、压实工具、虚铺厚度和含水量，应经现场试验确定。

（5）采用重型压实机械压实或较重车辆在回填土上行驶时，管道顶部以上应有一定厚度的压实回填土，其最小厚度应按压实机械的规格和管道的设计承载力，通过计算确定。

（6）软土、湿陷性黄土、膨胀土、冻土等地区的沟槽回填，应符合设计要求和当地工程标准规定。

（7）管道埋设的最小管顶覆土厚度应符合设计要求，且满足当地冻土层厚度要求；管顶覆土回填压实度达不到设计要求时应与设计协商进行处理。

3.1.3.3 质量验收

1. 主控项目

（1）回填材料符合设计要求；

检查方法：观察；按国家有关规范的规定和设计要求进行检查，检查检测报告。

检查数量：条件相同的回填材料，每铺筑 $1000m^2$，应取样一次，每次取样至少应做两组测试；回填材料条件变化或来源变化时，应分别取样检测。

（2）沟槽不得带水回填，回填应密实。

检查方法：观察，检查施工记录。

（3）柔性管道的变形率不得超过设计要求或本节 3.1.3.1 第 7 条的规定，管壁不得出现纵向隆起、环向扁平和其他变形情况。

检查方法：观察，方便时用钢尺直接量测，不方便时用圆度测试板或芯轴仪在管内拖拉量测管道变形率；检查记录，检查技术处理资料；

检查数量：试验段（或初始 50m）不少于 3 处，每 100m 正常作业段（取起点、中间点、终点近处各一点），每处平行测量 3 个断面，取其平均值。

（4）回填土压实度应符合设计要求，设计无要求时，应符合表 3-5、表 3-6 的规定。柔性管道沟槽回填部位与压实度见图 3-1。

表 3-5 刚性管道沟槽回填土压实度

序号	项目			最低压实度（%）		检查数量		检查方法
				重型击实标准	轻型击实标准	范围	点数	
1	石灰土类垫层			93	95	100m	每层每侧一组（每组3点）	用环刀法检查或采用现行国家标准《土工试验方法标准》GB/T 50123 中其他方法
2	沟槽在路基范围外	胸腔部分	管侧	87	90	两井之间或 1000m²		
			管顶以上 500mm	87±2（轻型）				
		其余部分		≥90（轻型）或按设计要求				
		农田或绿地范围表层 500mm 范围内		不宜压实，预留沉降量，表面整平				

续表

序号	项目			最低压实度（%）		检查数量		检查方法
				重型击实标准	轻型击实标准	范围	点数	
3	沟槽在路基范围内	胸腔部分	管侧	87	90	两井之间或1000m²	每层每侧一组（每组3点）	用环刀法检查或采用现行国家标准《土工试验方法标准》GB/T 50123中其他方法
			管顶以上250mm	87±2（轻型）				
		由路槽底算起的深度范围(mm)	≤800 快速路及主干路	95	98			
			≤800 次干路	93	95			
			≤800 支路	90	92			
			>800~1500 快速路及主干路	93	95			
			>800~1500 次干路	90	92			
			>800~1500 支路	87	90			
			>1500 快速路及主干路	87	90			
			>1500 次干路	87	90			
			>1500 支路	87	90			

注：表中重型击实标准的压实度和轻型击实标准的压实度，分别以相应的标准击实试验法求得的最大干密度为100%。

表 3-6　柔性管道沟槽回填土压实度

槽内部位		压实度（%）	回填材料	检查数量		检查方法
				范围	点数	
管道基础	管底基础	≥90	中、粗砂	—	—	用环刀法检查或采用现行国家标准《土工试验方法标准》GB/T 50123 中其他方法
	管道有效支撑角范围	≥95		每 100m	每层每侧一组（每组 3 点）	
管道两侧		≥95	中、粗砂、碎石屑，最大粒径小于 40mm 的砂砾或符合要求的原土	两井之间或每 1000m²		
管顶以上 500mm	管道两侧	≥90				
	管道上部	85±2				
管顶 500～1000mm		≥90	原土回填			

注：回填土的压实度，除设计要求用重型击实标准外，其他皆以轻型击实标准试验获得最大干密度为 100%。

2. 一般项目

（1）回填应达到设计高程，表面应平整。

检查方法：观察，有疑问处用水准仪测量。

（2）回填时管道及附属构筑物无损伤、沉降、位移。

检查方法：观察，有疑问处用水准仪测量。

3.1.3.4　安全要点

（1）电动夯实机具必须由电工接线与拆卸，并随时检查机具、缆线和接头，确认无漏电；使用夯实机具必须按规定配置操作人员，操作人员应经过安全技术培训，且人员相对固定。

（2）使用压路机时，指挥人员应走行于机械行驶方向后面或安全的一侧，并与压路机操作工密切配合，及时疏导周围人员至安全地带；运行中，现场人员不得攀登机械和触摸机械传动部位。

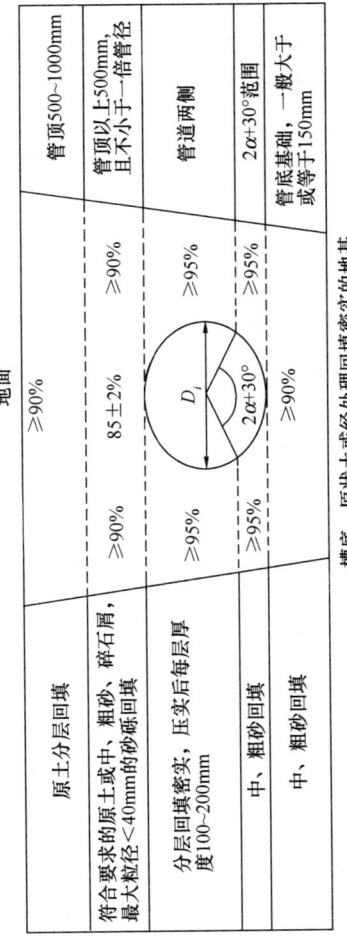

图 3-1 柔性管道沟槽回填部位与压实密度示意图

（3）用手推车、自卸汽车、机动翻斗车、装载机等向沟槽内卸土时，沟槽边必须对车轮设牢固挡掩；手推车严禁撒把倒土；卸土时应设专人指挥，指挥人员必须站位于车辆、机械侧面；卸土前指挥人员必须检查挡掩和坑下人员情况确认安全后，方可向车辆、机械操作工发出卸车信号。

3.2 开槽施工管道主体结构

3.2.1 管道基础
3.2.1.1 施工要点

（1）管道基础采用原状地基时，施工应符合下列规定：

① 原状土地基局部超挖或扰动时应按本章 3.1.2 节的有关规定进行处理；岩石地基局部超挖时，应将基底碎渣全部清理，回填低强度等级混凝土或粒径 10～15mm 的砂石回填夯实；

② 原状地基为岩石或坚硬土层时，管道下方应铺设砂垫层，其厚度应符合表 3-7 的规定；

表 3-7 砂垫层厚度

管道种类/管外径	垫层厚度（mm）		
	$D_0 \leqslant 500$	$500 < D_0 \leqslant 1000$	$D_0 > 1000$
柔性管道	$\geqslant 100$	$\geqslant 150$	$\geqslant 200$
柔性接口的刚性管道	150～200		

③ 非永冻土地区，管道不得铺设在冻结的地基上；管道安装过程中，应防止地基冻胀。

（2）接口工作坑应配合管道铺设及时开挖，开挖尺寸应

符合施工方案的要求,并满足下列规定:

① 对于预应力、自应力混凝土管以及滑入式柔性接口球墨铸铁管,应符合表 3-8 的规定;

表 3-8 接口工作坑开挖尺寸

管材种类	管外径 D_0 (mm)	宽度 (mm)	长度 (mm) 承口前	长度 (mm) 承口后	深度 (mm)
预应力、自应力混凝土管、滑入式柔性接口球墨铸铁管	≤500	承口外径加 800	200	承口长度加 200	200
	600~1000	承口外径加 1000	200	承口长度加 200	400
	1100~1500	承口外径加 1600	200	承口长度加 200	450
	>1600	承口外径加 1800	200	承口长度加 200	500

② 对于钢管焊接接口、球墨铸铁管机械式柔性接口及法兰接口,接口处开挖尺寸应满足操作人员和连接工具的安装作业空间要求,并便于检验人员的检查。

3.2.1.2 质量要点

(1) 混凝土基础施工应符合下列规定:

① 平基与管座的模板,可一次或两次支设,每次支设高度宜略高于混凝土的浇筑高度;

② 平基、管座的混凝土设计无要求时,宜采用强度等级不低于 C15 的低坍落度混凝土;

③ 管座与平基分层浇筑时,应先将平基凿毛冲洗干净,并将平基与管体相接触的腋角部位,用同强度等级的水泥砂浆填满、捣实后,再浇筑混凝土,使管体与管座混凝土结合严密;

④ 管座与平基采用垫块法一次浇筑时,必须先从一侧灌注混凝土,对侧的混凝土高过管底与灌注侧混凝土高

度相同时，两侧再同时浇筑，并保持两侧混凝土高度一致；

⑤ 管道基础应按设计要求留变形缝，变形缝的位置应与柔性接口相一致；

⑥ 管道平基与井室基础宜同时浇筑；跌落水井上游接近井基础的一段应砌砖加固，并将平基混凝土浇至井基础边缘；

⑦ 混凝土浇筑中应防止离析；浇筑后应进行养护，强度低于 1.2MPa 时不得承受荷载。

（2）砂石基础施工应符合下列规定：

① 铺设前应先对槽底进行检查，槽底高程及槽宽须符合设计要求，且不应有积水和软泥；

② 柔性管道的基础结构设计无要求时，宜铺设厚度不小于 100mm 的中、粗砂垫层；软土地基宜铺垫一层厚度不小于 150mm 的砂砾或 5～40mm 粒径碎石，其表面再铺厚度不小于 50mm 的中、粗砂垫层；

③ 柔性接口的刚性管道的基础结构，设计无要求时一般土质地段可铺设砂垫层，也可铺设 25mm 以下粒径碎石，表面再铺 20mm 厚的砂垫层（中、粗砂），垫层总厚度应符合表 3-9 的规定；

表 3-9　柔性接口刚性管道砂石垫层总厚度

管径（D_0）	垫层总厚度（mm）
300～800	150
900～1200	200
1350～1500	250

④ 管道有效支承角范围必须用中、粗砂填充插捣密实，与管底紧密接触，不得用其他材料填充。

3.2.1.3 质量验收

1. 主控项目

（1）原状地基的承载力符合设计要求。

检查方法：观察，检查地基处理强度或承载力检验报告、复合地基承载力检验报告。

（2）混凝土基础的强度符合设计要求。

检验数量：混凝土验收批与试块留置按照现行国家标准《给水排水构筑物工程施工及验收规范》（GB 50141—2008）第6.2.8条第2款执行。

检查方法：混凝土基础的混凝土强度验收应符合现行国家标准《混凝土强度检验评定标准》（GB/T 50107—2010）的有关规定。

（3）砂石基础的压实度符合设计要求或《给水排水管道工程施工及验收规范》（GB 50268—2008）的规定。

检查方法：检查砂石材料的质量保证资料、压实度试验报告。

2. 一般项目

（1）原状地基、砂石基础与管道外壁间接触均匀，无空隙。

检查方法：观察，检查施工记录。

（2）混凝土基础外光内实，无严重缺陷；混凝土基础的钢筋数量、位置正确。

检查方法：观察，检查钢筋质量保证资料，检查施工记录。

（3）管道基础的允许偏差应符合表3-10的规定。

表 3-10 管道基础的允许偏差

序号	检查项目		允许偏差（mm）	检查数量 范围	检查数量 点数	检查方法
1	垫层	中线每侧宽度	不小于设计要求	每个验收批	每10m测1点,且不少于3点	挂中心线钢尺检查,每侧一点
1	垫层	高程 压力管道	±30	每个验收批	每10m测1点,且不少于3点	水准仪测量
1	垫层	高程 无压管道	0, −15	每个验收批	每10m测1点,且不少于3点	水准仪测量
1	垫层	厚度	不小于设计要求	每个验收批	每10m测1点,且不少于3点	钢尺量测
2	混凝土基础、管座	平基 中线每侧宽度	+10, 0	每个验收批	每10m测1点,且不少于3点	挂中心线钢尺量测每侧一点
2	混凝土基础、管座	平基 高程	0, −15	每个验收批	每10m测1点,且不少于3点	水准仪测量
2	混凝土基础、管座	平基 厚度	不小于设计要求	每个验收批	每10m测1点,且不少于3点	钢尺量测
2	混凝土基础、管座	管座 肩宽	+10, −5	每个验收批	每10m测1点,且不少于3点	钢尺量测,挂高程线
2	混凝土基础、管座	管座 肩高	+20	每个验收批	每10m测1点,且不少于3点	钢尺量测,每侧一点
3	土(砂及砂砾)基础	高程 压力管道	±30	每个验收批	每10m测1点,且不少于3点	水准仪测量
3	土(砂及砂砾)基础	高程 无压管道	0, −15	每个验收批	每10m测1点,且不少于3点	水准仪测量
3	土(砂及砂砾)基础	平基厚度	不小于设计要求	每个验收批	每10m测1点,且不少于3点	钢尺量测
3	土(砂及砂砾)基础	土弧基础腋角高度	不小于设计要求	每个验收批	每10m测1点,且不少于3点	钢尺量测

3.2.1.4 安全要点

(1) 管道基础垫层（砂石基础）施工，应做到夯实紧密、表面平整。管道基础在接口部位，应挖预留凹槽，以便于接口操作。凹槽在接口完成后，随即用砂填实。

（2）地基不稳定或有流砂现象等，应采取措施加固后才能铺筑碎石垫层。

3.2.2 钢管安装

3.2.2.1 施工要点

（1）管节和管件装卸时应轻装轻放，运输时应垫稳、绑牢，不得相互撞击，接口及钢管的内外防腐层应采取保护措施。

金属管、化学建材管及管件吊装时，应采用柔韧的绳索、兜身吊带或专用工具；采用钢丝绳或铁链时不得直接接触管节。

（2）管节堆放宜选用平整、坚实的场地；堆放时必须垫稳，防止滚动，堆放层高可按照产品技术标准或生产厂家的要求；如无其他规定时应符合表 3-11 的规定，使用管节时必须自上而下依次搬运。

表 3-11　管节堆放层数与层高

管材种类	管径 D_0（mm）							
	100～150	200～250	300～400	400～500	500～600	600～700	800～1200	≥1400
自应力混凝土管	7层	5层	4层	3层	—	—	—	—
预应力混凝土管	—	—	—	4层	3层	2层	1层	
钢管、球墨铸铁管	层高≤3m							
预应力钢筒混凝土管	—	—	—	—	—	3层	2层	1层或立放
硬聚氯乙烯管、聚乙烯管	8层	5层	4层	4层	3层	3层	—	—
玻璃钢管	—	7层	5层	4层	—	3层	2层	1层

注：D_0 为管外径。

(3) 管道应在沟槽地基、管基质量检验合格后安装；安装时宜自下游开始，承口应朝向施工前进的方向。

(4) 管节下入沟槽时，不得与槽壁支撑及槽下的管道相互碰撞；沟内运管不得扰动原状地基。

(5) 合槽施工时，应先安装埋设较深的管道，当回填土高程与邻近管道基础高程相同时，再安装相邻的管道。

(6) 管道安装时，应将管节的中心及高程逐节调整正确，安装后的管节应进行复测，合格后方可进行下一工序的施工。

(7) 管道安装时，应随时清除管道内的杂物，暂时停止安装时，两端应临时封堵。

(8) 雨期施工应采取以下措施：

① 合理缩短开槽长度，及时砌筑检查井，暂时中断安装的管道及与河道相连通的管口应临时封堵；已安装的管道验收后应及时回填；

② 制定槽边雨水径流疏导、槽内排水及防止漂管事故的应急措施；

③ 刚性接口作业宜避开雨天。

(9) 压力管道上的阀门，安装前应逐个进行启闭检验。

(10) 管道保温层的施工应符合下列规定：

① 在管道焊接、水压试验合格后进行；

② 法兰两侧应留有间隙，每侧间隙的宽度为螺栓长加 20～30mm；

③ 保温层与滑动支座、吊架、支架处应留出空隙；

④ 硬质保温结构，应留伸缩缝；

⑤ 施工期间，不得使保温材料受潮；

⑥ 保温层伸缩缝宽度的允许偏差应为±5mm；

⑦ 保温层厚度允许偏差应符合表 3-12 的规定。

表 3-12 保温层厚度的允许偏差

项目	允许偏差	
厚度（mm）	瓦块制品	+5%
	柔性材料	+8%

（11）管道安装前，管节应逐根测量、编号，宜选用管径相差最小的管节组对对接。

（12）下管前应先检查管节的内外防腐层，合格后方可下管。

（13）弯管起弯点至接口的距离不得小于管径，且不得小于 100mm。

（14）管节组对焊接时应先修口、清根，管端端面的坡口角度、钝边、间隙，应符合设计要求，设计无要求时应符合表 3-13 的规定；不得在对口间隙夹焊帮条或用加热法缩小间隙施焊。

表 3-13 电弧焊管端倒角各部尺寸

倒角形式		间隙 b (mm)	钝边 p (mm)	坡口角度 α (°)
图示	壁厚 t (mm)			
	4～9	1.5～3.0	1.0～1.5	60～70
	10～26	2.0～4.0	1.0～2.0	60±5

（15）对口时应使内壁齐平，错口的允许偏差应为壁厚的 20%，且不得大于 2mm。

（16）对口时纵、环向焊缝的位置应符合下列规定：

① 纵向焊缝应放在管道中心垂线上半圆的45°左右处；

② 纵向焊缝应错开，当管径小于600mm时，错开的间距不得小于100mm；管径大于或等于600mm时，错开的间距不得小于300mm；

③ 有加固环的钢管，加固环的对焊焊缝应与管节纵向焊缝错开，其间距不应小于100mm；加固环距管节的环向焊缝不应小于50mm；

④ 环向焊缝距支架净距离不应小于100mm；

⑤ 直管管段两相邻环向焊缝的间距不应小于200mm，并不应小于管节的外径；

⑥ 管道任何位置不得有十字形焊缝。

（17）不同壁厚的管节对口时，管壁厚度相差不宜大于3mm。不同管径的管节相连时，两管径相差大于小管管径的15%时，可用渐缩管连接。渐缩管的长度不应小于两管径差值的2倍，且不应小于200mm。

（18）管道上开孔应符合下列规定：

① 不得在干管的纵向、环向焊缝处开孔；

② 管道上任何位置不得开方孔；

③ 不得在短节上或管件上开孔。

④ 开孔处的加固补强应符合设计要求。

（19）直线管段不宜采用长度小于800mm的短节拼接。

（20）组合钢管固定口焊接及两管段间的闭合焊接，应在无阳光直照和气温较低时施焊；采用柔性接口代替闭合焊接时，应与设计协商确定。

（21）在寒冷或恶劣环境下焊接应符合下列规定：

① 清除管道上冰、雪、霜等；

② 工作环境的风力大于 5 级、雪天或相对湿度大于 90% 时，应采取保护措施；

③ 焊接时，应使焊缝可自由伸缩，并应使焊口缓慢降温；

④ 冬期焊接时，应根据环境温度进行预热处理，并应符合表 3-14 的规定。

表 3-14　冬期焊接预热的规定

钢号	环境温度（℃）	预热宽度（mm）	预热达到温度（℃）
含碳量≤0.2%碳素钢	≤-20	焊口每侧不小于 40	100~150
0.2%<含碳量<0.3%	≤-10		
16Mn	≤0		100~200

（22）钢管对口检查合格后，方可进行接口定位焊接。定位焊接采用点焊时，应符合下列规定：

① 点焊焊条应采用与接口焊接相同的焊条；

② 点焊时，应对称施焊，其厚度应与第一层焊接厚度一致；

③ 钢管的纵向焊缝及螺旋焊缝处不得点焊；

④ 点焊长度与间距应符合表 3-15 的规定。

表 3-15　点焊长度与间距

管径 D_0（mm）	点焊长度（mm）	环向点焊点（处）
350~500	50~60	5
600~700	60~70	6
≥800	80~100	点焊间距不宜大于 400mm

（23）焊接方式应符合设计和焊接工艺评定的要求，管

径大于 800mm 时，应采用双面焊。

(24) 管道对接时，环向焊缝的检验应符合下列规定：

① 检查前应清除焊缝的渣皮、飞溅物；

② 应在无损检测前进行外观质量检查，并应符合表 3-16 的规定；

③ 无损探伤检测方法应按设计要求选用；

④ 无损检测取样数量与质量要求应按设计要求执行；设计无要求时，压力管道的取样数量应不小于焊缝量的 10%；

⑤ 不合格的焊缝应返修，返修次数不得超过 3 次。

(25) 管钢采用螺纹连接时，管节的切口断面应平整，偏差不得超过一扣，丝扣应光洁，不得有毛刺、乱扣、断扣，缺扣总长不得超过丝扣全长的 10%；接口紧固后宜露出 2～3 扣螺纹。

(26) 管道采用法兰连接时，应符合下列规定：

① 法兰应与管道保持同心，两法兰间应平行；

② 螺栓应使用相同规格，且安装方向应一致；螺栓应对称紧固，紧固好的螺栓应露出螺母之外；

③ 与法兰接口两侧相邻的第一至第二个刚性接口或焊接接口，待法兰螺栓紧固后方可施工；

④ 法兰接口埋入土中时，应采取防腐措施。

3.2.2.2 质量要点

(1) 管道各部位结构和构造形式、所用管节、管件及主要工程材料等应符合设计要求。

(2) 管道安装完成后，应按相关规定和设计要求设置管道位置标识。

(3) 管道安装应符合现行国家标准《工业金属管道工程

施工质量验收规范》(GB 50184—2011)、《现场设备、工业管道焊接工程施工质量验收规范》(GB 50683—2011)等规范的规定,并应符合下列规定:

① 对首次采用的钢材、焊接材料、焊接方法或焊接工艺,施工单位必须在施焊前按设计要求和有关规定进行焊接试验,并应根据试验结果编制焊接工艺指导书。

② 焊工必须按规定经相关部门考试合格后持证上岗,并应根据经过评定的焊接工艺指导书进行施焊。

③ 沟槽内焊接时,应采取有效技术措施保证管道底部的焊缝质量。

(4) 管节的材料、规格、压力等级等应符合设计要求,管节宜工厂预制,现场加工应符合下列规定:

① 管节表面应无斑疤、裂纹、严重锈蚀等缺陷。

② 焊缝外观质量应符合表 3-16 的规定,焊缝无损检验合格。

表 3-16 焊缝的外观质量

项 目	技术要求
外观	不得有熔化金属流到焊缝外未熔化的母材上,焊缝和热影响区表面不得有裂纹、气孔、弧坑和灰渣等缺陷;表面光顺、均匀、焊道与母材应平缓过渡
宽度	应焊出坡口边缘 2～3mm
表面余高	应小于或等于 1+0.2 倍坡口边缘宽度,且不大于 4mm
咬边	深度应小于或等于 0.5mm,焊缝两侧咬边总长不得超过焊缝长度的 10%,且连续长不应大于 100mm
错边	应小于或等于 $0.2t$,且不应大于 2mm
未焊满	不允许

注:t 为壁厚(mm)。

③ 直焊缝卷管管节几何尺寸允许偏差应符合表 3-17 的规定。

表 3-17　直焊缝卷管管节几何尺寸允许偏差

项目		允许偏差（mm）
周长	$D_i \leqslant 600$	± 2.0
	$D_i > 600$	$\pm 0.0035 D_i$
圆度	\multicolumn{2}{l|}{管端 $0.005D_i$；其他部位 $0.01D_i$}
端面垂直度	\multicolumn{2}{l|}{$0.001D_i$；且不大于 1.5}
弧度	\multicolumn{2}{l|}{用弧长 $\pi D_i/6$ 的弧形板量测于管内壁或外壁纵缝处形成的间隙，其间隙为 $0.1t+2$，且不大于 4，距管端 200mm 纵缝处的间隙不大于 2}

注：D_i 为管内径（mm），t 为壁厚（mm）。

④ 同一管节允许有两条纵缝，管径大于或等于 600mm 时，纵向焊缝的间距应大于 300mm；管径小于 600mm 时，其间距应大于 100mm。

3.2.2.3　质量验收

（1）钢管接口连接应符合下列规定：

① 主控项目。

A. 管节及管件、焊接材料等的质量应符合本节 3.2.2.2 第 4 条的规定；

检查方法：检查产品质量保证资料；检查成品管进场验收记录，检查现场制作管的加工记录。

B. 接口焊缝坡口应符合本节 3.2.2.1 第 14 条的规定；

检查方法：逐口检查，用量规量测；检查坡口记录。

C. 焊口错边符合本节 3.2.2.1 第 15 条的规定，焊口无十字形焊缝；

检查方法：逐口检查，用长 300mm 的直尺在接口内壁周围顺序贴靠量测错边量。

D. 焊口焊接质量应符合本节 3.2.2.1 第 24 条的规定和设计要求；

检查方法：逐口观察，按设计要求进行抽检；检查焊缝质量检测报告。

E. 法兰接口的法兰应与管道同心，螺栓自由穿入，高强度螺栓的终拧扭矩应符合设计要求和有关标准的规定；

检查方法：逐口检查；用扭矩扳手等检查；检查螺栓拧紧记录。

② 一般项目。

A. 接口组对时，纵缝、环缝位置应符合本节 3.2.2.1 第 16 条的规定；

检查方法：逐口检查；检查组对检验记录；用钢尺量测。

B. 管节组对前，坡口及内外侧焊接影响范围内表面应无油、漆、垢、锈、毛刺等污物；

检查方法：观察；检查管道组对检验记录。

C. 不同壁厚的管节对接应符合本节 3.2.2.1 第 17 条的规定；

检查方法：逐口检查，用焊缝量规、钢尺量测；检查管道组对检验记录。

D. 焊缝层次有明确规定时，焊接层数、每层厚度及层间温度应符合焊接作业指导书的规定，且层间焊缝质量均应合格；

检查方法：逐个检查；对照设计文件、焊接作业指导书检查每层焊缝检验记录。

E. 法兰中轴线与管道中轴线的允许偏差应符合：D_i 小于或等于 300mm 时，允许偏差小于或等于 1mm；D_i 大于

300mm 时，允许偏差小于或等于 2mm；

检查方法：逐个接口检查；用钢尺、角尺等量测。

F. 连接的法兰之间应保持平行，其允许偏差不大于法兰外径的 1.5‰，且不大于 2mm；螺孔中心允许偏差应为孔径的 5%；

检查方法：逐口检查；用钢尺、塞尺等量测。

(2) 管道铺设应符合下列规定：

① 主控项目。

A. 管道埋设深度、轴线位置应符合设计要求，无压力管道严禁倒坡。

检查方法：检查施工记录、测量记录。

B. 刚性管道无结构贯通裂缝和明显缺损情况。

检查方法：观察，检查技术资料。

C. 柔性管道的管壁不得出现纵向隆起、环向扁平和其他变形情况。

检查方法：观察，检查施工记录、测量记录。

D. 管道铺设安装必须稳固，管道安装后应线形平直。

检查方法：观察，检查测量记录。

② 一般项目。

A. 管道内应光洁平整，无杂物、油污；管道无明显渗水和水珠现象。

检查方法：观察，渗漏水程度检查按《给水排水管道工程施工及验收规范》(GB 50268—2008) 附录 F 第 F.0.3 条执行。

B. 管道与井室洞口之间无渗漏水。

检查方法：逐井观察，检查施工记录。

C. 管道内外防腐层完整，无破损现象。

检查方法：观察，检查施工记录。

D. 钢管管道开孔应符合本节 3.2.2.1 第 18 条的规定。

检查方法：逐个观察，检查施工记录。

E. 闸阀安装应牢固、严密，启闭灵活，与管道轴线垂直。

检查方法：观察检查，检查施工记录。

F. 管道铺设的允许偏差应符合表 3-18 的规定。

表 3-18 管道铺设的允许偏差 （mm）

	检查项目	允许偏差		检查数量		检查方法
				范围	点数	
1	水平轴线	无压管道	15	每节管	1 点	经纬仪测量或挂中线用钢尺量测
		压力管道	30			
2	管底高程	$D_i \leqslant 1000$	无压管道	±10		水准仪测量
			压力管道	±30		
		$D_i > 1000$	无压管道	±15		
			压力管道	±30		

3.2.2.4 安全要点

（1）管道安装前，宜将管节、管件按施工方案的要求摆放，摆放的位置应便于起吊及运送。

（2）起重机下管时，起重机架设的位置不得影响沟槽边坡的稳定；起重机在架空高压输电线路附近作业时，与线路间的安全距离应符合电业管理部门的规定。

（3）地面坡度大于 18％，且采用机械法施工时，应采取措施防止施工设备倾翻。

（4）安装柔性接口的管道，其纵坡大于 18％时；或安装刚性接口的管道，其纵坡大于 36％时，应采取防止管道下滑的措施。

（5）根据各种管径、重量采用人工或机械下管。下管要有专人负责指挥，切实注意安全。下管时始终保持管身平衡均匀溜放至沟槽内，严禁将管材由沟槽边翻滚入槽内。

（6）焊接作业时应按要求配置灭火器。

（7）管节组成管段下管时，管段的长度、吊距，应根据管径、壁厚、外防腐层材料的种类及下管方法确定。

3.2.3 球墨铸铁管安装

3.2.3.1 施工要点

（1）球墨铸铁管安装应符合本节3.2.2.1第1～10条的有关规定。

（2）管节及管件下沟槽前，应清除承口内部的油污、飞刺、铸砂及凹凸不平的铸瘤；柔性接口铸铁管及管件承口的内工作面、插口的外工作面应修整光滑，不得有沟槽、凸脊缺陷；有裂纹的管节及管件不得使用。

（3）安装滑入式橡胶圈接口时，推入深度应达到标记环，并复查与其相邻已安装好的第一至第二个接口推入深度。

（4）安装机械式柔性接口时，应使插口与承口法兰压盖的轴线相重合；螺栓安装方向应一致，用扭矩扳手均匀、对称地紧固。

（5）橡胶圈贮存、运输应符合下列规定：

① 贮存的温度宜为－5℃～30℃，存放位置不宜长期受紫外线光源照射，离热源距离应不小于1m；

② 不得将橡胶圈与溶剂、易挥发物、油脂或对橡胶产生不良影响的物品放在一起；

③ 在贮存、运输中不得长期受挤压。

（6）冬期施工不得使用冻硬的橡胶圈。

（7）露天或埋设在对橡胶圈有腐蚀作用的土质及地下水

中的柔性接口，应采用对橡胶圈无不良影响的柔性密封材料，封堵外露橡胶圈的接口缝隙。

3.2.3.2 质量要点

（1）球墨铸铁管安装应符合本节 3.2.2.2 第 1 条、第 2 条的有关规定。

（2）管节及管件的规格、尺寸公差、性能应符合国家有关标准规定和设计要求，进入施工现场时其外观质量应符合下列规定：

① 管节及管件表面不得有裂纹，不得有妨碍使用的凹凸不平的缺陷；

② 采用橡胶圈柔性接口的球墨铸铁管，承口的内工作面和插口的外工作面应光滑、轮廓清晰，不得有影响接口密封性的缺陷。

（3）沿直线安装管道时，宜选用管径公差组合最小的管节组对连接，确保接口的环向间隙应均匀。

（4）采用滑入式或机械式柔性接口时，橡胶圈的质量、性能、细部尺寸，应符合国家有关球墨铸铁管及管件标准的规定，并应符合本节 3.2.4.2 第 3 条的规定。

（5）橡胶圈安装经检验合格后，方可进行管道安装。

（6）管道沿曲线安装时，接口的允许转角应符合表 3-19 的规定。

表 3-19　沿曲线安装接口的允许转角

管径 D_i（mm）	允许转角（°）
75～600	3
700～800	2
≥900	1

3.2.3.3 质量验收

(1) 球墨铸铁管接口连接应符合下列规定：

① 主控项目。

A. 管节及管件的产品质量应符合本节 3.2.3.2 第 2 条的规定。

检查方法：检查产品质量保证资料，检查成品管进场验收记录。

B. 承插接口连接时，两管节中轴线应保持同心，承口、插口部位无破损、变形、开裂；插口推入深度应符合要求。

检查方法：逐个观察；检查施工记录。

C. 法兰接口连接时，插口与承口法兰压盖的纵向轴线一致，连接螺栓终拧扭矩应符合设计或产品使用说明要求；接口连接后，连接部位及连接件应无变形、破损。

检查方法：逐个接口检查，用扭矩扳手检查；检查螺栓拧紧记录。

D. 橡胶圈安装位置应准确，不得扭曲、外露；沿圆周各点应与承口端面等距，其允许偏差应为±3mm。

检查方法：观察，用探尺检查；检查施工记录。

② 一般项目。

A. 连接后管节间平顺，接口无突起、突弯、轴向位移现象。

检查方法：观察；检查施工测量记录。

B. 接口的环向间隙应均匀，承插口间的纵向间隙不应小于 3mm。

检查方法：观察，用塞尺、钢尺检查。

C. 法兰接口的压兰、螺栓和螺母等连接件应规格型号一致，采用钢制螺栓和螺母时，防腐处理应符合设计要求。

检查方法：逐个接口检查；检查螺栓和螺母质量合格证明书、性能检验报告。

D. 管道沿曲线安装时，接口转角应符合本节 3.2.3.2 第 6 条的规定；

检查方法：用直尺量测曲线段接口。

（2）球墨铸铁管管道铺设应符合本节 3.2.2.3 第 2 条的有关规定。

3.2.3.4 安全要点

球墨铸铁管安装应符合本节 3.2.2.4 第 1～5 条的有关规定。

3.2.4 钢筋混凝土管及预（自）应力混凝土管安装

3.2.4.1 施工要点

（1）钢筋混凝土管及预（自）应力混凝土管安装应符合本节 3.2.2.1 第 1～10 条和本节 3.2.3.1 第 5～7 条的有关规定。

（2）管节安装前应进行外观检查，发现裂缝、保护层脱落、空鼓、接口掉角等缺陷，应修补并经鉴定合格后方可使用。

（3）管节安装前应将管内外清扫干净，安装时应使管道中心及内底高程符合设计要求，稳管时必须采取措施防止管道发生滚动。

（4）采用混凝土基础时，管道中心、高程复验合格后，应按本节 3.2.1.2 第 1 条的规定及时浇筑管座混凝土。

（5）预（自）应力混凝土管不得截断使用。

（6）井室内暂时不接支线的预留管（孔）应封堵。

（7）预（自）应力混凝土管道采用金属管件连接时，管件应进行防腐处理。

3.2.4.2 质量要点

(1) 钢筋混凝土管及预(自)应力混凝土管安装应符合本节 3.2.2.2 第1条、第2条的有关规定。

(2) 管节的规格、性能、外观质量及尺寸公差应符合国家有关标准的规定。

(3) 柔性接口形式应符合设计要求,橡胶圈应符合下列规定:

① 材质应符合相关规范的规定;

② 应由管材厂配套供应;

③ 外观应光滑平整,不得有裂缝、破损、气孔、重皮等缺陷;

④ 每个橡胶圈的接头不得超过2个。

(4) 柔性接口的钢筋混凝土管、预(自)应力混凝土管安装前,承口内工作面、插口外工作面应清洗干净;套在插口上的橡胶圈应平直、无扭曲,应正确就位;橡胶圈表面和承口工作面应涂刷无腐蚀性的润滑剂;安装后放松外力,管节回弹不得大于 10mm,且橡胶圈应在承、插口工作面上。

(5) 刚性接口的钢筋混凝土管道,钢丝网水泥砂浆抹带接口材料应符合下列规定:

① 选用粒径 0.5~1.5mm,含泥量不大于 3% 的洁净砂;

② 选用网格 10mm×10mm、丝径为 20 号的钢丝网;

③ 水泥砂浆配比满足设计要求。

(6) 刚性接口的钢筋混凝土管道施工应符合下列规定:

① 抹带前应将管口的外壁凿毛、洗净;

② 钢丝网端头应在浇筑混凝土管座时插入混凝土内,在混凝土初凝前,分层抹压钢丝网水泥砂浆抹带;

③ 抹带完成后应立即用吸水性强的材料覆盖，3～4h后洒水养护；

④ 水泥砂浆填缝及抹带接口作业时落入管道内的接口材料应清除；管径大于或等于700mm时，应采用水泥砂浆将管道内接口部位抹平、压光；管径小于700mm时，填缝后应立即拖平。

（7）钢筋混凝土管沿直线安装时，管口间的纵向间隙应符合设计及产品标准要求，无明确要求时应符合表3-20的规定；预（自）应力钢筋混凝土管沿曲线安装时，管口间的纵向间隙最小处不得小于5mm，接口转角应符合表3-21的规定。

表3-20 钢筋混凝土管管口间的纵向间隙

管材种类	接口类型	管内径 D_i（mm）	纵向间隙（mm）
钢筋混凝土管	平口、企口	500～600	1.0～5.0
		≥700	7.0～15
	承插式乙型口	600～3000	5.0～1.5

表3-21 预（自）应力混凝土管沿曲线安装接口的允许转角

管材种类	管内径 D_i（mm）	允许转角（°）
预应力混凝土管	500～700	1.5
	800～1400	1.0
	1600～3000	0.5
自应力混凝土管	500～800	1.5

3.2.4.3 质量验收

（1）钢筋混凝土管及预（自）应力混凝土管接口连接应符合下列规定：

① 主控项目。

A. 管及管件、橡胶圈的产品质量应符合本节 3.2.4.1 第 2 条和本节 3.2.4.2 第 2、3 条的规定。

检查方法：检查产品质量保证资料；检查成品管进场验收记录。

B. 柔性接口的橡胶圈位置正确，无扭曲、外露现象；承口、插口无破损、开裂；双道橡胶圈的单口水压试验合格。

检查方法：观察，用探尺检查；检查单口水压试验记录。

C. 刚性接口的强度符合设计要求，不得有开裂、空鼓、脱落现象；

检查方法：观察；检查水泥砂浆、混凝土试块的抗压强度试验报告。

② 一般项目。

A. 柔性接口的安装位置正确，其纵向间隙应符合本节 3.2.4.2 第 7 条的相关规定。

检查方法：逐个检查，用钢尺量测；检查施工记录。

B. 刚性接口的宽度、厚度符合设计要求；其相邻管接口错口允许偏差：D_i 小于 700mm 时，应在施工中自检；D_i 大于 700mm，小于或等于 1000mm 时，应不大于 3mm；D_i 大于 1000mm 时，应不大于 5mm。

检查方法：两井之间取 3 点，用钢尺、塞尺量测；检查施工记录。

C. 管道沿曲线安装时，接口转角应符合本节 3.2.4.2 第 7 条的相关规定。

检查方法：用直尺量测曲线段接口。

D. 管道接口的填缝应符合设计要求，密实、光洁、平整。

检查方法：观察，检查填缝材料质量保证资料、配合比记录。

（2）钢筋混凝土管及预（自）应力混凝土管管道铺设应符合本节 3.2.2.3 第 2 条的有关规定。

3.2.4.4 安全要点

（1）钢筋混凝土管及预（自）应力混凝土管安装应符合本节 3.2.2.4 第 1~5 条的有关规定。

（2）起吊时应根据管节的重量和直径选择合适的柔性悬带或绳带，确认起吊机械性能良好后，方可进行起吊下管；插口应做好悬吊措施。

3.2.5 预应力钢筒混凝土管安装

3.2.5.1 施工要点

（1）预应力钢筒混凝土管安装应符合本节 3.2.2.1 第 1~10 条和本节 3.2.3.1 第 5~7 条的有关规定。

（2）承插式橡胶圈柔性接口施工时应符合下列规定：

① 清理管道承口内侧、插口外部凹槽等连接部位和橡胶圈。

② 将橡胶圈套入插口上的凹槽内，保证橡胶圈在凹槽内受力均匀、没有扭曲翻转现象。

③ 用配套的润滑剂涂擦在承口内侧和橡胶圈上，检查涂覆是否完好。

④ 在插口上按要求做好安装标记，以便检查插入是否到位。

⑤ 接口安装时，将插口一次插入承口内，达到安装标记为止。

⑥ 安装时接头和管端应保持清洁。

⑦ 安装就位,放松紧管器具后进行下列检查:

A. 复核管节的高程和中心线;

B. 用特定钢尺插入承插口之间检查橡胶圈各部的环向位置,确认橡胶圈在同一深度;

C. 接口处承口周围不应被胀裂;

D. 橡胶圈应无脱槽、挤出等现象;

E. 沿直线安装时,插口端面与承口底部的轴向间隙应大于 5mm,且不大于表 3-22 规定的数值。

表 3-22 管口间的最大轴向间隙

管内径 D_i (mm)	内衬式管(衬筒管)		埋置式管(埋筒管)	
	单胶圈(mm)	双胶圈(mm)	单胶圈(mm)	双胶圈(mm)
600~1400	15	—	—	—
1200~1400	—	25	—	—
1200~4000	—	—	25	25

(3) 采用钢制管件连接时,管件应进行防腐处理。

(4) 现场合龙应符合以下规定:

① 安装过程中,应严格控制合龙处上、下游管道接装长度、中心位移偏差;

② 合龙位置宜选择在设有人孔或设备安装孔的配件附近;

③ 不允许在管道转折处合龙;

④ 现场合龙施工焊接不宜在高温时段进行。

3.2.5.2 质量要点

(1) 预应力钢筒混凝土管安装应符合本节 3.2.2.2 第 1 条、第 2 条的有关规定。

(2) 管节及管件的规格、性能应符合国家相关标准规定和设计要求,进入施工现场时其外观质量应符合下列规定:

① 内壁混凝土表面平整光洁;承插口钢环工作面光洁干净;内衬式管(简称衬筒管)内表面不应出现浮渣、露石和严重的浮浆;埋置式管(简称埋筒管)内表面不应出现气泡、孔洞、凹坑以及蜂窝、麻面等不密实的现象。

② 管内表面出现的环向裂缝或者螺旋状裂缝宽度不应大于0.5mm(浮浆裂缝除外);距离管的插口端300mm范围内出现的环向裂缝宽度不应大于1.5mm;管内表面不得出现长度大于150mm的纵向可见裂缝。

③ 管端面混凝土不应有缺料、掉角、孔洞等缺陷。端面应齐平、光滑、并与轴线垂直。端面垂直度应符合表3-23的规定。

表3-23 管端面垂直度

管内径 D_i (mm)	管端面垂直度的允许偏差 (mm)
600~1200	6
1400~3000	9
3200~4000	13

④ 外保护层不得出现空鼓、裂缝及剥落。

⑤ 橡胶圈应符合本节3.2.4.2第3条的规定。

(3) 管道需曲线铺设时,接口的最大允许偏转角度应符合设计要求,设计无要求时应不大于表3-24规定的数值。

表3-24 预应力钢筒混凝土管沿曲线安装接口的最大允许偏转角

管材种类	管内径 D_i (mm)	允许平面转角 (℃)
预应力钢筒混凝土管	600~1000	1.5
	1200~2000	1.0
	2200~4000	0.5

3.2.5.3 质量验收

(1) 预应力钢筒混凝土管接口连接应符合下列规定：

① 主控项目。

A. 管及管件、橡胶圈的产品质量应符合本节 3.2.5.2 第 2 条的规定；

检查方法：检查产品质量保证资料；检查成品管进场验收记录。

B. 柔性接口的橡胶圈位置正确，无扭曲、外露现象；承口、插口无破损、开裂；双道橡胶圈的单口水压试验合格；

检查方法：观察，用探尺检查；检查单口水压试验记录。

C. 刚性接口的强度符合设计要求，不得有开裂、空鼓、脱落现象；

检查方法：观察；检查水泥砂浆、混凝土试块的抗压强度试验报告。

② 一般项目。

A. 柔性接口的安装位置正确，其纵向间隙应符合本节 3.2.5.1 第 2 条的相关规定；

检查方法：逐个检查，用钢尺量测；检查施工记录。

B. 刚性接口的宽度、厚度符合设计要求；其相邻管接口错口允许偏差：D_i 小于 700mm 时，应在施工中自检；D_i 大于 700mm，小于或等于 1000mm 时，应不大于 3mm；D_i 大于 1000mm 时，应不大于 5mm；

检查方法：两井之间取 3 点，用钢尺、塞尺量测；检查施工记录。

C. 管道沿曲线安装时，接口转角应符合本节 3.2.5.2

第3条的相关规定；

检查方法：用直尺量测曲线段接口。

D. 管道接口的填缝应符合设计要求，密实、光洁、平整；

检查方法：观察，检查填缝材料质量保证资料、配合比记录。

（2）预应力钢筒混凝土管管道铺设应符合本节3.2.2.3第2条的有关规定。

3.2.5.4 安全要点

（1）预应力钢筒混凝土管安装应符合本节3.2.2.4第1～5条的有关规定。

（2）起吊时应根据管节的重量和直径选择合适的柔性悬带或绳带，确认起吊机械性能良好后，方可进行起吊下管；插口应做好悬吊措施。

3.2.6 玻璃钢管安装

3.2.6.1 施工要点

（1）玻璃钢管安装应符合本节3.2.2.1第1～10条和本节3.2.3.1第5～7条的有关规定。

（2）化工建材管节、管件贮存、运输过程中应采取防止变形措施，并符合下列规定：

① 长途运输时，可采用套装方式装运，套装的管节间应设有衬垫材料，并应相对固定，严禁在运输过程中发生管与管之间、管与其他物体之间的碰撞。

② 管节、管件运输时，全部直管宜设有支架，散装件运输应采用带挡板的平台和车辆均匀堆放，承插口管节及管件应分插口、承口两端交替堆放整齐，两侧加支垫，保持平稳。

③ 管节、管件搬运时，应小心轻放，不得抛、摔、拖管以及受剧烈撞击和被锐物划伤。

④ 管节、管件应堆放在温度一般不超过 40℃，并远离热源及带有腐蚀性试剂或溶剂的地方；室外堆放不应长期露天曝晒。堆放高度不应超过 2.0m，堆放附近应有消防设施（备）。

（3）接口连接、管道安装除应符合本节 3.2.5.1 第 2 条的规定外，还应符合下列规定：

① 采用套筒式连接的，应清除套筒内侧和插口外侧的污渍和附着物。

② 管道安装就位后，套筒式或承插式接口周围不应有明显变形和胀破。

③ 施工过程中应防止管节受损伤，避免内表层和外保护层剥落。

④ 检查井、透气井、阀门井等附属构筑物或水平折角处的管节，应采取避免不均匀沉降造成接口转角过大的措施。

⑤ 混凝土或砌筑结构等构筑物墙体内的管节，可采取设置橡胶圈或中介层法等措施，管外壁与构筑物墙体的交界面密实、不渗漏。

3.2.6.2 质量要点

（1）玻璃钢管安装应符合本节 3.2.2.2 第 1 条、第 2 条的有关规定。

（2）管节及管件的规格、性能应符合国家相关标准的规定和设计要求，进入施工现场时其外观质量应符合下列规定：

① 内、外径偏差、承口深度（安装标记环）、有效长

度、管壁厚度、管端面垂直度等应符合产品标准规定。

② 内、外表面应光滑平整、无划痕、分层、针孔、杂质、破碎等现象。

③ 管端面应平齐、无毛刺等缺陷。

④ 橡胶圈应符合本节 3.2.4.2 第 3 条的规定。

（3）管道曲线铺设时，接口的允许转角不得大于表 3-25 的规定。

表 3-25　沿曲线安装接口的允许转角

管内径 D_i（mm）	允许转角（°）	
	承插式接口	套筒式接口
400～500	1.5	3.0
500<D_i≤1000	1.0	2.0
1000<D_i≤1800	1.0	1.0
D_i≥1800	0.5	0.5

3.2.6.3　质量验收

（1）玻璃钢管接口连接应符合下列规定：

① 主控项目。

A. 管节及管件、橡胶圈等的产品质量应符合本节 3.2.6.2 第 2 条的规定。

检查方法：检查产品质量保证资料；检查成品管进场验收记录。

B. 承插、套筒式连接时，承口、插口部位及套筒连接紧密，无破损、变形、开裂等现象；插入后胶圈应位置正确，无扭曲等现象；双道橡胶圈的单口水压试验合格；

检查方法：逐个接口检查；检查施工方案及施工记录，单口水压试验记录；用钢尺、探尺量测。

② 一般项目。

A. 承插、套筒式接口的插入深度应符合要求，相邻管口的纵向间隙应不小于 10mm；环向间隙应均匀一致。

检查方法：逐口检查，用钢尺量测；检查施工记录。

B. 承插式管道沿曲线安装时，接口转角应符合本节 3.2.6.2 第 3 条的规定。

检查方法：用直尺量测曲线段接口；检查施工记录。

（2）玻璃钢管道铺设应符合本节 3.2.2.3 第 2 条的有关规定。

3.2.6.4 安全要点

玻璃钢管安装应符合本节 3.2.2.4 第 1～5 条的有关规定。

3.2.7 硬聚氯乙烯管、聚乙烯管及其复合管安装

3.2.7.1 施工要点

（1）硬聚氯乙烯管、聚乙烯管及其复合管安装应符合本节 3.2.2.1 第 1～10 条、本节 3.2.3.1 第 5～7 条和本节 3.2.6.1 第 2 条的有关规定。

（2）管道铺设应符合下列规定：

① 采用承插式（或套筒式）接口时，宜人工布管且在沟槽内连接；槽深大于 3m 或管外径大于 400mm 的管道，宜用非金属绳索兜住管节下管；严禁将管节翻滚抛入槽中。

② 采用电熔、热熔接口时，宜在沟槽边上将管道分段连接后以弹性铺管法移入沟槽；移入沟槽时，管道表面不得有明显的划痕。

（3）管道连接应符合下列规定：

① 承插式柔性连接、套筒（带或套）连接、法兰连接、卡箍连接等方法采用的密封件、套筒件、法兰、紧固件等配

套管件，必须由管节生产厂家配套供应；电熔连接、热熔连接应采用专用电器设备、挤出焊接设备和工具进行施工。

② 管道连接时必须对连接部位、密封件、套筒等配件清理干净，套筒（带或套）连接、法兰连接、卡箍连接用的钢制套筒、法兰、卡箍、螺栓等金属制品应根据现场土质并参照相关标准采取防腐措施。

③ 承插式柔性接口连接宜在当日温度较高时进行，插口端不宜插到承口底部，应留出不小于10mm的伸缩空隙，插入前应在插口端外壁做出插入深度标记；插入完毕后，承插口周围空隙均匀，连接的管道平直。

④ 电熔连接、热熔连接、套筒（带或套）连接、法兰连接、卡箍连接应在当日温度较低或接近最低时进行；电熔连接、热熔连接时电热设备的温度控制、时间控制，挤出焊接时对焊接设备的操作等，必须严格按接头的技术指标和设备的操作程序进行；接头处应有沿管节圆周平滑对称的外翻边，内翻边应铲平。

⑤ 管道与井室宜采用柔性连接，连接方式符合设计要求；设计无要求时，可采用承插管件连接或中介层做法。

⑥ 管道系统设置的弯头、三通、变径处应采用混凝土支墩或金属卡箍拉杆等技术措施；在消火栓及闸阀的底部应加垫混凝土支墩；非锁紧型承插连接管道，每根管节应有3点以上的固定措施。

⑦ 安装完的管道中心线及高程调整合格后，即将管底有效支撑角范围用中粗砂回填密实，不得用土或其他材料回填。

3.2.7.2 质量要点

（1）硬聚氯乙烯管、聚乙烯管及其复合管安装应符合本节3.2.2.2第1条、第2条的有关规定。

（2）管节及管件的规格、性能应符合国家相关标准规定和设计要求，进入施工现场时其外观质量应符合下列规定：

① 不得有影响结构安全、使用功能及接口连接的质量缺陷。

② 内、外壁光滑、平整、无气泡、无裂纹、无脱皮和严重的冷斑及明显的痕纹、凹陷。

③ 管节不得有异向弯曲，端口应平整。

④ 橡胶圈应符合本节3.2.4.2第3条的规定。

3.2.7.3 质量验收

（1）硬聚氯乙烯管、聚乙烯管及其复合管接口连接应符合下列规定：

① 主控项目。

A. 管节及管件、橡胶圈等的产品质量应符合本节3.2.7.2第2条的规定。

检查方法：检查产品质量保证资料；检查成品管进场验收记录。

B. 承插、套筒式连接时，承口、插口部位及套筒连接紧密，无破损、变形、开裂等现象；插入后胶圈应位置正确，无扭曲等现象；双道橡胶圈的单口水压试验合格。

检查方法：逐个接口检查；检查施工方案及施工记录，单口水压试验记录；用钢尺、探尺量测。

C. 聚乙烯管、聚丙烯管接口熔焊连接应符合下列规定：

a. 焊缝应完整，无缺损和变形现象；焊缝连接应紧密，无气孔、鼓泡和裂缝；电熔连接的电阻丝不裸露；

b. 熔焊焊缝焊接力学性能不低于母材；

c. 热熔对接连接后应形成凸缘，且凸缘形状大小均匀一致，无气孔、鼓泡和裂缝；接头处有沿管节圆周平滑对称的外翻边，外翻边最低处的深度不低于管节外表面；管壁内翻边应铲平；对接错边量不大于管材壁厚的10%，且不大于3mm。

检查方法：观察；检查熔焊连接工艺试验报告和焊接作业指导书，检查熔焊连接施工记录、熔焊外观质量检验记录、焊接力学性能检测报告。

检查数量：外观质量全数检查；熔焊焊缝焊接力学性能试验每200个接头不少于1组；现场进行破坏性检验或翻边切除检验（可任选一种）时，现场破坏性检验每50个接头不少于1个，现场内翻边切除检验每50个接头不少于3个；单位工程中接头数量不足50个时，仅做熔焊焊缝焊接力学性能试验，可不做现场检验。

D. 卡箍连接、法兰连接、钢塑过渡接头连接时，应连接件齐全、位置正确、安装牢固，连接部位无扭曲、变形。

检查方法：逐个检查。

② 一般项目。

A. 承插、套筒式接口的插入深度应符合要求，相邻管口的纵向间隙应不小于10mm；环向间隙应均匀一致。

检查方法：逐口检查，用钢尺量测；检查施工记录。

B. 承插式管道沿曲线安装时，聚乙烯管、聚丙烯管的接口转角应不大于1.5°；硬聚氯乙烯管的接口转角应不大于1.0°。

检查方法：用直尺量测曲线段接口；检查施工记录。

C. 熔焊连接设备的控制参数满足焊接工艺要求；设备与待连接管的接触面无污物，设备及组合件组装正确、牢固、吻合；焊后冷却期间接口未受外力影响。

检查方法：观察，检查专用熔焊设备质量合格证明书、校检报告，检查熔焊记录。

D. 卡箍连接、法兰连接、钢塑过渡连接件的钢制部分以及钢制螺栓、螺母、垫圈的防腐要求应符合设计要求。

检查方法：逐个检查；检查产品质量合格证明书、检验报告。

（2）硬聚氯乙烯管、聚乙烯管及其复合管管道铺设应符合本节 3.2.2.3 第 2 条的有关规定。

3.2.7.4　安全要点

硬聚氯乙烯管、聚乙烯管及其复合管安装应符合本节 3.2.2.4 第 1～5 条的有关规定。

3.3　不开槽施工管道主体结构

3.3.1　工作井

3.3.1.1　施工要点

（1）工作井的结构必须满足井壁支护以及顶管（顶进工作井）、盾构（始发工作井）推进后坐力作用等施工要求，其位置选择应符合下列规定：

① 宜选择在管道井室的位置；

② 便于排水、排泥、出土和运输；

③ 尽量避开现有构（建）筑物，减小施工扰动对周围环境的影响；

④ 顶管单向顶进时宜设在下游一侧。

（2）工作井围护结构应根据工程和水文地质条件、邻近建（构）筑物、地下与地上管线情况，以及结构受力、施工安全等要求，经技术经济比较后确定。

(3) 工作井施工应遵守下列规定：

① 编制专项施工方案；

② 应根据工作井的尺寸、结构形式、环境条件等因素确定支护结构和支护（撑）形式；

③ 土方开挖过程中，应遵循"开槽支撑、先撑后挖、分层开挖，严禁超挖"的原则进行开挖与支撑；

④ 井底应保证稳定和干燥，并应及时封底；

⑤ 井底封底前，应设置集水坑，坑上应设有盖；封闭集水坑时应进行抗浮验算。

3.3.1.2 质量要点

（1）顶管的顶进工作井、盾构的始发工作井的后背墙施工应符合下列规定：

① 后背墙结构强度与刚度必须满足顶管、盾构最大允许顶力和设计要求；

② 后背墙平面与掘进轴线应保持垂直，表面应坚实平整，能有效地传递作用力；

③ 顶管的顶进工作井后背墙还应符合下列规定：

A. 上、下游两段管道有折角时，还应对后背墙结构及布置进行设计；

B. 装配式后背墙宜采用方木、型钢或钢板等组装，底端宜在工作坑底以下且不小于500mm；组装构件应规格一致、紧贴固定；后背土体壁面应与后背墙贴紧，有孔隙时应采用砂石料填塞密实；

C. 无原状土作后背墙时，宜就地取材设计结构简单、稳定可靠、拆除方便的人工后背墙；

D. 利用已顶进完毕的管道作后背时，待顶管道的最大允许顶力应小于已顶管道的外壁摩擦阻力；后背钢板与管口端面之间应衬垫缓冲材料，并应采取措施保护已顶入管道的接口不受损伤。

（2）工作井尺寸应结合施工场地、施工管理、洞门拆除、测量及垂直运输等要求确定，且应符合下列规定：

① 顶管工作井应符合下列规定：

A. 应根据顶管机安装和拆卸、管节长度和外径尺寸、千斤顶工作长度、后背墙设置、垂直运土工作面、人员作业空间和顶进作业管理等要求确定平面尺寸；

B. 深度应满足顶管机导轨安装、导轨基础厚度、洞口防水处理、管接口连接等要求；顶混凝土管时，洞圈最低处距底板顶面距离不宜小于600mm；顶钢管时，还应留有底部人工焊接的作业高度。

② 盾构工作井应符合下列规定：

A. 平面尺寸应满足盾构安装和拆卸、洞门拆除、后背墙设置、施工车架或临时平台、测量及垂直运输要求；

B. 深度应满足盾构基座安装、洞口防水处理、井与管道连接方式要求，洞圈最低处距底板顶面距离宜大于600mm。

③ 浅埋暗挖竖井的平面尺寸和深度应根据施工设备布置、土石方和材料运输、施工人员出入、施工排水等的需要以及设计要求进行确定。

（3）顶管的顶进工作井内布置及设备安装、运行应符合下列规定：

① 导轨应采用钢质材料，其强度和刚度应满足施工要求；导轨安装的坡度应与设计坡度一致。

② 顶铁应符合下列规定：

A. 顶铁的强度、刚度应满足最大允许顶力要求；安装轴线应与管道轴线平行、对称，顶铁在导轨上滑动平稳、且无阻滞现象，以使传力均匀和受力稳定；

B. 顶铁与管端面之间应采用缓冲材料衬垫，并宜采用与管端面吻合的 U 形或环形顶铁；

C. 顶进作业时，作业人员不得在顶铁上方及侧面停留，并应随时观察顶铁有无异常现象。

③ 千斤顶、油泵等主顶进装置应符合下列规定：

A. 千斤顶宜固定在支架上，并与管道中心的垂线对称，其合力的作用点应在管道中心的垂线上；千斤顶对称布置且规格应相同；

B. 千斤顶的油路应并联，每台千斤顶应有进油、回油的控制系统；油泵应与千斤顶相匹配，并应有备用油泵；高压油管应顺直、转角少；

C. 千斤顶、油泵、换向阀及连接高压油管等安装完毕，应进行试运转；整个系统应满足耐压、无泄漏要求，千斤顶推进速度、行程和各千斤顶同步性应符合施工要求；

D. 初始顶进应缓慢进行，待各接触部位密合后，再按正常顶进速度顶进；顶进中若发现油压突然增高，应立即停止顶进，检查原因并经处理后方可继续顶进；

E. 千斤顶活塞退回时，油压不得过大，速度不得过快。

（4）盾构始发工作井内布置及设备安装、运行应符合下列规定：

① 盾构基座应符合下列规定：

A. 钢筋混凝土结构或钢结构，并置于工作井底板上；其结构应能承载盾构自重和其他附加荷载；

B. 盾构基座上的导轨应根据管道的设计轴线和施工要求确定夹角、平面轴线、顶面高程和坡度。

② 盾构安装应符合下列规定：

A. 根据运输和进入工作井吊装条件，盾构可整体或解体运入现场，吊装时应采取防止变形的措施；

B. 盾构在工作井内安装应达到安装精度要求，并根据施工要求就位在基座导轨上；

C. 盾构掘进前，应进行试运转验收，验收合格后方可使用。

③ 始发工作井的盾构后座采用管片衬砌、顶撑组装时，应符合下列规定：

A. 后座管片衬砌应根据施工情况确定开口环和闭口环的数量，其后座管片的后端面应与轴线垂直，与后背墙贴紧；

B. 开口尺寸应结合受力要求和进出材料尺寸而定；

C. 洞口处的后座管片应为闭口环，第一环闭口环脱出盾尾时，其上部与后背墙之间应设置顶撑，确保盾构顶力传至工作井后背墙；

D. 盾构掘进至一定距离、管片外壁与土体的摩擦力能够平衡盾构掘进反力时，为提高施工速度可拆除盾构后座，安装施工平台和水平运输装置。

④ 工作井应设置施工工作平台。

3.3.1.3 质量验收

（1）工作井的围护结构、井内结构施工质量验收标准应按现行国家标准《建筑地基工程施工质量验收标准》（GB 50202—2018）、《给水排水构筑物工程施工及验收规范》（GB 50141—2008）的相关规定执行。

（2）工作井应符合下列规定：

① 主控项目。

A. 工程原材料、成品、半成品的产品质量应符合国家相关标准规定和设计要求。

检查方法：检查产品质量合格证、出厂检验报告和进场复验报告。

B. 工作井结构的强度、刚度和尺寸应满足设计要求，结构无滴漏和线流现象。

检查方法：观察，按《给水排水管道工程施工及验收规范》(GB 50268—2008) 附录F第F.0.3条的规定逐座进行检查，检查施工记录。

C. 混凝土结构的抗压强度等级、抗渗等级符合设计要求。

检查数量：每根钻孔灌柱桩、每幅地下连续墙混凝土为一个验收批，抗压强度、抗渗试块应各留置一组；沉井及其他现浇结构的同一配合比混凝土，每工作班且每浇筑 $100m^3$ 为一个验收批，抗压强度试块留置不应少于1组；每浇筑 $500m^3$ 混凝土抗渗试块留置不应少于1组。

检查方法：检查混凝土浇筑记录，检查试块的抗压强度、抗渗试验报告。

② 一般项目。

A. 结构无明显渗水和水珠现象。

检查方法：按《给水排水管道工程施工及验收规范》(GB 50268—2008) 附录F第F.0.3条的规定逐座观察。

B. 顶管顶进工作井、盾构始发工作井的后背墙应坚实、平整；后座与井壁后背墙联系紧密。

检查方法：逐个观察；检查相关施工记录。

③ 两导轨应顺直、平行、等高，盾构基座及导轨的夹角符合规定；导轨与基座连接应牢固可靠，不得在使用中产

生位移。

检查方法：逐个观察、量测。

④ 工作井施工的允许偏差应符合表 3-26 的规定。

表 3-26 工作井施工的允许偏差

检查项目			允许偏差 (mm)	检查数量		检查方法
				范围	点数	
1	井内导轨安装	顶面高程 顶管、夯管	+3，0	每座	每根导轨 2 点	用水准仪测量、水平尺量测
		顶面高程 盾构	+5，0			
		中心水平位置 顶管、夯管	3		每根导轨 2 点	用经纬仪测量
		中心水平位置 盾构	5			
		两轨间距 顶管、夯管	+2		2 个断面	用钢尺量测
		两轨间距 盾构	±5			
2	盾构后座管片	高	±10	每环底部	1 点	用水准仪测量
		水平轴线	±10		1 点	
3	井尺寸	矩形 每侧长、宽	不小于设计要求	每座	2 点	挂中线用尺量测
		圆形 半径				
4	进、出井预留洞口	中心位置	20	每个	竖、水平各 1 点	用经纬仪测量
		内径尺寸	±20		垂直向各 1 点	用钢尺量测
5	井底板高程		±30	每座	4 点	用水准仪测量
6	预管、盾构工作井后背墙	垂直度	0.1%H	每座	1 点	用垂线、角尺量测
		水平扭转度	0.1%L			

注：H 为后背墙的高度（mm）；L 为后背墙的长度（mm）。

3.3.1.4 安全要点

（1）在地面井口周围应设置安全护栏、防汛墙和防雨设施。

（2）井内应设置便于上、下的安全通道。

（3）后背墙施工前必须对后背土体进行允许抗力的验算，验算通不过时应对后背土体加固，以满足施工安全、周围环境保护要求。

（4）工作井洞口施工应符合下列规定：

① 预留进、出洞口的位置应符合设计和施工方案的要求；

② 洞口土层不稳定时，应对土体进行改良，进出洞施工前应检查改良后的土体强度和渗漏水情况；

③ 设置临时封门时，应考虑周围土层变形控制和施工安全等要求。封门应拆除方便，拆除时应减小对洞门土层的扰动；

④ 顶管或盾构施工的洞口应符合下列规定：

A. 洞口应设置止水装置，止水装置联结环板应与工作井壁内的预埋件焊接牢固，且用胶凝材料封堵；

B. 采用钢管做预埋顶管洞口时，钢管外宜加焊止水环；

C. 在软弱地层，洞口外缘宜设支撑点；

⑤ 浅埋暗挖施工的洞口影响范围的土层应进行预加固处理。

3.3.2 顶管

3.3.2.1 施工要点

（1）施工前应进行现场调查研究，并对建设单位提供的工程沿线的有关工程地质、水文地质和周围环境情况，以及沿线地下与地上管线、周边建（构）筑物、障碍物及其他设施的详细资料进行核实确认；必要时应进行坑探。

（2）顶管施工前应编制施工方案，包括下列主要内容：

① 顶进方法比选和顶管段单元长度的确定；

② 顶管机选型及各类设备的规格、型号及数量；

③ 工作井位置选择、结构类型及其洞口封门设计；
④ 管节、接口选型及检验，内外防腐处理；
⑤ 顶管进、出洞口技术措施，地基改良措施；
⑥ 顶力计算、后背设计和中继间设置；
⑦ 减阻剂选择及相应技术措施；
⑧ 施工测量、纠偏的方法；
⑨ 曲线顶进及垂直顶升的技术控制及措施；
⑩ 地表及构筑物变形与形变监测和控制措施；
⑪ 安全技术措施、应急预案。

(3) 顶管顶进方法的选择，应根据工程设计要求、工程水文地质条件、周围环境和现场条件，经技术经济比较后确定，并应符合下列规定：

① 采用敞口式（手掘式）顶管机时，应将地下水位降至管底以下不小于 0.5m 处，并应采取措施，防止其他水源进入顶管的管道；

② 周围环境要求控制地层变形、或无降水条件时，宜采用封闭式的土压平衡或泥水平衡顶管机施工；

③ 穿越建（构）筑物、铁路、公路、重要管线和防汛墙等时，应制订相应的保护措施；

④ 小口径的金属管道，无地层变形控制要求且顶力满足施工要求时，可采用一次顶进的挤密土层顶管法。

(4) 根据设计要求、工程特点及有关规定，对管（隧）道沿线影响范围地表或地下管线等建（构）筑物设置观测点，进行监控测量。监控测量的信息应及时反馈，以指导施工，发现问题及时处理。

(5) 监控测量的控制点（桩）设置应符合《给水排水管道工程施工及验收规范》（GB 50268—2008）第 3.1.7 条的

规定,每次测量前应对控制点(桩)进行复核,如有扰动,应进行校正或重新补设。

(6) 顶管施工应根据工程具体情况采用下列技术措施:

① 一次顶进距离大于 100m 时,应采用中继间技术;

② 在沙砾层或卵石层顶管时,应采取管节外表面熔蜡措施、触变泥浆技术等减少顶进阻力和稳定周围土体;

③ 长距离顶管应采用激光定向等测量控制技术。

(7) 计算施工最大顶力时,应综合考虑管节材质、顶进工作井后背墙结构的允许最大荷载、顶进设备能力、施工技术措施等因素。施工最大顶力应大于顶进阻力,但不得超过管材或工作井后背墙的允许顶力。

(8) 施工最大顶力有可能超过允许顶力时,应采取减少顶进阻力、增设中继间等施工技术措施。

(9) 开始顶进前应检查下列内容,确认条件具备时方可开始顶进。

① 全部设备经过检查、试运转;

② 顶管机在导轨上的中心线、坡度和高程应符合要求;

③ 防止流动性土或地下水由洞口进入工作井的技术措施;

④ 拆除洞口封门的准备措施。

(10) 顶进应连续作业,顶进过程中遇下列情况之一时,应暂停顶进,及时处理,并应采取防止顶管机前方塌方的措施。

① 顶管机前方遇到障碍;

② 后背墙变形严重;

③ 顶铁发生扭曲现象;

④ 管位偏差过大且纠偏无效;

⑤ 顶力超过管材的允许顶力；

⑥ 油泵、油路发生异常现象；

⑦ 管节接缝、中继间渗漏泥水、泥浆；

⑧ 地层、临近建（构）筑物、管线等周围环境的变形量超出控制允许值。

（11）顶管管道贯通后应做好下列工作：

① 工作井中的管端应按下列规定处理：

A. 进入接收工作井的顶管机的管端下部应设枕垫；

B. 管道两端露在工作井中的长度不小于 0.5m，且不得有接口；

C. 工作井中露出的混凝土管道端部应及时浇筑混凝土基础；

② 顶管结束后进行触变泥浆置换时，应采取下列措施：

A. 采用水泥砂浆、粉煤灰水泥砂浆等易于固结或稳定性较好的浆液置换泥浆填充管外侧超挖、塌落等原因造成的空隙；

B. 拆除注浆管路后，将管道上的注浆孔封闭严密；

C. 将全部注浆设备清洗干净；

③ 钢筋混凝土管顶进结束后，管道内的管节接口间隙应按设计要求处理：设计无要求时，可采用弹性密封膏密封，其表面应抹平、不得凸入管内。

（12）施工中应做好掘进、管道轴线跟踪测量记录。

3.3.2.2　质量要点

（1）顶管施工的管节应符合下列规定：

① 管节的规格及其接口连接形式应符合设计要求；

② 钢筋混凝土成品管质量应符合国家现行标准《混凝土和钢筋混凝土排水管》（GB/T 11836—2009）的规定，管

节及接口的抗渗性能应符合设计要求；

③ 钢管制作质量应符合本章 3.2 节的相关规定和设计要求，且焊缝等级应不低于Ⅱ级；外防腐结构层满足设计要求，顶进时不得被土体磨损；

④ 双插口、钢承口钢筋混凝土管钢材部分制作与防腐应按钢管要求执行；

⑤ 玻璃钢管质量应符合国家有关标准的规定；

⑥ 橡胶圈应符合本章 3.2.4.2 第 3 条的规定及设计要求，与管节黏附牢固、表面平顺；

⑦ 衬垫的厚度应根据管径大小和顶进情况选定。

（2）顶管进、出工作井时应根据工程地质和水文地质条件、埋设深度、周围环境和顶进方法，选择技术经济合理的技术措施，并应符合下列规定：

① 应保证顶管进、出工作井和顶进过程中洞圈周围的土体稳定；

② 应考虑顶管机的切削能力；

③ 洞口周围含地下水时，若条件允许可采取降水措施，或采取注浆等措施加固土体以封堵地下水；在拆除封门时，顶管机外壁与工作井洞圈之间应设置洞口止水装置，防止顶进施工时泥水渗入工作井；

④ 工作井洞口封门拆除应符合下列规定：

A. 钢板桩工作井，可拔起或切割钢板桩露出洞口，并采取措施防止洞口上方的钢板桩下落；

B. 工作井的围护结构为沉井工作井时，应先拆除洞圈内侧的临时封门，再拆除井壁外侧的封板或其他封填物；

C. 在不稳定土层中顶管时，封门拆除后应将顶管机立即顶入土层；

⑤ 拆除封门后，顶管机应连续顶进，直至洞口及止水装置发挥作用为止；

⑥ 在工作井洞口范围可预埋注浆管，管道进入土体之前可预先注浆。

（3）顶进作业应符合下列规定：

① 应根据土质条件、周围环境控制要求、顶进方法、各项顶进参数和监控数据、顶管机工作性能等，确定顶进、开挖、出土的作业顺序和调整顶进参数；

② 掘进过程中应严格量测监控，实施信息化施工，确保开挖掘进工作面的土体稳定和土（泥水）压力平衡；并控制顶进速度、挖土和出土量，减少土体扰动和地层变形；

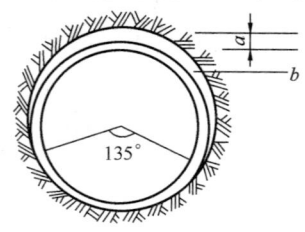

③ 采用敞口式（手工掘进）顶管机，在允许超挖的稳定土层中正常顶进时，管下部135°范围内不得超挖；管顶以上超挖量不得大于15mm（图3-2）；

图3-2 超挖示意图
a—最大超挖量；
b—允许超挖范围

④ 管道顶进过程中，应遵循"勤测量、勤纠偏、微纠偏"的原则，控制顶管机前进方向和姿态，并应根据测量结果分析偏差产生的原因和发展趋势，确定纠偏的措施；

⑤ 开始顶进阶段，应严格控制顶进的速度和方向；

⑥ 进入接收工作井前应提前进行顶管机位置和姿态测量，并根据进口位置提前进行调整；

⑦ 在软土层中顶进混凝土管时，为防止管节飘移，宜将前3～5节管体与顶管机联成一体；

⑧ 钢筋混凝土管接口应保证橡胶圈正确就位；钢官接

口焊接完成后，应进行防腐层补口施工，焊接及防腐层检验合格后方可顶进；

⑨ 应严格控制管道线形，对于柔性接口管道，其相邻管间转角不得大于该管材的允许转角。

（4）施工的测量与纠偏应符合下列规定：

① 施工过程中应对管道水平轴线和高程、顶管机姿态等进行测量，并及时对测量控制基准点进行复核；发生偏差时应及时纠正；

② 顶进施工测量前应对井内的测量控制基准点进行复核；当发生工作井位移、沉降、变形时应及时对基准点进行复核；

③ 管道水平轴线和高程测量应符合下列规定：

A. 出顶进工作井进入土层，每顶进 300mm，测量不应少于一次；正常顶进时，每顶进 1000mm，测量不应少于一次；

B. 进入接收工作井前 30m 应增加测量，每顶进 300mm，测量不应少于一次；

C. 全段顶完后，应在每个管节接口处测量其水平轴线和高程；有错口时，应测出相对高差；

D. 纠偏量较大、或频繁纠偏时应增加测量次数；

E. 测量记录应完整、清晰；

④ 距离较长的顶管，宜采用计算机辅助的导线法（自动测量导向系统）进行测量；在管道内增设中间测站进行常规人工测量时，宜采用少设测站的长导线法，每次测量均应对中间测站进行复核；

⑤ 纠偏应符合下列规定：

A. 顶管过程中应绘制顶管机水平与高程轨迹图、顶力

变化曲线图、管节编号图,随时掌握顶进方向和趋势;

　　B. 在顶进中及时纠偏;

　　C. 采用小角度纠偏方式;

　　D. 纠偏时开挖面土体应保持稳定;采用挖土纠偏方式,超挖量应符合地层变形控制和施工设计要求;

　　E. 刀盘式顶管机应有纠正顶管机旋转措施。

　　(5) 采用中继间顶进时,其设计顶力、设置数量和位置应符合施工方案,并应符合下列规定:

　　① 设计顶力严禁超过管材允许顶力;

　　② 第一个中继间的设计顶力,应保证其允许最大顶力能克服前方管道的外壁摩擦阻力及顶管机的迎面阻力之和;而后续中继间设计顶力应克服两个中继间之间的管道外壁摩擦阻力;

　　③ 确定中继间位置时,应留有足够的顶力安全系数,第一个中继间位置应根据经验确定并提前安装,同时考虑正面阻力反弹,防止地面沉降;

　　④ 中继间密封装置宜采用径向可调形式,密封配合面的加工精度和密封材料的质量应满足要求;

　　⑤ 超深、超长距离顶管工程,中继间应具有可更换密封止水圈的功能。

　　(6) 中继间的安装、运行、拆除应符合下列规定:

　　① 中继间壳体应有足够的刚度;其千斤顶的数量应根据该施工长度的顶力计算确定,并沿周长均匀分布安装;其伸缩行程应满足施工和中继间结构受力的要求;

　　② 中继间外壳在伸缩时,滑动部分应具有止水性能和耐磨性,且滑动时无阻滞;

　　③ 中继间安装前应检查各部件,确认正常后方可安装;

安装完毕应通过试运转检验后方可使用;

④ 中继间的启动和拆除应由前向后依次进行;

⑤ 拆除中继间时,应具有对接接头的措施;中继间的外壳若不拆除,应在安装前进行防腐处理。

(7) 触变泥浆注浆工艺应符合下列规定:

① 注浆工艺方案应包括下列内容:

A. 泥浆配比、注浆量及压力的确定;

B. 制备和输送泥浆的设备及其安装;

C. 注浆工艺、注浆系统及注浆孔的布置;

② 确保顶进时管外壁和土体之间的间隙能形成稳定、连续的泥浆套;

③ 泥浆材料的选择、组成和技术指标要求,应经现场试验确定;顶管机尾部同步注浆宜选择黏度较高、失水量小、稳定性好的材料;补浆的材料宜黏滞小、流动性好;

④ 触变泥浆应搅拌均匀,并具有下列性能:

A. 在输送和注浆过程中应呈胶状液体,具有相应的流动性;

B. 注浆后经一定的静置时间应呈胶凝状,具有一定的固结强度;

C. 管道顶进时,触变泥浆被扰动后胶凝结构破坏,又呈胶状液体;

D. 触变泥浆材料对环境无危害;

⑤ 顶管机尾部的后续几节管节应连续设置注浆孔;

⑥ 应遵循"同步注浆与补浆相结合"和"先注后顶、随顶随注、及时补浆"的原则,制定合理的注浆工艺;

⑦ 施工中应对触变泥浆的黏度、重度、pH 值,注浆压力,注浆量进行检测。

(8) 触变泥浆注浆系统应符合下列规定：

① 制浆装置容积应满足形成泥浆套的需要；

② 注浆泵宜选用液压泵、活塞泵或螺杆泵；

③ 注浆管应根据顶管长度和注浆孔位置设置，管接头拆卸方便、密封可靠；

④ 注浆孔的布置按管道直径大小确定，每个断面可设置3～5个；相邻断面上的注浆孔可平行布置或交错布置；每个注浆孔宜安装球阀，在顶管机尾部和其他适当位置的注浆孔管道上应设置压力表；

⑤ 注浆前，应检查注浆装置水密性；注浆时压力应逐步升至控制压力；注浆遇有机械故障、管路堵塞、接头渗漏等情况时，经处理后方可继续顶进。

(9) 根据工程实际情况正确选择顶管机，顶进中对地层变形的控制应符合下列要求：

① 通过信息化施工，优化顶进的控制参数，使地层变形最小；

② 采用同步注浆和补浆，及时填充管外壁与土体之间的施工间隙，避免管道外壁土体扰动；

③ 发生偏差应及时纠偏；

④ 避免管节接口、中继间、工作井洞口及顶管机尾部等部位的水土流失和泥浆渗漏，并确保管节接口端面完好；

⑤ 保持开挖量与出土量的平衡。

(10) 钢筋混凝土管曲线顶管应符合下列规定：

① 顶进阻力计算宜采用当地的经验公式确定；当无经验公式时，可按相同条件下直线顶管的顶进阻力进行估算，并考虑曲线段管外壁增加的侧向摩阻力以及顶进作用力轴向传递中的损失影响；

② 最小曲率半径计算应符合下列规定：

A. 应考虑管道周围土体承载力、施工顶力传递、管节接口形式、管径、管节长度、管口端面木衬垫厚度等的因素；

B. 按式（3-2）计算；不能满足公式计算结果时，可采取减小预制管管节长度的方法使之满足：

$$\mathrm{tg}\alpha = l/R_{\min} = \Delta S/D_{\mathrm{o}} \qquad (3\text{-}2)$$

式中 α——曲线顶管时，相邻管节之间接口的控制允许转角（°）一般取管节接口最大允许转角的 1/2，F 型钢承口的管节宜小于 0.3°；

$R_{\min}$——最小曲率半径（m）；

l——预制管管节长度（m）；

D_{o}——管外径（m）；

ΔS——相邻管节之间接口允许的最大间隙与最小间隙之差（m）；其值与不同管节接口形式的控制允许转角和衬垫弹性模量有关。

③ 所用的管节接口在一定角变位时应保持良好的密封性能要求，对于 F 型钢承口可增加钢套环承插长度；衬垫可选用无硬节松木板，其厚度应保证管节接口端面受力均匀。

④ 曲线顶进应符合下列规定：

A. 采用触变泥浆技术措施，并检查验证泥浆套形成情况；

B. 根据顶进阻力计算中继间的数量和位置；并考虑轴向顶力、轴线调整的需要，缩短第一个中继间与顶管机以及后续中继间之间的间距；

C. 顶进初始时，应保持一定长度的直线段，然后逐渐过渡到曲线段；

D. 曲线段前几节管接口处可预埋钢板、预设拉杆，以备控制和保持接口张开量；对于软土层或曲率半径较小的顶管，可在顶管机后续管节的每个接口间隙位置，预设间隙调整器，形成整体弯曲弧度导向管段；

E. 采用敞口式（手掘进）顶管机时，在弯曲轴线内侧可进行超挖；超挖量的大小应考虑弯曲段的曲率半径、管径、管长度等因素，满足地层变形控制和设计要求，并应经现场试验确定；

⑤ 施工测量应符合本节 3.3.2.2 第 4 条的规定，并符合下列规定：

A. 宜采用计算机辅助的导线法（自动测量导向系统）进行跟踪、快速测量；

B. 顶进时，顶管机位置及姿态测量每米不应少于 1 次；

C. 每顶入一节管，其水平轴线及高程测量不应少于 3 次。

(11) 管道的垂直顶升施工应符合下列规定：

① 垂直顶升范围内的特殊管段，其结构形式应符合设计要求，结构强度、刚度和管段变形情况应满足承载顶升反力的要求；特殊管段土基应进行强度、稳定性验算，并根据验算结果采取相应的土体加固措施；

② 顶进的特殊管段位置应准确，开孔管节在水平顶进时应采取防旋转的措施，保证顶升口的垂直度、中心位置满足设计和垂直顶升要求；开孔管节与相邻管节应连接牢固；

③ 垂直顶升设备的安装应符合下列规定：

A. 顶升架应有足够的刚度、强度，其高度和平面尺寸应满足人员作业和垂直管节安装要求；并操作简便；

B. 传力底梁座安装时，应保证其底面与水平管道有足够的均匀接触面积，使顶升反力均匀传递到相邻的数节水平管节上；底梁座上的支架应对称布置；

C. 顶升架安装定位时，顶升架千斤顶合力中心与水平开孔管顶升口中心宜同轴心和垂直；顶升液压系统应进行安装调试；

④ 顶升前应检查下列施工事项，合格后方可顶升：

A. 垂直立管的管节制作完成后应进行试拼装，并对合格管节进行组对编号；

B. 垂直立管顶升前应进行防水、防腐蚀处理；

C. 水平开孔管节的顶升口设置止水框装置且安装位置准确，并与相邻管节连接成整体；止水框装置与立管之间应安装止水嵌条，止水嵌条压紧程度可采用设置螺栓及方钢调节；

D. 垂直立管的顶头管节应设置转换装置（转向法兰），确保顶头管节就位后顶升前，进行顶升口帽盖与水平管脱离并与顶头管相连的转换过程中不发生泥、水渗漏；

E. 垂直顶升设备安装经检查、调试合格；

⑤ 垂直顶升应符合下列规定：

A. 应按垂直立管的管节组对编号顺序依次进行；

B. 立管管节就位时应位置正确，并保证管节与止水框装置内圈的周围间隙均匀一致，止水嵌条止水可靠；

C. 立管管节应平稳、垂直向上顶升；顶升各千斤顶行程应同步、匀速，并避免顶块偏心受力；

D. 垂直立管的管节间接口连接正确、牢固，止水可靠；

E. 应有防止垂直立管后退和管节下滑的措施；

⑥ 垂直顶升完成后，应完成下列工作：

A. 做好与水平开口管节顶升口的接口处理，确保底座管节与水平管连接强度可靠；

B. 立管进行防腐和阴极保护施工；

C. 管道内应清洁干净，无杂物；

⑦ 垂直顶升管在水下揭去帽盖时，必须在水平管道内灌满水并按设计要求采取立管稳管保护及揭帽盖安全措施后进行；

⑧ 外露的钢制构件防腐应符合设计要求。

（12）管道的功能性试验符合本章 3.5 节的规定。

3.3.2.3 质量验收

（1）顶管管道应符合下列规定：

① 主控项目。

A. 管节及附件等工程材料的产品质量应符合国家有关标准的规定和设计要求。

检查方法：检查产品质量合格证明书、各项性能检验报告，检查产品制造原材料质量保证资料；检查产品进场验收记录。

B. 接口橡胶圈安装位置正确，无位移、脱落现象；钢管的接口焊接质量应符合本章 3.2 节的相关规定，焊缝无损探伤检验符合设计要求。

检查方法：逐个接口观察；检查钢管接口焊接检验报告。

C. 无压管道的管底坡度无明显反坡现象；曲线顶管的实际曲率半径符合设计要求；

检查方法：观察；检查顶进施工记录、测量记录。

D. 管道接口端部应无破损、顶裂现象，接口处无滴漏。

检查方法：逐节观察，其中渗漏水程度检查按《给水排水管道工程施工及验收规范》（GB 50268—2008）附录 F 第 F.0.3 条执行。

② 一般项目。

A. 管道内应线形平顺、无突变、变形现象；一般缺陷部位，应修补密实、表面光洁；管道无明显渗水和水珠现象。

检查方法：按《给水排水管道工程施工及验收规范》（GB 50268—2008）附录F第F.0.3条、附录G的规定逐节观察。

B. 管道与工作井出、进洞口的间隙连接牢固，洞口无渗漏水。

检查方法：观察每个洞口。

C. 钢管防腐层及焊缝处的外防腐层及内防腐层质量验收合格。

检查方法：观察；按本章3.2节的相关规定进行检查。

D. 有内防腐层的钢筋混凝土管道，防腐层应完整、附着紧密。

检查方法：观察。

E. 管道内应清洁，无杂物、油污。

检查方法：观察。

F. 顶管施工贯通后管道的允许偏差应符合表3-27的规定。

（2）垂直顶升管道应符合下列规定：

① 主控项目。

A. 管节及附件的产品质量应符合国家相关标准的规定和设计要求。

检查方法：检查产品质量合格证明书、各项性能检验报告，检查产品制造原材料质量保证资料；检查产品进场验收记录。

表 3-27 顶管施工贯通后管道的允许偏差

检查项目			允许偏差（mm）	检查数量 范围	检查数量 点数	检查方法
1	直线顶管水平轴线	顶进长度＜300m	50	每管节	1点	用经纬仪测量或挂中线用尺量测
		300m≤顶进长度＜1000m	100			
		顶进长度≥1000m	$L/10$			
2	直线顶管内底高程	顶进长度＜300m，$D_i<1500$	+30，-40			用水准仪或水平仪测量
		顶进长度＜300m，$D_i \geq 1500$	+40，-50			
		300m≤顶进长度＜1000m	+60，-80			用水准仪测量
		顶进长度≥1000m	+80，-100			
3	曲线顶管水平轴线	$R \leq 150D_i$ 水平曲线	150			用经纬仪测量
		$R \leq 150D_i$ 竖曲线	150			
		$R \leq 150D_i$ 复合曲线	200			
		$R > 150D_i$ 水平曲线	150			
		$R > 150D_i$ 竖曲线	150			
		$R > 150D_i$ 复合曲线	150			
4	曲线顶管内底高程	$R \leq 150D_i$ 水平曲线	+100，-150			用水准仪测量
		$R \leq 150D_i$ 竖曲线	+150，-200			
		$R \leq 150D_i$ 复合曲线	±200			
		$R > 150D_i$ 水平曲线	+100，-150			
		$R > 150D_i$ 竖曲线	+100，-150			
		$R > 150D_i$ 复合曲线	±200			
5	相邻管间错口	钢管、玻璃钢管	≤2			用钢尺量测，见本章 3.1.3.3 的有关规定
		钢筋混凝土管	15%壁厚，且≤20			
6	钢筋混凝土管曲线顶管相邻管间接口的最大间隙与最小间隙之差		≤ΔS			
7	钢管、玻璃钢管道竖向变形		≤$0.03D_i$			
8	对顶时两端错口		50			

注：D_i 为管道内径（mm）；L 为顶进长度（mm）；ΔS 为曲线顶管相邻管节接口允许的最大间隙与最小间隙之差（mm）；R 为曲线顶管的设计曲率半径（mm）。

B. 管道直顺，无破损现象；水平特殊管节及相邻管节无变形、破损现象；顶升管道底座与水平特殊管节的连接符合设计要求。

检查方法：逐个观察，检查施工记录。

C. 管道防水、防腐蚀处理符合设计要求；无滴漏和线流现象。

检查方法：逐个观察；检查施工记录，渗漏水程度检查按《给水排水管道工程施工及验收规范》（GB 50268—2008）附录F第F.0.3条执行。

② 一般项目。

A. 管节接口连接件安装正确、完整。

检查方法：逐个观察；检查施工记录。

B. 防水、防腐层完整，阴极保护装置符合设计要求；

检查方法：逐个观察，检查防水、防腐材料技术资料、施工记录。

C. 管道无明显渗水和水珠现象。

检查方法：按《给水排水管道工程施工及验收规范》（GB 50268—2008）附录F第F.0.3条的规定逐节观察。

D. 水平管道内垂直顶升施工的允许偏差应符合表3-28的规定。

表3-28　水平管道内垂直顶升施工的允许偏差

	检查项目		允许偏差（mm）	检查数量		检查方法
				范围	点数	
1	顶升管帽盖顶面高程		±20	每根	1点	用水准仪测量
2	顶升管管节安装	管节垂直度	≤1.5‰H	每节	各1点	用垂线量
		管节连接端面平行度	≤1.5‰D_0，且≤2			用钢尺、角尺等量测
3	顶升管节间错口		≤20			用钢尺量测

续表

检查项目		允许偏差 (mm)	检查数量		检查方法
			范围	点数	
4	顶升管道垂直度	0.5%H	每根	1点	用垂线量
5	顶升管的中心轴线 沿水平管纵向	30	顶头、底座管节	各1点	用经纬仪测量或钢尺量测
5	顶升管的中心轴线 沿水平管横向	20	顶头、底座管节	各1点	用经纬仪测量或钢尺量测
6	开口管顶升口中心轴线 沿水平管纵向	40	每处	1点	用经纬仪测量或钢尺量测
6	开口管顶升口中心轴线 沿水平管横向	30	每处	1点	用经纬仪测量或钢尺量测

注：H 为垂直顶升管总长度（mm）；D_0 为垂直顶升管外径（mm）。

3.3.2.4 安全要点

（1）施工前应根据工程水文地质条件、现场施工条件、周围环境等因素，进行安全风险评估；并制定防止发生事故以及事故处理的应急预案，备足应急抢险设备、器材等物资。

（2）根据工程设计、施工方法、工程水文地质条件，对邻近建（构）筑物、管线，应采用土体加固或其他有效的保护措施。

（3）施工设备、装置应满足施工要求，并应符合下列规定：

① 施工设备、主要配套设备和辅助系统安装完成后，应经试运行及安全性检验，合格后方可掘进作业；

② 操作人员应经过培训，掌握设备操作要领，熟悉施工方法、各项技术参数，考试合格方可上岗；

③ 管（隧）道内涉及的水平运输设备、注浆系统、喷浆系统以及其他辅助系统应满足施工技术要求和安全、文明施工要求；

④ 施工供电应设置双路电源，并能自动切换；动力、

照明应分路供电，作业面移动照明应采用低压供电；

⑤ 采用顶管法施工的管道工程，应根据管（隧）道长度、施工方法和设备条件等确定管（隧）道内通风系统模式；设备供排风能力、管（隧）道内人员作业环境等还应满足国家有关标准规定；

⑥ 采用起重设备或垂直运输系统时，应符合下列规定：

A. 起重设备必须经过起重荷载计算；

B. 使用前应按有关规定进行检查验收，合格后方可使用；

C. 起重作业前应试吊，吊离地面 100mm 左右时，应检查重物捆扎情况和制动性能，确认安全后方可起吊；起吊时工作井内严禁站人，当吊运重物下井距作业面底部小于 500mm 时，操作人员方可近前工作；

D. 严禁超负荷使用；

E. 工作井上、下作业时必须有联络信号；

F. 所有设备、装置在使用中应按规定定期检查、维修和保养。

（4）顶管穿越铁路、公路或其他设施时，除符合《给水排水管道工程施工及验收规范》（GB 50268—2008）的有关规定外，还应遵守铁路、公路或其他设施的有关技术安全的规定。

（5）按照安全技术交底的要求安装顶铁。顶铁必须保持中心受压，受力均匀。顶铁之间、顶铁与后背之间必须垫实。

（6）顶进中发现塌方、后背变形、顶铁扭翘、顶力突变等情况，必须立即停顶，采取措施，确认安全后方可继续作业。

3.4 管道附属构筑物

3.4.1 井室

3.4.1.1 施工要点

（1）管道附属构筑物的位置、结构类型和构造尺寸等应按设计要求施工。

（2）管道附属构筑物的施工除应符合本章规定外，其砌筑结构、混凝土结构施工还应符合国家有关规范规定。

（3）管道附属构筑物的基础（包括支墩侧基）应建在原状土上，当原状土地基松软或被扰动时，应按设计要求进行地基处理。

（4）施工中应采取相应的技术措施，避免管道主体结构与附属构筑物之间产生过大差异沉降，而致使结构开裂、变形、破坏。

（5）管道接口不得包覆在附属构筑物的结构内部。

（6）井室的混凝土基础应与管道基础同时浇筑；施工应满足本章 3.2.1.2 第 1 条的规定。

（7）砌筑结构的井室施工应符合下列规定：

① 砌筑前砌块应充分湿润；砌筑砂浆配合比符合设计要求，现场拌制应拌和均匀、随用随拌；

② 排水管道检查井内的流槽，宜与井壁同时进行砌筑；

③ 砌块应垂直砌筑，需收口砌筑时，应按设计要求的位置设置钢筋混凝土梁进行收口；圆井采用砌块逐层砌筑收口，四面收口时每层收进不应大于 30mm，偏心收口时每层不应大于 50mm；

④ 砌块砌筑时，铺浆应饱满，灰浆与砌块四周粘结紧

密，不得漏浆，上下砌块应错缝砌筑；

⑤ 砌筑时应同时安装踏步，踏步安装后在砌筑砂浆未达到规定抗压强度前不得踩踏；

⑥ 内外井壁应采用水泥砂浆勾缝；有抹面要求时，抹面应分层压实。

（8）预制装配件式结构的井室施工应符合下列规定：

① 预制构件及其配件经检验符合设计和安装要求；

② 预制构件装配位置和尺寸正确，安装牢固；

③ 采用水泥砂浆接缝时，企口坐浆与竖缝灌浆应饱满，装配后的接缝砂浆凝结硬化期间应加强养护，并不得受外力碰撞或振动；

④ 设有橡胶密封圈时，胶圈应安装稳固，止水严密可靠；

⑤ 设有预留短管的预制构件，其与管道的连接应按本章 3.2 节的有关规定执行；

⑥ 底板与井室、井室与盖板之间的拼缝，水泥砂浆应填塞严密，抹角光滑平整。

（9）现浇钢筋混凝土结构的井室施工应符合下列规定：

① 浇筑前，钢筋、模板工程经检验合格，混凝土配合比满足设计要求；

② 振捣密实，无漏振、走模、漏浆等现象；

③ 及时进行养护，强度等级未达设计要求不得受力；

④ 浇筑时应同时安装踏步，踏步安装后在混凝土未达到规定抗压强度前不得踩踏。

（10）井室内部处理应符合下列规定：

① 预留孔、预埋件应符合设计和管道施工工艺要求；

② 排水检查井的流槽表面应平顺、圆滑、光洁，并与

上下游管道底部接顺；

③ 透气井及排水落水井、跌水井的工艺尺寸应按设计要求进行施工；

④ 阀门井的井底距承口或法兰盘下缘以及井壁与承口或法兰盘外缘应留有安装作业空间，其尺寸应符合设计要求；

⑤ 不开槽法施工的管道，工作井作为管道井室使用时，其洞口处理及井内布置应符合设计要求。

3.4.1.2 质量要点

（1）管道穿过井壁的施工应符合设计要求；当设计无要求时应符合下列规定：

① 混凝土类管道、金属类无压管道，其管外壁与砌筑井壁洞圈之间为刚性连接时水泥砂浆应坐浆饱满、密实；

② 金属类压力管道，井壁洞圈应预设套管，管道外壁与套管的间隙应四周均匀一致，其间隙宜采用柔性或半柔性材料填嵌密实；

③ 化工建材管道宜采用中介层法与井壁洞圈连接；

④ 对于现浇混凝土结构井室，井壁洞圈应振捣密实；

⑤ 排水管道接入检查井时，管口外缘与井内壁平齐；接入管径大于300mm时，对于砌筑结构井室应砌砖圈加固。

（2）有支、连管接入的井室，应在井室施工的同时安装预留支、连管，预留管的管径、方向、高程应符合设计要求，管与井壁衔接处应严密；排水检查井的预留管管口宜采用低强度砂浆砌筑封口抹平。

（3）井室施工达到设计高程后，应及时浇筑或安装井圈，井圈应以水泥砂浆坐浆并安放平稳。

（4）给排水井盖选用的型号、材质应符合设计要求，设计未要求时，宜采用复合材料井盖，行业标志明显；道路上的井室必须使用重型井盖，装配稳固。

（5）井室周围回填土必须符合设计要求和本章3.1节的有关规定。

3.4.1.3 质量验收

1. 主控项目

（1）所用的原材料、预制构件的质量应符合国家有关标准的规定和设计要求。

检查方法：检查产品质量合格证明书、各项性能检验报告、进场验收记录。

（2）砌筑水泥砂浆强度、结构混凝土强度符合设计要求。

检查方法：检查水泥砂浆强度、混凝土抗压强度试块试验报告。

检查数量：每50m³砌体或混凝土每浇筑1个台班一组试块。

（3）砌筑结构应灰浆饱满、灰缝平直，不得有通缝、瞎缝；预制装配式结构应坐浆、灌浆饱满密实，无裂缝；混凝土结构无严重质量缺陷；井室无渗水、水珠现象。

检查方法：逐个观察。

2. 一般项目

（1）井壁抹面应密实平整，不得有空鼓、裂缝等现象；混凝土无明显一般质量缺陷；井室无明显湿渍现象。

检查方法：逐个观察。

（2）井内部构造符合设计和水力工艺要求，且部位位置及尺寸正确，无建筑垃圾等杂物；检查井流槽应平顺、圆滑、光洁。

检查方法：逐个观察。

(3) 井室内踏步位置正确、牢固。

检查方法：逐个观察，用钢尺量测。

(4) 井盖、座规格符合设计要求，安装稳固。

检查方法：逐个观察。

(5) 井室的允许偏差应符合表3-29的规定。

表3-29 井室的允许偏差

检查项目			允许偏差(mm)	检查数量		检查方法
				范围	点数	
1	平面轴线位置（轴向、垂直轴向）		15	每座	2	用钢尺量测、经纬仪测量
2	结构断面尺寸		+10，0		2	用钢尺量测
3	井室尺寸	长、宽	±20		2	用钢尺量测
		直径				
4	井口高程	农田或绿地	+20		1	用水准仪测量
		路面	与道路规定一致			
5	井底高程	开槽法管道铺设 $D_i \leq 1000$	±10		2	
		开槽法管道铺设 $D_i > 1000$	±15			
		不开槽法管道铺设 $D_i < 1500$	+10，-20			
		不开槽法管道铺设 $D_i \geq 1500$	+20，-40			
6	踏步安装	水平及垂直间距、外露长度	±10		1	用尺量测偏差较大值
7	脚窝	高、宽、深	±10			
8	流槽宽度		+10			

3.4.1.4 安全要点

预制装配式结构的井室吊装时应注意周边环境安全，安装时保证井室垂直,井室预留口轴线与管道轴线相符合。

3.4.2 支墩

3.4.2.1 施工要点

(1) 支墩施工应符合本节 3.4.1.1 第 1~5 条的有关规定。

(2) 支墩应在坚固的地基上修筑。无原状土作后背墙时,应采取措施保证支墩在受力情况下,不致破坏管道接口。采用砌筑支墩时,原状土与支墩之间应采用砂浆填塞。

(3) 支墩应在管节接口做完、管节位置固定后修筑。

(4) 支墩施工前,应将支墩部位的管节、管件表面清理干净。

3.4.2.2 质量要点

(1) 管节及管件的支墩和锚定结构位置准确,锚定牢固。钢制锚固件必须采取相应的防腐处理。

(2) 支墩宜采用混凝土浇筑,其强度等级不应低于C15。采用砌筑结构时,水泥砂浆强度不应低于 M7.5。

(3) 管道及管件支墩施工完毕,并达到强度要求后方可进行水压试验。

3.4.2.3 质量验收

1. 主控项目

(1) 所用的原材料质量应符合国家有关标准的规定和设计要求。

检查方法:检查产品质量合格证明书、各项性能检验报告、进场验收记录。

(2) 支墩地基承载力、位置符合设计要求;支墩无位移、沉降。

检查方法:全数观察;检查施工记录、施工测量记录、地基处理技术资料。

(3) 砌筑水泥砂浆强度、结构混凝土强度符合设计要求。

检查方法：检查水泥砂浆强度、混凝土抗压强度试块试验报告。

检查数量：每 $50m^3$ 砌体或混凝土每浇筑 1 个台班一组试块。

2. 一般项目

(1) 混凝土支墩应表面平整、密实；砖砌支墩应灰缝饱满，无通缝现象，其表面抹灰应平整、密实。

检查方法：逐个观察。

(2) 支墩支承面与管道外壁接触紧密，无松动、滑移现象。

检查方法：全数观察。

(3) 管道支墩的允许偏差应符合表 3-30 的规定。

表 3-30　管道支墩的允许偏差

	检查项目	允许偏差（mm）	检查数量 范围	检查数量 点数	检查方法
1	平面轴线位置（轴向、垂直轴向）	15	每座	2	用钢尺量测或经纬仪测量
2	支撑面中心高程	±15	每座	1	用水准仪测量
3	结构断面尺寸（长、宽、厚）	+10，0	每座	3	用钢尺量测

3.4.2.4　安全要点

管节安装过程中的临时固定支架，应在支墩的砌筑砂浆或混凝土达到规定强度后方可拆除。

3.4.3　雨水口

3.4.3.1 施工要点

(1) 雨水口施工应符合本节 3.4.1.1 第 1～5 条的有关规定。

(2) 雨水口的位置及深度应符合设计要求。

(3) 基础施工应符合下列规定：

① 开挖雨水口槽及雨水管支管槽，每侧宜留出 300～500mm 的施工宽度；

② 槽底应夯实并及时浇筑混凝土基础；

③ 采用预制雨水口时，基础顶面宜铺设 20～30mm 厚的砂垫层。

(4) 雨水口砌筑应符合下列规定：

① 管端面在雨水口内的露出长度，不得大于 20mm，管端面应完整无破损；

② 砌筑时，灰浆应饱满，随砌、随沟缝，抹面应压实；

③ 雨水口底部应用水泥砂浆抹出雨水口泛水坡；

④ 砌筑完成后雨水口内应保持清洁，及时加盖，保证安全。

(5) 预制雨水口安装应牢固，位置平正，并符合本节 3.4.3.1 第 4 条第 1 款的规定。

3.4.3.2 质量要点

(1) 雨水口与检查井的连接管的坡度应符合设计要求，管道铺设应符合本章 3.2 节的有关规定。

(2) 井周回填土应符合设计要求和本章 3.1 节的有关规定。

3.4.3.3 质量验收

1. 主控项目

(1) 所用的原材料、预制构件的质量应符合国家有关标准的规定和设计要求。

检查方法：检查产品质量合格证明书、各项性能检验报告、进场验收记录。

（2）雨水口位置正确，深度符合设计要求，安装不得歪扭。

检查方法：逐个观察，用水准仪、钢尺量测。

（3）井框、井箅应完整、无损，安装平稳、牢固；支、连管应直顺，无倒坡、错口及破损现象。

检查数量：全数观察。

（4）井内、连接管道内无线漏、滴漏现象。

检查数量：全数观察。

2. 一般项目

（1）雨水口砌筑勾缝应直顺、坚实，不得漏勾、脱落；内、外壁抹面平整光洁。

检查数量：全数观察。

（2）支、连管内清洁、流水通畅，无明显渗水现象。

检查数量：全数观察。

（3）雨水口、支管的允许偏差应符合表 3-31 的规定。

表 3-31　雨水口、支管的允许偏差

	检查项目	允许偏差（mm）	检查数量 范围	检查数量 点数	检查方法
1	井框、井箅吻合	≤10	每座	1	用钢尺量测较大值（高度、深度亦可用水准仪测量）
2	井口与路面高差	-5, 0			
3	雨水口位置与道路边线平行	≤10			
4	井内尺寸	长、宽：+20, 0 深：0, -20			
5	井内支、连管管口底高度	0, -20			

3.4.3.4 安全要点

(1) 位于道路下的雨水口、雨水支、连管应根据设计要求浇筑混凝土基础。坐落于道路基层内的雨水支、连管应作C25级混凝土全包封，且包封混凝土达到75%设计强度前，不得放行交通。

(2) 井框、井箅应完整无损、安装平稳、牢固。

3.5 管道功能性试验

3.5.1 一般规定

(1) 给排水管道安装完成后应进行管道功能性试验：

① 压力管道应按本节3.5.2的规定进行压力管道水压试验，试验分为预试验和主试验阶段；试验合格的判定依据分为允许压力降值和允许渗水量值，按设计要求确定；设计无要求时，应根据工程实际情况，选用其中一项值或同时采用两项值作为试验合格的最终判定依据；

② 无压管道应按本节3.5.3、3.5.4的规定进行管道的严密性试验，严密性试验分为闭水试验和闭气试验，按设计要求确定；设计无要求时，应根据实际情况选择闭水试验或闭气试验进行管道功能性试验；

③ 压力管道水压试验进行实际渗水量测定时，宜采用《给水排水管道工程施工及验收规范》(GB 50268—2008) 附录C注水法。

(2) 管道功能性试验涉及水压、气压作业时，应有安全防护措施，作业人员应按相关安全作业规程进行操作。管道水压试验和冲洗消毒排出的水，应及时排放至规定地点，不得影响周围环境和造成积水，并应采取措施确保人员、交通通行和附近设施的安全。

（3）压力管道水压试验或闭水试验前，应做好水源引接、排水的疏导等方案。

（4）向管道内注水应从下游缓慢注入，注入时在试验管段上游的管顶及管段中的高点应设置排气阀，将管道内的气体排除。

（5）冬期进行压力管道水压及闭水试验时，应采取防冻措施。

（6）单口水压试验合格的大口径球墨铸铁管、玻璃钢管、预应力钢筒混凝土管或预应力混凝土管等管道，设计无要求时应符合下列要求：

① 压力管道可免去预试验阶段，而直接进行主试验阶段；

② 无压管道应认同严密性试验合格，无需进行闭水或闭气试验。

（7）全断面整体现浇的钢筋混凝土无压管渠处于地下水位以下时，除设计有要求外，当管渠的混凝土强度、抗渗性能检验合格，并按《给水排水管道工程施工及验收规范》（GB 50268—2008）附录 F 的规定进行检查符合设计要求时，可不必进行闭水试验。

（8）管道采用两种（或两种以上）管材时，宜按不同管材分别进行试验；当不具备分别试验的条件必须组合试验，且设计无具体要求时，应采用不同管材的管段中试验控制最严的标准进行试验。

（9）管道的试验长度除《给水排水管道工程施工及验收规范》（GB 50268—2008）规定和设计另有要求外，压力管道水压试验的管段长度不宜大于 1.0km；无压力管道的闭水试验，条件允许时可一次试验不超过 5 个连续井段；对于无法分段试验的管道，应由工程有关方面根据工程具体情况确定。

（10）给水管道必须水压试验合格，并网运行前进行冲洗与消毒，经检验水质达到标准后，方可允许并网通水投入运行。

（11）污水、雨污水合流管道及湿陷土、膨胀土、流砂地区的雨水管道，必须经严密性试验合格后方可投入运行。

3.5.2 压力管道水压试验

（1）水压试验前，施工单位应编制的试验方案，其内容应包括：

① 后背及堵板的设计；
② 进水管路、排气孔及排水孔的设计；
③ 加压设备、压力计的选择及安装的设计；
④ 排水疏导措施；
⑤ 升压分级的划分及观测制度的规定；
⑥ 试验管段的稳定措施和安全措施。

（2）试验管段的后背应符合下列规定：

① 后背应设在原状土或人工后背上，土质松软时应采取加固措施；
② 后背墙面应平整并与管道轴线垂直。

（3）采用钢管、化工建材管的压力管道，管道中最后一个焊接接口完毕 1h 以上方可进行水压试验。

（4）水压试验管道内径大于或等于 600mm 时，试验管段端部的第一个接口应采用柔性接口，或采用特制的柔性接口堵板。

（5）水压试验采用的设备、仪表规格及其安装应符合下列规定：

① 采用弹簧压力计时，精度不应低于1.5级，最大量程宜为试验压力的1.3～1.5倍，表壳的公称直径不宜小于150mm，使用前经校正并具有符合规定的检定证书；

② 水泵、压力计应安装在试验段的两端部与管道轴线相垂直的支管上。

(6) 开槽施工管道试验前，附属设备安装应符合下列规定：

① 非隐蔽管道的固定设施已按设计要求安装合格；

② 管道附属设备已按要求紧固、锚固合格；

③ 管件的支墩、锚固设施混凝土强度已达到设计强度；

④ 未设支墩、锚固设施的管件，应采取加固措施并检查合格。

(7) 水压试验前，管道回填土应符合下列规定：

① 管道安装检查合格后，应按本章3.1.3.1第1条第1款的规定回填土；

② 管道顶部回填土宜留出接口位置以便检查渗漏处。

(8) 水压试验前准备工作应符合下列规定：

① 试验管段所有敞口应封闭，不得有渗漏水现象；

② 试验管段不得用闸阀做堵板，不得含有消火栓、水锤消除器、安全阀等附件；

③ 水压试验前应清除管道内的杂物。

(9) 试验管段注满水后，宜在不大于工作压力条件下充分浸泡后再进行水压试验，浸泡时间应符合表3-32的规定。

(10) 水压试验应符合下列规定：

① 试验压力应按表3-33选择确定。

表 3-32　压力管道水压试验前浸泡时间

管材种类	管道内径 D_i（mm）	浸泡时间（h）
球墨铸铁管（有水泥砂浆衬里）	D_i	$\geqslant 24$
钢管（有水泥砂浆衬里）	D_i	$\geqslant 24$
化工建材管	D_i	$\geqslant 24$
现浇钢筋混凝土管渠	$D_i \leqslant 1000$	$\geqslant 48$
	$D_i > 1000$	$\geqslant 72$
预（自）应力混凝土管、预应力钢筒混凝土管	$D_i \leqslant 1000$	$\geqslant 48$
	$D_i > 1000$	$\geqslant 72$

表 3-33　压力管道水压试验的试验压力　（MPa）

管材种类	工作压力 P	试验压力
钢管	P	$P+0.5$，且不小于 0.9
球墨铸铁管	$\leqslant 0.5$	$2P$
	> 0.5	$P+0.5$
预（自）应力混凝土管、预应力钢筒混凝土管	$\leqslant 0.6$	$1.5P$
	> 0.6	$P+0.3$
现浇钢筋混凝土管渠	$\geqslant 0.1$	$1.5P$
化工建材管	$\geqslant 0.1$	$1.5P$，且不小于 0.8

② 预试验阶段：将管道内水压缓缓地升至试验压力并稳压 30min，期间如有压力下降可注水补压，但不得高于试验压力；检查管道接口、配件等处有无漏水、损坏现象；有漏水、损坏现象时应及时停止试压，查明原因并采取相应措施后重新试压。

③ 主试验阶段：停止注水补压，稳定 15min；当 15min 后压力下降不超表 3-34 中所列允许压力降数值时，将试验压力降至工作压力并保持恒压 30min，进行外观检查若无漏水现象，则水压试验合格。

表 3-34　压力管道水压试验的允许压力降　（MPa）

管材种类	试验压力	允许压力降
钢管	$P+0.5$，且不小于 0.9	0
球墨铸铁管	$2P$	0.03
	$P+0.5$	
预（自）应力钢筋混凝土管、预应力钢筒混凝土管	$1.5P$	
	$P+0.3$	
现浇钢筋混凝土管渠	$1.5P$	
化工建材管	$1.5P$，且不小于 0.8	0.02

④ 管道升压时，管道的气体应排除，升压过程中，当发现弹簧压力计表针摆动、不稳，且升压较慢时，应重新排气后再升压。

⑤ 应分级升压，每升一级应检查后背、支墩、管身及接口，当无异常现象时再继续升压。

⑥ 水压试验过程中，后背顶撑、管道两端严禁站人。

⑦ 水压试验时，严禁修补缺陷；遇有缺陷时，应做出标记，卸压后修补。

（11）压力管道采用允许渗水量进行最终合格判定依据时，实测渗水量应小于或等于表 3-35 的规定及下列公式规定的允许渗水量。

表 3-35　压力管道水压试验的允许渗水量

管道内径 D_i (mm)	允许渗水量（L/min·km）		
	焊接接口钢管	球墨铸铁管、玻璃钢管	预（自）应力混凝土管、预应力钢筒混凝土管
100	0.28	0.70	1.40
150	0.42	1.05	1.72

续表

管道内径 D_i (mm)	允许渗水量（L/min·km）		
	焊接接口钢管	球墨铸铁管、玻璃钢管	预(自)应力混凝土管、预应力钢筒混凝土管
200	0.56	1.40	1.98
300	0.85	1.70	2.42
400	1.00	1.95	2.80
600	1.20	2.40	3.14
800	1.35	2.70	3.96
900	1.45	2.90	4.20
1000	1.50	3.00	4.42
1200	1.65	3.30	4.70
1400	1.75	—	5.00

① 当管道内径大于表 3-35 规定时，实测渗水量应小于或等于按下列公式计算的允许渗水量：

钢管： $$q=0.05\sqrt{D_i} \tag{3-3}$$

球墨铸铁管（玻璃钢管）： $$q=0.1\sqrt{D_i} \tag{3-4}$$

预（自）应力混凝土管、预应力钢筒混凝土管：

$$q=0.14\sqrt{D_i} \tag{3-5}$$

② 现浇钢筋混凝土管渠实测渗水量应小于或等于按下式计算的允许渗水量：

$$q=0.014D_i \tag{3-6}$$

③ 硬聚氯乙烯管实测渗水量应小于或等于按下式计算的允许渗水量：

$$q=3\times\frac{D_i}{25}\times\frac{P}{0.3\alpha}\times\frac{1}{1440} \tag{3-7}$$

式中 q——允许渗水量（L/min·km）；

D_i——管道内径（mm）；

P——压力管道的工作压力（MPa）；

α——温度-压力折减系数；当试验水温 $0°\sim25°$ 时，α 取 1；$25°\sim35°$ 时，α 取 0.8；$35°\sim45°$ 时，α 取 0.63。

(12) 聚乙烯管、聚丙烯管及其复合管的水压试验除应符合本节 3.5.2 第 10 条的规定外，其预试验、主试验阶段应按下列规定执行：

① 预试验阶段：按本节 3.5.2 第 10 条第 2 款的规定完成后，应停止注水补压并稳定 30min；当 30min 后压力下降不超过试验压力的 70%，则预试验结束；否则重新注水补压并稳定 30min 再进行观测，直至 30min 后压力下降不超过试验压力的 70%。

② 主试验阶段应符合下列规定：

A. 在预试验阶段结束后，迅速将管道泄水降压，降压量为试验压力的 10%～15%；期间应准确计量降压所泄出的水量（ΔV），并按下式计算允许泄出的最大水量 $\Delta V_{\max}$：

$$\Delta V_{\max} = 1.2V\Delta P\left\{\frac{1}{E_w}+\frac{D_i}{e_n E_p}\right\} \qquad (3-8)$$

式中 V——试压管段总容积（L）；

ΔP——降压量（MPa）；

E_w——水的体积模量，不同水温时 E_w 值可按表 3-36 采用；

E_p——管材弹性模量（MPa），与水温及试压时间有关；

D_i——管材内径（m）；

e_n——管材公称壁厚（m）。

ΔV 小于或等于 ΔV_{max} 时,则按本款的第2、3、4项进行作业;ΔV 大于 ΔV_{max} 时应停止试压,排除管内过量空气再从预试验阶段开始重新试验。

表3-36 温度与体积模量关系

温度(℃)	体积模量(MPa)	温度(℃)	体积模量(MPa)
5	2080	20	2170
10	2110	25	2210
15	2140	30	2230

B. 每隔3min记录一次管道剩余压力,应记录30min;当30min内管道剩余压力有上升趋势时,则水压试验结果合格。

C. 30min内管道剩余压力无上升趋势时,则应持续观察60min;当整个90min内压力下降不超过0.02MPa,则水压试验结果合格。

D. 主试验阶段上述两条均不能满足时,则水压试验结果不合格,应查明原因并采取相应措施后再重新组织试压。

(13) 大口径球墨铸铁管、玻璃钢管及预应力钢筒混凝土管道的接口单口水压试验应符合下列规定:

① 安装时应注意将单口水压试验用的进水口(管材出厂时已加工)置于管道顶部;

② 管道接口连接完毕后进行单口水压试验,试验压力为管道设计压力的2倍,且不得小于0.2MPa;

③ 试压采用手提式打压泵,管道连接后将试压嘴固定在管道承口的试压孔上,连接试压泵,将压力升至试验压力,恒压2min,无压力降为合格;

④ 试压合格后，取下试压嘴，在试压孔上拧上 M10×20mm 不锈钢螺栓并拧紧；

⑤ 水压试验时应先排净水压腔内的空气；

⑥ 单口试压不合格且确认是接口漏水时，应马上拔出管节，找出原因，重新安装，直至符合要求为止。

3.5.3 无压管道的闭水试验

（1）闭水试验法应按设计要求和试验方案进行。

（2）试验管段应按井距分隔，抽样选取，带井试验。

（3）无压管道闭水试验时，试验管段应符合下列规定：

① 管道及检查井外观质量已验收合格；

② 管道未回填土且沟槽内无积水；

③ 全部预留孔应封堵，不得渗水；

④ 管道两端堵板承载力经核算应大于水压力的合力；除预留进出水管外，应封堵坚固，不得渗水。

⑤ 顶管施工，其注浆孔封堵且管口按设计要求处理完毕，地下水位于管底以下。

（4）管道闭水试验应符合下列规定：

① 试验段上游设计水头不超过管顶内壁时，试验水头应以试验段上游管顶内壁加 2m 计；

② 试验段上游设计水头超过管顶内壁时，试验水头应以试验段上游设计水头加 2m 计；

③ 计算出的试验水头小于 10m，但已超过上游检查井井口时，试验水头应以上游检查井井口高度为准；

④ 管道闭水试验应按《给水排水管道工程施工及验收规范》（GB 50268—2008）附录 D（闭水法试验）进行。

（5）管道闭水试验时，应进行外观检查，不得有漏水现象，且符合下列规定时，管道闭水试验为合格：

① 实测渗水量小于或等于表 3-37 规定的允许渗水量；

② 管道内径大于表 3-37 规定时，实测渗水量应小于或等于按下式计算的允许渗水量；

$$q = 1.25\sqrt{D_i} \qquad (3-9)$$

③ 异形截面管道的允许渗水量可按周长折算为圆形管道计；

④ 化工建材管道的实测渗水量应小于或等于按下式计算的允许渗水量。

$$q = 0.0046 D_i \qquad (3-10)$$

式中　q——允许渗水量（m³/24h·km）；

　　　D_i——管道内径（mm）。

表 3-37　无压力管道闭水试验允许渗水量

管材	管道内径 D_i (mm)	允许渗水量 [m³/(24h·km)]
钢筋混凝土管	200	17.60
	300	21.62
	400	25.00
	500	27.95
	600	30.60
	700	33.00
	800	35.35
	900	37.50
	1000	39.52
	1100	41.45
	1200	43.30
	1300	45.00
	1400	46.70

续表

管材	管道内径 D_i（mm）	允许渗水量 [$m^3/(24h \cdot km$)]
钢筋混凝土管	1500	48.40
	1600	50.00
	1700	51.50
	1800	53.00
	1900	54.48
	2000	55.90

（6）管道内径大于 700mm 时，可按管道井段数量抽样选取 1/3 进行试验；试验不合格时，抽样井段数量应在原抽样基础上加倍进行试验。

（7）不开槽施工的内径大于或等于 1500mm 钢筋混凝土管道，设计无要求且地下水位高于管道顶部时，可采用内渗法测渗水量；渗漏水量测方法按《给水排水管道工程施工及验收规范》（GB 50268—2008）附录 F 的规定进行，符合下列规定时，则管道抗渗性能满足要求，不必再进行闭水试验：

① 管壁不得有线流、滴漏现象；
② 对有水珠、渗水部位应进行抗渗处理；
③ 管道内渗水量允许值：$q \leqslant 2L/(m^2 d)$。

3.5.4 无压管道的闭气试验

（1）闭气试验适用于混凝土类的无压管道在回填土前进行的严密性试验。

（2）闭气试验时，地下水位应低于管外底 150mm，环境温度为 $-15℃ \sim 50℃$。

（3）下雨时不得进行闭气试验。

（4）闭气试验合格标准应符合下列规定：

① 规定标准闭气试验时间符合表 3-38 的规定，管内实测气体压力 $P \geqslant 1500\mathrm{Pa}$ 则管道闭气试验合格。

表 3-38　钢筋混凝土无压管道闭气检验规定标准闭气时间

管道 DN (mm)	管内气体压力（Pa）		规定标准闭气时间 s (′ ″)
	起点压力	终点压力	
300	—	—	1′45″
400			2′30″
500	2000	≥1500	3′15″
600			4′45″
700			6′15″
800			7′15″
900			8′30″
1000			10′30″
1100			12′15″
1200			15′
1300			16′45″
1400			19′
1500			20′45″
1600			22′30″
1700			24′
1800			25′45″
1900			28′
2000			30′
2100			32′30″
2200			35′

② 被检测管道内径大于或等于 1600mm 时，应记录测试时管内气体温度（℃）的起始值 T_1 及终止值 T_2，并将达到标准闭气时间时膜盒表显示的管内压力值 P 记录，用下列公式加以修正，修正后管内气体压降值为 ΔP：

$$\Delta P = 103300 - (P + 101300)(273 + T_1)/(273 + T_2)$$

(3-11)

ΔP 如果小于 500Pa，管道闭气试验合格。

③ 管道闭气试验不合格时，应进行漏气检查、修补后复检。

④ 闭气试验装置及程序见《给水排水管道工程施工及验收规范》(GB 50268—2008) 附录 E。